D1719181

Horst Malberg

Meteorologie und Klimatologie

Eine Einführung

Mit 171 Abbildungen

Springer-Verlag
Berlin Heidelberg New York Tokyo

Professor Dr. HORST MALBERG, Freie Universität Berlin,
Institut für Meteorologie, Fachbereich 24, WE 07, Dietrich-Schäfer-Weg 6–10,
1000 Berlin 41

ISBN 3-540-13788-2 Springer-Verlag Berlin Heidelberg New York Tokyo
ISBN 0-387-13788-2 Springer-Verlag New York Heidelberg Berlin Tokyo

CIP-Kurztitelaufnahme der Deutschen Bibliothek
Malberg, Horst:
Meteorologie und Klimatologie / H. Malberg. –
Berlin ; Heidelberg ; New York ; Tokyo : Springer, 1985
ISBN 3-540-13788-2 (Berlin ...)

Satz: K. u. V. Fotosatz Beerfelden
Druck- und Bindearbeiten: Konrad Triltsch GmbH, Graphischer Betrieb, 8700 Würzburg
2131/3130-543210

Für Claudia und Petra

Danksagung

Mein herzlicher Dank gilt Herrn Prof. Dr. B. LINDENBEIN für seine kritische Textdurchsicht und seine wertvollen Anregungen sowie dem Institut für Meteorologie der Freien Universität Berlin, aus dessen reichhaltigem Datenschatz ich in bezug auf Wetter- und Klimabeobachtungen, Wetterkarten, Radiosondenmessungen, Radar- und Satellitenaufnahmen in vollem Umfang schöpfen konnte.

Inhaltsverzeichnis

1 Einleitung

Die Meteorologie gehört zum Kreis der Geowissenschaften, d. h. jener Wissenschaften, deren Forschungsgegenstand die Erde ist. Weitere Mitglieder dieser Familie sind die Geologie, Geophysik, Ozeanographie, Geographie.

Im engeren Sinne ist die Meteorologie eine geophysikalische Wissenschaft, denn sie beschäftigt sich mit den physikalischen Eigenschaften der Lufthülle des Planeten Erde, unserer Atmosphäre. Weitere Zweige der Geophysik befassen sich mit den Eigenschaften der festen Erde, so z. B. die Erdbebenkunde (Seismik), oder mit den physikalischen Eigenschaften der Ozeane und Gewässer.

Aufgrund ihrer geschichtlichen Entwicklung ist die Meteorologie eine „empirische", also eine Erfahrungswissenschaft. Ihre Grundlage ist die Wetterbeobachtung und die Auswertung jahrzehnte- bis jahrhundertelanger Beobachtungsreihen mit dem Ziel, die physikalischen Gesetzmäßigkeiten zu erkennen, nach denen die Vorgänge in der Atmosphäre ablaufen. In diesem Sinne gehört die Meteorologie zur Physik, betreibt sie die Physik der Atmosphäre, ist der Meteorologe als „angewandter" Physiker zu betrachten.

Kann jedoch der Physiker seine Experimente im Labor durchführen und sie jederzeit unter den gleichen Versuchsbedingungen wiederholen, so ist dieses dem Meteorologen verwehrt. Ihm werden die „Untersuchungsanordnungen" von der Atmosphäre vorgegeben, sie muß er so vermessen, wie die Prozesse ablaufen, was nicht selten mit großen Schwierigkeiten verbunden ist, z. T. auch wegen der kaum möglichen Trennung komplexer Vorgänge und Wechselwirkungsprozesse zu Unzulänglichkeiten, zu unbefriedigenden Ergebnissen führt. Neue Technologien und neue Beobachtungsmethoden werden aber auch hier im Laufe der Zeit schrittweise zu neuen Erkenntnissen führen, zu einem auch in Einzelfragen zunehmend besseren Verständnis unserer Atmosphäre und ihrer Wettererscheinungen.

Die Gliederung der Meteorologie ist in Abb. 1 dargestellt. Wie wir erkennen, lassen sich 2 Ebenen unterscheiden:

1. die wissenschaftlichen Grundlagenbereiche Experimentelle Meteorologie, Theoretische Meteorologie, Synoptische Meteorologie und Klimatologie,
2. die angewandten Fachrichtungen Wettervorhersage, Technische Meteorologie, Verkehrsmeteorologie, Bio- und Agrarmeteorologie, Meteorologie der Luftverunreinigungen und Hydrometeorologie.

Die *Experimentelle Meteorologie* beschäftigt sich mit den meteorologischen Meßmethoden – von der konventionellen Luftdruck-, Wind-, Temperatur- und Feuchtemessung bis zu den modernen Verfahren der Niederschlagsmessung mit-

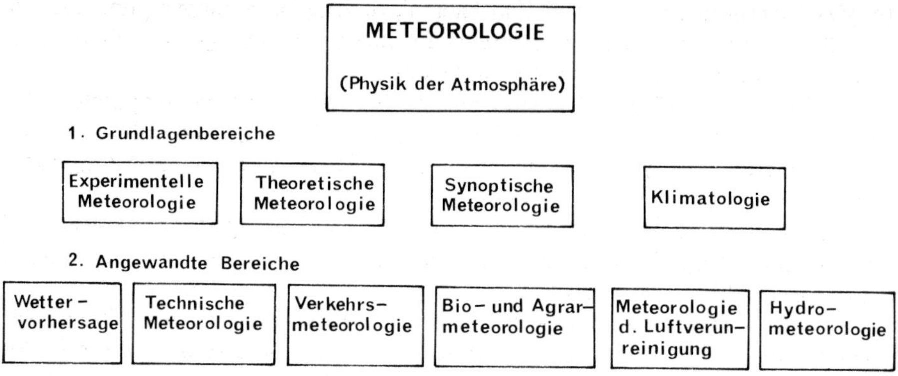

METEOROLOGIE

(Physik der Atmosphäre)

1. Grundlagenbereiche

| Experimentelle Meteorologie | Theoretische Meteorologie | Synoptische Meteorologie | Klimatologie |

2. Angewandte Bereiche

| Wetter- vorhersage | Technische Meteorologie | Verkehrs- meteorologie | Bio- und Agrar- meteorologie | Meteorologie d. Luftverun- reinigung | Hydro- meteorologie |

Abb. 1. Gliederung der Meteorologie

tels Radar, der Strahlungsmessung mittels Satelliten, der vertikalen Wind- und Temperaturmessung mittels Schallradar usw. – zur speziellen Anwendung bei der Erfassung der atmosphärischen Zustände wie bei deren Simulation im Labor. Zu ihren Untersuchungsgebieten gehören die strahlungsphysikalischen und tur- bulenten Prozesse, die Wolken- und Niederschlagsbildung, die akustischen und elektrischen Phänomene der Atmosphäre.

Die *Theoretische Meteorologie* befaßt sich mit der physikalisch-mathemati- schen Beschreibung und Vorausberechnung der Bewegungsvorgänge in der At- mosphäre einschließlich der energetischen Prozesse. Die Skala reicht dabei von der kleinräumigen Turbulenz (Windbö) über die thermische Konvektion (Wol- kenbildung) und die tropischen Wirbelstürme bis zur großräumigen Dynamik (Hoch- und Tiefdruckgebiete, planetarische Wellen).

Die *Synoptische Meteorologie* beschäftigt sich mit der Diagnose der großräu- migen Verteilung der atmosphärischen Zustandsgrößen Luftdruck, Wind, Tem- peratur, Feuchte und deren Auswirkung auf die lokalen und regionalen Wetter- erscheinungen, d. h. auf Höchst- und Tiefsttemperatur, Nebel und Gewitter, Be- wölkung, Regen, Schnee, Glatteis, Windstärke usw. Der Begriff Synoptik kommt dabei aus dem Griechischen und bedeutet Zusammenschau. Die Synopti- sche Meteorologie betrachtet somit „zusammenschauend" den großräumigen Wetterzustand am Boden und in der Höhe zu festen Zeitpunkten, also z. B. um 00, 06, 12 und 18 Uhr.

Die *Klimatologie* befaßt sich auf der Basis täglicher Klimabeobachtungen mit der Berechnung der mittleren atmosphärischen Verhältnisse. Als weiterführende Aufgabe hat sie die jahrzehnte- bis jahrhundertelangen Meßreihen, z. B. von Temperatur und Niederschlag auf Schwankungen und Klimaänderungen zu un- tersuchen sowie die statistischen Eigenarten der globalen atmosphärischen Zirku- lation darzustellen und vorauszuberechnen (Zirkulationsmodelle).

Das bekannteste Gebiet von den angewandten Fachrichtungen der Meteoro- logie ist die *Wettervorhersage*. Sie basiert auf den Erkenntnissen der Synopti- schen Meteorologie und hat zur Aufgabe, die Wetterentwicklung für einen Ort oder eine Region kurz- und mittelfristig, d. h. bis zu mehreren Tagen im voraus abzuschätzen. Dazu bedient sie sich heute im wesentlichen des Erfahrungsschatzes des Meteorologen sowie statistischer Vorhersagebeziehungen, um aus der großräumigen beobachteten und vorausberechneten Wetterlage die weitere lokale und regionale Wetterentwicklung abzuleiten.

Die *Technische Meteorologie* beschäftigt sich mit der Anwendung meteorologischer Kenntnisse auf alle Zweige der Technik, z. B. Witterungseinfluß auf den Straßenbau, auf die Konstruktion von Geräten, auf die Lagerung und den Transport von Waren.

Die *Verkehrsmeteorologie* hat zur Aufgabe, zur Sicherung des Verkehrs auf dem Lande, dem Wasser und in der Luft beizutragen (Straßenwetter-, Schiffahrts- und Flugberatung).

Aufgabe der *Bio- und Agrarmeteorologie* ist es, die Wechselwirkung zwischen Biosphäre und Atmosphäre zu untersuchen. Dies sind zum einen die Witterungseinflüsse auf Tier- und Pflanzenwelt, zum anderen die komplexen Einflüsse auf den Menschen, so z. B. sein Verhalten in der Umwelt (Verkehr, Beruf) oder der Verlauf von Krankheiten (Medizinmeteorologie).

Der *Meteorologie der Luftverunreinigungen* wird gerade in jüngster Zeit große Aufmerksamkeit geschenkt. Industrialisierung und Urbanisierung haben zu einer Veränderung der atmosphärischen Umwelt geführt. Besondere Aufgaben sind: Warnung vor gesundheitsbelastenden bis gesundheitsgefährdenden Wetterlagen (Smog), Immissionsberechnungen zur Stadt- und Raumplanung.

Die *Hydrometeorologie* befaßt sich mit dem Kreislauf des Wassers in der Atmosphäre, d. h. mit Verdunstung, Wasserdampftransport und Niederschlag. Spezielle Bedeutung besitzt sie bei der Vorhersage von Hochwassersituationen von Flüssen, bei der Wasserversorgung menschlicher Ballungsräume, bei der Bewässerung arider Gebiete.

Diese Ausführungen machen deutlich, daß die Meteorologie eine große gesellschaftliche Verantwortung besitzt. Sie trägt durch Beratung und Warnung dazu bei, die durch Wettereinflüsse möglichen Schäden an Menschenleben und volkswirtschaftlichen Werten zu verringern und durch Planungsbeiträge ökonomische Prozesse zu optimieren bei gleichzeitiger Minimierung nachteiliger Auswirkungen auf die ökologischen Systeme.

2 Atmosphäre

Die Atmosphäre unserer Erde gleicht einer großen Wärmekraftmaschine. Ihre Hauptheizfläche ist die Erdoberfläche in den Tropen, wo die Strahlungsvorgänge ständig mehr Wärme zu- als abführen, ihre Kühlflächen sind die Polargebiete, wo hingegen mehr Wärme verloren als gewonnen wird. Die Wärmezufuhr geschieht dabei durch die Absorption der Sonnenstrahlung, der Wärmeverlust dagegen dadurch, daß das erwärmte System Erde-Atmosphäre Wärme durch langwellige Ausstrahlung an den Weltraum abgibt. Von großer Bedeutung für diese Prozesse ist die chemische Natur unserer Lufthülle. Auch wenn Luft scheinbar nichts wiegt, ist es insgesamt doch eine gewaltige Menge Materie, die unseren Planeten als Atmosphäre umgibt. Bei einem mittleren Luftdruck von $p = 1013,3 \text{ hPa} = 1,0133 \cdot 10^5 \text{ N/m}^2$ und einer Erdoberfläche von $A = 510,1$ Mio. km^2 ergibt sich gemäß $F_g = m \cdot g = p \, A$ eine Atmosphärenmasse von $5,27 \cdot 10^{15}$ t oder 5270 Billionen t. Das entspricht $1,03 \text{ t/km}^2$ bzw. $1,03 \text{ kg/cm}^2$.

2.1 Chemische Zusammensetzung der Luft

Die Luft, die uns als Atmosphäre umgibt und die im natürlichen Zustand geruch- und geschmacklos ist, besteht aus einem Gemisch verschiedener Gase. In trockener Luft ist der Volumenanteil der Gase konstant und weist in Bodennähe die in Tabelle 1 aufgeführten Werte auf.

Wie wir erkennen, nimmt Stickstoff mit 78,08% den weitaus größten Anteil ein, während der lebenswichtige Sauerstoff mit 20,95% vertreten ist. Was uns aber am meisten überrascht, ist der hohe Argongehalt von rund 0,9%, was einer Masse von 47 Billionen t entspricht, von dem aber kaum jemand spricht. Argon ist ein Edelgas und reagiert als solches nicht mit anderen Stoffen oder Gasen. Dieses ist der Grund, warum es ein Dasein in relativer Verborgenheit führt, warum ihm keine besondere Bedeutung in unserer Atmosphäre zukommt.

Ganz anders liegen die Verhältnisse beim Kohlendioxid, obwohl es nur mit einem Anteil von 0,033%, oder in millionstel Anteil ausgedrückt von 330 ppm („parts per million") vertreten ist.

Sauerstoff und Kohlendioxid sind an dem gewaltigen biologischen Kreislauf der Natur beteiligt, den wir Photosynthese nennen. Die Pflanzen nehmen Kohlendioxid aus der Luft, Wasser aus dem Erdboden und Energie aus der Sonnenstrahlung und produzieren unter der Mitwirkung von Blattgrün (Chlorophyll) Kohlenhydrate für ihren Zellaufbau. Bei diesem als Photosynthese bezeichneten

Tabelle 1. Zusammensetzung der Luft

Name	Chemisches Symbol	Trockene Luft [Vol%]	Feuchte Luft [Vol%]
Stickstoff	N_2	78,08	77,0
Sauerstoff	O_2	20,95	20,7
Argon	A	0,93	0,9
Kohlendioxid	CO_2	0,033	0,03
Spurenstoffe	Ne, He, Kr, NH_4,		
	H_2, O_3, SO_2 u. a. m.	<0,01	<0,01
Wasserdampf	H_2O	–	1,3

Vorgang wird das Wasser (H_2O) in Wasserstoff (H) und Sauerstoff (O) aufgespalten, wobei die H-Atome mit dem Kohlendioxid zu Kohlenhydraten verarbei-
tet werden und der Sauerstoff freigesetzt, d. h. an die Luft abgegeben wird.

Während die atmosphärischen Gase Stickstoff, Kohlendioxid, Argon und die
Spurenstoffe durch einen Entgasungsvorgang des Erdkörpers über Vulkane und
Erdspalten in die Uratmosphäre gelangten, wird angenommen, daß sich der freie
Sauerstoffgehalt der Atmosphäre einst als Folge der Photosynthese in den riesi-
gen Wäldern gebildet hat, die es vor Jahrmillionen gab. Als diese Wälder im Laufe der Erdgeschichte unter Druck und Luftabschluß vermoderten, entstanden die
großen Kohlelager (Steinkohle vor rund 250 – 280 Mio., Braunkohle vor ca.
50 Mio. Jahren). In den Kohlelagern wie in den aus abgestorbenen Kleinlebewesen der Meere und Seen entstandenen Erdöllagern ist ein großer Teil des Kohlen-
dioxids gebunden, der einst in der Uratmosphäre des Planeten Erde vorhanden
war. Auch der Stickstoff ist am biologischen Kreislauf der Natur beteiligt. Mit
Hilfe von Knöllchenbakterien verwerten bestimmte Pflanzen, sog. Stickstoff-
sammler, den Luftstickstoff und führen ihn über ihre Wurzelrückstände dem Boden als Dünger für die übrigen Pflanzen zu. Bei der Zersetzung der organischen
Stoffe, d. h. bei der Fäulnis, wird Stickstoff wieder freigesetzt.

Außer den bisher genannten Gasen gibt es noch zahlreiche weitere Gase in der
Atmosphäre, die man wegen ihres geringen Anteils unter dem Begriff „Spurenstoffe" zusammenfaßt. Zwar machen sie insgesamt nicht einmal 0,01 Vol% aus,
doch sind einige von ihnen von größter Bedeutung.

Zu den Spurenstoffen gehören die Edelgase Neon (18 ppm), Helium (5 ppm),
Krypton (1,1 ppm), zu ihnen zählen Methan (2 ppm) und Wasserstoff (0,5 ppm).
Zwei der wichtigsten sind Ozon (0,03 ppm bis 10 km Höhe, 5 – 10 ppm in
20 – 30 km) und Schwefeldioxid. Dem 3atomigen Sauerstoff Ozon (O_3) kommt
v. a. als Filter für schädliche Bereiche der kurzwelligen Sonnenstrahlung eine große Bedeutung zu, während der durch menschliche Aktivitäten hauptsächlich in
Städten und Industriegebieten erhöhte Schwefeldioxidgehalt zu einer Beeinträch-
tigung der Luftqualität führt.

Der Wasserdampfgehalt in der Atmosphäre schwankt räumlich und zeitlich
erheblich. In den kalten Gebieten Nordsibiriens kann er nur wenige hundertstel
Prozent betragen, so daß die Luft dann extrem trocken ist. Über den tropischen
Ozeanen dagegen kann der Volumenanteil bis auf 3% ansteigen, so daß die Luft

dort außerordentlich schwül erscheint. Mit 1,3% ist in Tabelle 1 ein mittlerer Wert in Bodennähe angegeben.

Wie verhält sich nun die chemische Zusammensetzung der Luft in der Höhe? Wir wissen, daß die Luft mit zunehmender Höhe „dünner" wird, was beim Wandern oder Klettern auf Bergen an Kurzatmigkeit, d. h. an einer erhöhten Atemfrequenz deutlich wird. Wie die Beobachtungen jedoch zeigen, hat dieses nichts mit dem relativen Anteil der Gase in dem Gasgemisch Luft zu tun. Die in Tabelle 1 angegebenen Prozentwerte gelten − mit Ausnahme des Wasserdampfs, auf den wir später noch zurückkommen − unverändert auch in der Höhe, d. h. das Mischungsverhältnis der Gase bleibt in der Atmosphäre bis zu einer Höhe von rund 100 km über dem Erdboden unverändert. Bis in diese Höhe ist die durch Luftbewegung hervorgerufene turbulente Durchmischung der Gase noch so gut, daß sich ihre Anteile bei der Zusammensetzung nicht signifikant ändern.

Oberhalb von 120 km ändern sich die turbulenten Verhältnisse dann rasch, und es kommt zu einer „Entmischung" der Luft. Während die schwereren Gase, wie z. B. Stickstoff, Sauerstoff und Argon, weiter unten konzentriert bleiben, können die leichteren, wie z. B. Helium und Wasserstoff, weiter aufsteigen; auf diese Weise kommt es zu einer allmählichen Trennung der schwereren von den leichteren Gasen, d. h. mit zunehmender Höhe vergrößert sich der Volumenanteil der leichten Gase auf Kosten der schwereren immer mehr. Am Rande, also am Übergang zum interplanetaren Raum, besteht unsere Atmosphäre schließlich nur noch aus Wasserstoff, dem leichtesten aller Gase.

In der Fachsprache bezeichnen wir daher die Schicht bis 120 km als Homosphäre, die Schicht oberhalb 120 km bis zur Grenze der Atmosphäre als Heterosphäre.

2.2 Atmosphärische Zustandsgrößen

Als atmosphärische Zustandsgrößen bezeichnen wir die Luftdichte, den Luftdruck, die Temperatur und die Feuchte. Auch der Wind gehört dazu; doch werden wir auf ihn erst später eingehen.

Luftdichte

Die Dichte ρ eines Stoffs wird definiert als seine Masse pro Volumeneinheit

$\rho = m/V$.

Im Normalzustand, d. h. bei einem Luftdruck von 1013 hPa und einer Temperatur von 0°C, beträgt die Dichte wasserdampffreier Luft 1,293 kg/m^3. Durch zunehmenden Wasserdampfanteil verringert sich die Luftdichte.

In der Meteorologie benutzt man häufig auch den reziproken Wert der Dichte, also das von der Masseneinheit eingenommene Volumen, und bezeichnet diese Größe als spezifisches Volumen, α, d. h.

$$\alpha = \frac{1}{\rho} .$$

Für den Normalzustand erhalten wir für Luft $\alpha = 0{,}773 \ \mathrm{m^3/kg}$.

Luftdruck

Nach der kinetischen Gastheorie läßt sich der Druck p eines Gases verstehen durch den Aufprall seiner Moleküle auf eine Fläche. Dabei gilt

$$p = \tfrac{1}{3} n \, m \, \overline{v^2},$$

wenn n die Anzahl, m die Masse und v die Geschwindigkeit der Gasmoleküle ist. Schreiben wir die Gleichung in der Form

$$p = \frac{2}{3} n \cdot \frac{m}{2} \overline{v^2} = \frac{2}{3} n \cdot E_{kin} ,$$

so zeigt sich, daß der Druck eines Gases proportional ist der kinetischen Energie seiner Moleküle und damit, wie wir noch sehen werden, der Temperatur des Gases.

Allgemein definiert wird der Druck in der Physik als Kraft F/Fläche A, d. h.

$$p = \frac{F}{A} .$$

In diesem Sinne ist der Luftdruck als das Gewicht der über einem Ort vom Boden bis zur Atmosphärengrenze reichenden vertikalen Luftsäule pro Quadratmeter zu verstehen. Diese Definition könnte jedoch den irrigen Eindruck vermitteln, als handele es sich bei dem Luftdruck um eine nur nach unten gerichtete Größe; wäre dieses der Fall, müßte ein Blatt Papier, horizontal gehalten, unter dem Gewicht der darüber befindlichen Luftsäule zerreißen. Durch das Gewicht der über einem Punkt P befindlichen Luftsäule wird jedoch die unter ihm vorhandene Luft zusammengedrückt, d. h. in einen Spannungszustand versetzt. Diese Spannung wirkt nach allen Seiten und entspricht genau dem über das Gewicht der Luftsäule definierten Luftdruck. Die Angabe des Luftdrucks erfolgt seit dem 1. Januar 1984 in Hektopascal (hPa), wobei 1 hPa = 100 Newton/m^2 entspricht.

Der mittlere Luftdruck in Meeresniveau beträgt 1013 hPa bzw. nach den alten Maßeinheiten 1013 mbar bzw. 760 Torr oder 760 mm Quecksilbersäule. Der höchste Luftdruck auf der Erde wurde bisher mit rund 1080 hPa in einem winterlichen Hoch über Sibirien gemessen. Der niedrigste Luftdruck tritt in tropischen Wirbelstürmen auf, wo ein Extremwert von unter 880 hPa beobachtet wurde. In Berlin betrug das bisher gemessene Luftdruckminimum 966 hPa (1955), das Luftdruckmaximum 1058 hPa (1907). Der meteorologische Normaldruck ist mit 1000 hPa (= 750 Torr) definiert. Für die Umrechnung gilt:
1 hPa − 1 mbar = 3/4 Torr bzw. 1 Torr = 1,33 mbar = 1,33 hPa.

Erwähnt sei in diesem Zusammenhang, daß die Angaben „Schön", „Regen", „Sturm" usw. auf Barometern irreführend sind. Im Herbst z. B. kann das Wetter bei uns trotz hohen Luftdrucks bedeckten Himmel und Sprühregen bringen, im Sommer kann es kräftige Gewitter geben.

Umgekehrt kann das Wetter im Einzelfall auch bei niedrigem Barometerstand recht gut sein. Der Luftdruck liefert nur einen einzigen Anhaltspunkt zur Wettervorhersage. Wir müssen weitere kennenlernen, um das komplizierte Wettergeschehen zu begreifen.

Temperatur

Die Temperatur ist physikalisch eine Maßzahl für den Wärmezustand eines Stoffs. Nach der kinetischen Gastheorie hängt die Temperatur mit der Bewegungsenergie der Moleküle zusammen, und zwar gemäß

$$E_{kin} = \frac{m}{2} \overline{v^2} = \frac{3}{2} k \cdot T,$$

wobei k die Boltzmann-Konstante ist. Je wärmer ein Stoff ist, um so größer ist die mittlere Geschwindigkeit und damit kinetische Energie seiner Moleküle und um so höher ist seine Temperatur.

Als Einheit der Temperatur wird i. allg. Grad Celsius (°C) benutzt. Dabei wird von 2 Festpunkten ausgegangen, die auf den Eigenschaften des Wassers beruhen, nämlich dem Gefrierpunkt und dem Siedepunkt (unter Normaldruck). Den unteren Fixpunkt der Thermometersäule (Quecksilber) bezeichnete Celsius mit 0°, den oberen mit 100° und unterteilte seine Temperaturskala in 100 Skaleneinheiten.

Im naturwissenschaftlich-technischen Bereich verwendet man die Kelvin-Skala. Sie wird auch als Absolutskala bezeichnet, da ihr Nullpunkt mit der absolut tiefsten Temperatur von $-273,2\,°C$ zusammenfällt. Die Skaleneinheiten entsprechen den Celsius-Einheiten, so daß $0\,°C$ gleich 273,2 K (Kelvin) entspricht. Für die Umrechnung gilt abs. Temp. in K = 273,2 + Temp. in °C. Für Temperaturdifferenzen gilt $1\,°C = 1$ K.

In den angelsächsischen Ländern wird häufig noch im Alltagsgebrauch die Fahrenheitskala verwendet. Sie gründet sich auf die Körpertemperatur des Menschen, die Fahrenheit als 100° definierte. Den Nullpunkt zeigt die Thermometersäule in einer Mischung von Eis und Salz an. Somit ist

$$100\,°F = 37,8\,°C$$
$$0\,°F = -17,8\,°C.$$

Für die Umrechnung der Temperatur von Fahrenheit in Celsius gilt die Beziehung

Temperatur °C = 5/9 (Temperatur °F − 32).

In den Wüsten erreicht die Temperatur ihre höchsten Werte. In weiten Teilen der Sahara liegt die sommerliche Mittagstemperatur über $45\,°C$, in der Libyschen Wüste gebietsweise sogar bei $50\,°C$. In Pakistan wurden als absoluter Höchstwert bisher $52,8\,°C$ (in Jacobabad) gemessen und im kalifornischen Todestal $56,7\,°C$. Der absolute Hitzerekord auf der Erde beträgt nach Hoffmann (1959) $57,8\,°C$. Er wurde im libyschen El-Azizia gemessen.

Extrem niedrige Temperaturen werden aus Sibirien und von der Antarktis gemeldet. So wurde in Oimjakon ein Kälterekord von $-71,7\,°C$ und in Werchojansk von $-67,7\,°C$ gemessen; der absolute Kälterekord trat im Südwinter 1983 an der russischen Antarktisstation Vostok mit $-89,2\,°C$ auf.

Wie bescheiden nehmen sich dagegen die Werte in der Bundesrepublik Deutschland aus. Als Beispiel sei Berlin (Dahlem) mit einer absoluten Höchsttemperatur von $37,8\,°C$ und einer Tiefsttemperatur von $-26,0\,°C$ angeführt.

Luftfeuchte

Der Luftfeuchtigkeit kommt in der Atmosphäre eine besondere Bedeutung zu, da der Stoff Wasser (H_2O) in 3 verschiedenen Formen vorkommt, während alle anderen atmosphärischen Gase bei den auftretenden Druck- und Temperaturverhältnissen ihren Aggregatzustand nicht ändern, also permanente atmosphärische Gase sind.

Je nach Temperatur treffen wir die Substanz Wasser im festen, flüssigen oder gasförmigen Aggregatzustand, d. h. als Eis, Flüssigwasser oder Wasserdampf an. Gefrorenes Wasser kennen wir als Schnee, Reif, Hagel oder Graupel, Flüssigwasser als großtropfigen Regen oder kleintropfigen Sprühregen. Auch bei Temperaturen unter $0\,°C$, also unterhalb des Gefrierpunkts, treten in der Atmosphäre noch Wassertropfen auf. Wir sprechen von „unterkühltem" Wasser, das bis $-10\,°C$, u. U. bis $-20\,°C$ als unterkühlte Wassertropfen in den Wolken dominiert. Unter $-20\,°C$ überwiegt dann immer stärker der Anteil der Eiskristalle in den Wolken und ab $-40\,°C$ gibt es nur noch die Eisform.

Von großer Bedeutung für die Atmosphäre ist die physikalische Eigenschaft, daß zur Änderung des Aggregatzustands von fest zu flüssig und von flüssig zu gasförmig Wärme benötigt wird, um eine Arbeit gegen den molekularen Zusammenhalt im jeweiligen Zustand, d. h. gegen die Bindeenergie der Moleküle zu leisten. So werden 335 000 Joule (J) bzw. 335 Kilojoule (kJ) benötigt, um 1 kg Eis zu schmelzen.

Um 1 l Wasser von $15\,°C$ auf $100\,°C$ zu erhitzen, werden nach $\delta Q = m\,c\,\delta T$ rund 356 000 Wattsekunden (Ws) oder Joule benötigt. Das ist etwa soviel Energie, wie eine 100-Watt-Glühbirne braucht, um 1 h zu brennen. Um das kochende Wasser in Wasserdampf zu überführen, also zu verdampfen bzw. verdunsten, ist fast 7mal soviel Wärmeenergie, d. h. rund 2300 kJ erforderlich.

Wenn, wie wir gesehen haben, Wärme verbraucht wird, wenn Eis in Wasser und Wasser in Wasserdampf überführt wird, so müssen wir uns fragen, was geschieht, wenn die Phasenänderung umgekehrt verläuft, d. h. wenn Wasserdampf zu Wasser kondensiert und Wasser zu Eis gefriert. Wie die Physik lehrt, wird dann genau die Wärmemenge wieder frei, die vorher hineingesteckt worden ist, nämlich rund 2300 kJ beim Kondensieren und 335 kJ beim Gefrieren.

Da dieser Vorgang nach außen nicht unmittelbar deutlich wird, d. h. durch unsere Haut oder ein Thermometer nicht unmittelbar fühlbar ist, sprechen wir bei der Umwandlungsenergie von „latenter" (verborgener) Wärme.

Der Wasserdampf in unserer Atmosphäre muß also zunächst unter Wärmezufuhr irgendwo verdunsten. Dieses geschieht v. a. über den Meeren, besonders den tropischen, aber natürlich auch über dem Festland. Die Menge des in der Luft vorhandenen Wasserdampfgehalts bestimmt die Luftfeuchte. Um sie zu messen, wurden eine Reihe Feuchtemaße definiert.

Feuchtemaße

Der *Dampfdruck e* gibt an, welcher Partialdruck am beobachteten Gesamtluftdruck auf den Wasserdampf entfällt, d. h. von ihm je nach Anteil ausgeübt wird.

Als *absolute Feuchte a* bezeichnet man den Wasserdampfgehalt in Gramm pro Kubikmeter Luft (g/m^3).

Die *spezifische Feuchte s* besagt, wieviel Wasserdampf in 1 Kilogramm feuchter Luft enthalten ist (g/kg). Es gilt rechnerisch für den Zusammenhang von s und dem Dampfdruck e

$$s = \frac{\rho_w}{\rho_L + \rho_w} = \frac{0{,}622\,e}{p - 0{,}378\,e} \approx 0{,}622\,\frac{e}{p} \,,$$

wobei p der Luftdruck, ρ_w die Dichte des Wasserdampfs, ρ_L die der trockenen Luft bedeutet. Der Faktor 0,622 folgt dabei aus dem Verhältnis des Molekulargewichts von Wasserdampf ($M_w = 18{,}02$ kg/kmol) und trockener Luft ($M_L = 28{,}96$ kg/kmol).

Als *Mischungsverhältnis μ* wird dagegen definiert, wie das Verhältnis des Wasserdampfanteils in Gramm zum Anteil trockener Luft in 1 Kilogramm ist (g/kg), d. h.

$$\mu = \frac{m_w}{m_L} = \frac{m_w/V}{m_L/V} = \frac{\rho_w}{\rho_L} = \frac{0{,}622\,e}{p - e} \approx 0{,}622\,\frac{e}{p} \,.$$

Da in der Meteorologie mangels geeigneter Instrumente die Dichte der Luft nicht gemessen wird, sie aber für viele Betrachtungen wichtig ist, bedient man sich der Temperatur, um die Dichte zu beschreiben.

Mit zunehmender Temperatur vergrößert sich das Volumen eines Körpers, d. h. verringert sich gemäß $\rho = m/V$ seine Dichte. Ein zunehmender Wasserdampfanteil hat den gleichen Effekt, auch er verringert die Luftdichte.

Die virtuelle Temperatur T_v trägt diesem Umstand Rechnung. Sie ist die Temperatur, die trockene Luft haben muß, damit sie − bei gleichem Druck − dieselbe (geringere) Dichte aufweist wie wasserdampfhaltige Luft. Als Beziehung gilt nach Guldberg und Mohn

$$T_v = T\,(1 + 0{,}61\,s),$$

wenn T die beobachtete Temperatur in K und s die spezifische Feuchte ist; so liegt z. B. im Meeresniveau bei gesättigter Luft die virtuelle Temperatur bei 0 °C um rund 0,6 K, bei 10 °C um 1,3 K und bei 20 °C um 2,6 K über der gemessenen Temperatur.

Sättigung des Wasserdampfs

Von einem Volumen, z. B. 1 m^3, kann nur ein bestimmter maximaler Wasser-dampfgehalt aufgenommen werden, dieses ist der Sättigungswert. Wird er über-schritten, muß soviel Wasserdampf zu Wasser kondensieren, bis der Sättigungs-wert wiederhergestellt ist.

Wie sich physikalisch zeigt, ist die Wasserdampfsättigung bei gegebenem Vo-lumen primär von der vorhandenen Temperatur abhängig. Je höher diese ist, um so größer ist der Sättigungswert, je kälter die Luft ist, um so weniger Feuchte ver-mag sie aufzunehmen (Tabelle 2).

Tabelle 2. Sättigungsdampfdruck über Wasser (E_w) und Eis (E_e)

T [°C]	−20	−10	0	10	20	30	40
E_w [hPa]	1,25	2,86	6,1	12,3	23,4	42,4	73,8
E_e [hPa]	1,03	2,60	6,1	−	−	−	−

Aus Tabelle 2 folgt ferner, daß der Sättigungsdampfdruck über einer Wasser-fläche größer ist als über einer Eisfläche, d. h. über Wasser vermag die Luft bei gleicher Temperatur mehr Feuchtigkeit aufzunehmen als über Eis. Der größte Unterschied tritt bei −12 °C mit 0,27 hPa auf. Rechnerisch läßt sich der Sätti-gungsdampfdruck (hPa) z. B. nach der empirischen Magnus-Formel (t in °C) be-stimmen

$$E_w = 6{,}1 \cdot 10^{(7{,}5\,t)/(t+237{,}2)}$$

$$E_e = 6{,}1 \cdot 10^{(9{,}5\,t)/(t+265{,}5)}.$$

Etwas anschaulicher ist die Angabe des Wasserdampfgehalts in g/m^3 Luft, also die absolute Feuchte. Daher sei auch hierfür der Sättigungswert angegeben:

Tabelle 3. Maximale absolute Feuchte über Wasser und Eis

T [°C]	−20	−10	0	10	20	30	40
A_w [g/m^3]	1,1	2,1	4,8	9,4	17,3	30,3	51,4
A_e [g/m^3]	0,9	2,1	4,8	−	−	−	−

Relative Feuchte

Häufig wird der Feuchtegehalt der Luft statt in absoluten Maßzahlen, also statt als Dampfdruck, Mischungsverhältnis, spezifischer oder absoluter Feuchte, mit einer relativen Maßzahl in Prozent angegeben. Die relative Feuchte (rF) gibt an, wie groß der augenblickliche Anteil des Wasserdampfs in der Luft zum Sättigungswert, d. h. zu dem bei dieser Temperatur maximal möglichen Wert ist. Somit gilt für den Dampfdruck

$$rF = \frac{e}{E(T)} \cdot 100.$$

Für die anderen Feuchtemaße erhalten wir analog

$$rF = \frac{s}{S(T)} \, 100 \quad \text{bzw.} \quad rF = \frac{a}{A(T)} \, 100.$$

Bei einer relativen Feuchte unter 40% ist die Luft sehr trocken, bei 100% ist sie gesättigt; dieses ist bei Nebel und in Wolken der Fall. Eine behagliche relative Feuchte bei einer Zimmertemperatur von 20 °C liegt bei etwa 60% vor, was nach obiger Formel einem Wasserdampfgehalt von 10,4 g/m^3 (rF = 10,4/17,3 · 100 = 60) entspricht.

Hohe relative Feuchten werden bei benachbarten Gebieten grundsätzlich dort angetroffen, wo es kälter ist. So treten z. B. Nebel im Frühjahr bevorzugt über See wegen der niedrigen Wassertemperatur auf, im Herbst dagegen bevorzugt über den kälteren Landflächen.

Wüsten und Steppen sind bekanntlich extreme Trockengebiete. Dieses gilt aber nur hinsichtlich des Niederschlags und der relativen Feuchte, nicht aber für den absoluten Wasserdampfgehalt. So weist z. B. Assuan im Jahresmittel mittags eine Temperatur von 34,4 °C und eine relative Feuchte von 20% auf; absolut gesehen befinden sich dort in Bodennähe 7,6 g Wasserdampf/m^3 Luft, ein Wert, der bei uns z. B. im Herbst bei einer Temperatur von 7 °C zu Nebelbildung führt.

2.3 Tagesgang der Zustandsgrößen

Betrachten wir die täglichen Registrierungen der Temperatur und der relativen Feuchte, so erkennen wir einen in der Regel deutlich ausgeprägten tageszeitabhängigen Gang dieser beiden Elemente. Dabei liegt das Minimum der Temperatur in den Frühstunden um den Sonnenaufgang, also je nach Jahreszeit zwischen 4 und 7 Uhr (MEZ). Danach steigt die Temperatur zunächst rasch, um die Mittagszeit langsamer an und erreicht ihren Höchstwert nach dem Sonnenhöchststand zwischen 14 und 15 Uhr (MEZ). Danach sinkt die Temperatur bis in die Abendstunden rasch, in den Nachtstunden verlangsamt bis zum morgendlichen Minimum.

Dieser tägliche Gang ist der Normalfall und gilt im Sommer wie im Winter. Im Einzelfall kann es aber durchaus zu einer Abweichung kommen, wenn z. B. als Folge eines winterlichen Warmlufteinbruchs die höchste Temperatur des Tags nachts und die niedrigste am Tag auftritt. An der Küste kann ein ausgeprägter Seewind dazu führen, daß die Temperatur ab 12 oder 13 Uhr nicht mehr steigt, so daß die Eintrittszeit der Höchsttemperatur vorverlegt wird.

Umgekehrt zur Temperatur verläuft der Tagesgang der relativen Feuchte. Sie hat in den Frühstunden ihren Höchstwert, sinkt dann rasch ab und erreicht gegen 15 Uhr ihr Minimum. Danach steigt sie dann rasch wieder an.

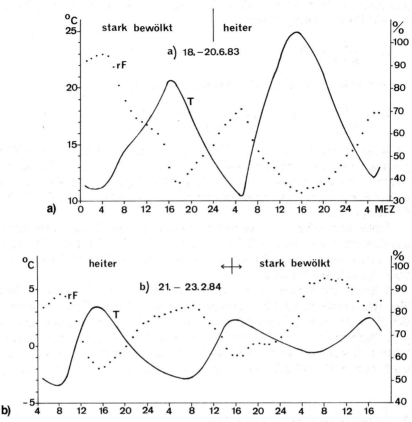

Abb. 2a, b. Tagesgang der Temperatur (T) und relativen Feuchte (rF) bei heiterem und stark bewölktem Himmel im Sommer (**a**) und Winter (**b**)

In Abb. 2a ist der Tagesgang für Temperatur und relative Feuchte für einen stark bewölkten und einen heiteren Sommertag, in Abb. 2b für einen stark bewölkten und einen heiteren Wintertag dargestellt. Zu beachten sind dabei u. a. die Amplituden, die bei heiterem Wetter und im Sommer am ausgeprägtesten sind. Auch der tatsächliche Wasserdampfgehalt der Luft verändert sich im Laufe des Tags. So weist die absolute Feuchte in Berlin im Sommer morgens um 7 Uhr (MEZ) einen mittleren Wert von 10,6 g/m^3 auf, um 14 Uhr von 10,0 g/m^3 und um 21 Uhr von 10,6 g/m^3. Im Winter beträgt die absolute Feuchte morgens 4,5 g/m^3, mittags 4,6 g/m^3 und abends wieder 4,5 g/m^3.

Wie sind die täglichen Variationen zu erklären? Für die Temperatur ist es offensichtlich, daß ihr Tagesgang vom täglichen Gang der Sonnenstrahlung bestimmt wird. Daß sich die relative Feuchte invers dazu verhält, ist nicht weiter verwunderlich, wenn wir bedenken, daß der Sättigungswert des Wasserdampfs um so größer ist, je höher die Temperatur ist. In der Formel für die relative Feuchte wird folglich E(T), also der Nenner, bis in die Mittagsstunden größer, d. h. die relative Feuchte sinkt. Unterschiedliche Verhältnisse in der kalten und

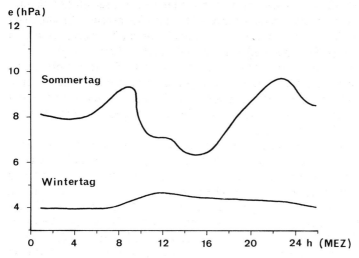

Abb. 3. Tagesgang des Dampfdrucks

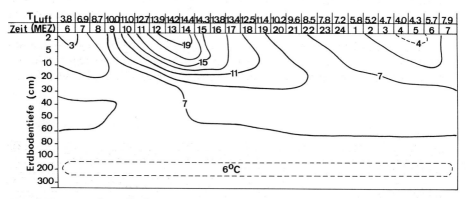

Abb. 4. Tagesgang der Erdbodentemperaturen

warmen Jahreszeit weist die absolute Wasserdampfmenge auf. Im Herbst und Winter steigt sie vom Sonnenaufgang bis zum Mittag an, weil die Tageserwärmung zu einer zunehmenden Verdunstung führt. Während der Nacht, wenn sich die Luft abkühlt, bilden sich an Gräsern, Sträuchern usw. Tautropfen, und der Wasserdampfgehalt der Luft sinkt.

Im Frühjahr und Sommer wirkt grundsätzlich der gleiche Effekt, so daß der Wasserdampfgehalt nach Sonnenaufgang steigt. In den Mittagsstunden tritt jedoch ein Vorgang auf, den wir als Konvektion bezeichnen. Dabei steigt die am Erdboden erwärmte Luft empor und nimmt den bodennahen Wasserdampfgehalt mit. Zum Ausgleich sinkt aus der Höhe wasserdampfärmere Luft herab. Dieser Prozeß führt zu einem Feuchteminimum am Mittag und Nachmittag, wenn der Aufwärtstransport des Wasserdampfs den Verdunstungsnachschub überwiegt. Erst mit dem Nachlassen der Konvektion gegen Abend beginnt der

Wasserdampfgehalt wieder zu steigen, und zwar bis zum Einsetzen der nächtlichen Taubildung, d. h. in der warmen Jahreszeit tritt im Gegensatz zur kalten eine Doppelwelle des Dampfdrucks auf. Die Unterschiede im Tagesgang sowie im Feuchtegehalt zwischen Sommer und Winter sind in Abb. 3 aufgezeigt.

Wie der Tagesgang der Temperatur im Erdboden verläuft, ist in Abb. 4 wiedergegeben. Wie wir erkennen, dringt die tägliche Erwärmungs- und Abkühlungswelle bis ca. 50 cm Tiefe in den Erdboden. Dabei schwächen sich beide mit zunehmender Tiefe zum einen ab, und zum anderen verspäten sich die Eintrittszeiten der Höchst- und Tiefstwerte.

Während bei Temperatur und Feuchte regelmäßig der Tagesgang zu beobachten ist, sieht es beim Luftdruck ganz anders aus. So zeigen die Luftdruckaufzeichnungen (Barogramme) in der Regel einen Verlauf, der vom Durchzug von Hoch- und Tiefdrucksystemen (Abb. 5) gekennzeichnet ist. Nur an ganz wenigen Tagen im Jahr und nur bei ruhigen Hochdruckwetterlagen wird die Tagesschwankung des Luftdrucks sichtbar. Eine solche Situation ist in Abb. 6 wiedergegeben. Am 10. 7. 1983 betrug um 10 Uhr (MEZ) der Luftdruck 1022,3 hPa, er sank bis 18 Uhr auf 1020,5 hPa, stieg bis gegen Mitternacht auf 1021,7 hPa an und ging bis 4 Uhr des Folgetags auf 1021,4 hPa zurück. Die Doppelwelle des Luftdrucks ist somit gekennzeichnet durch Maxima am Vormittag und in den späten Abendstunden sowie durch Minima am Nachmittag und in den späten Nachtstunden.

Die Ursache dieses Phänomens wird auf die tägliche Erwärmung und Abkühlung der Luft, d. h. auf die Temperaturwelle zurückgeführt. Sie regt die Atmosphäre zu einer Schwingung an, deren Folge die Doppelwelle des Luftdrucks ist.

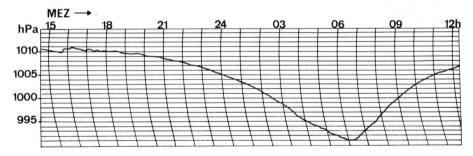

Abb. 5. Luftdruckregistrierung beim Durchzug eines Tiefs

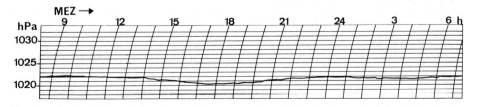

Abb. 6. Doppelwelle des Luftdrucks

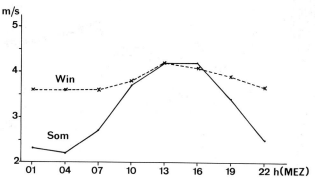

Abb. 7. Tagesgang der
Windgeschwindigkeit

Auch die Windgeschwindigkeit weist einen Tagesgang auf, der, wie Abb. 7 zeigt, im Sommer wesentlich ausgeprägter ist als im Winter. Dabei liegt das Minimum in den Nachtstunden, während tagsüber der Wind auffrischt.

2.4 Jahresgang der Zustandsgrößen

Als Jahresgang eines meteorologischen Elements bezeichnen wir seine Änderung im Laufe eines Jahrs. Dazu werden aus den mehrfachen täglichen Beobachtungen zuerst die Tagesmittelwerte und aus ihnen die Monatsmittelwerte berechnet. Beide Größen eignen sich zur Darstellung des Jahresgangs, wobei jedoch die Monatsmittel zu einem glatten Darstellungsverlauf führen.

Wie beim Tagesgang weisen Temperatur und Feuchte einen ausgeprägten, der Luftdruck einen weniger markanten Jahresgang auf. Wie Abb. 8 veranschaulicht, ist im vieljährigen Durchschnitt der Januar der kälteste Monat. Von März bis Mai erfolgt mit zunehmender Sonnenhöhe eine rasche Erwärmung, von September bis Dezember eine ebenso rasche Abkühlung. Die Sommermonate sind durch ein Temperaturplateau gekennzeichnet, wobei der Juli der wärmste Monat

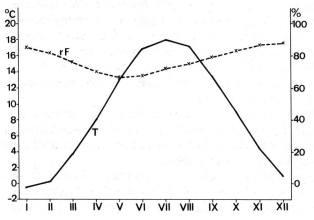

Abb. 8. Jahresgang der Temperatur (T) und relativen Feuchte (rF)

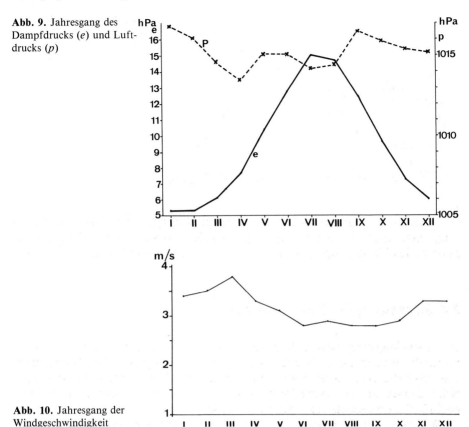

Abb. 9. Jahresgang des Dampfdrucks (*e*) und Luftdrucks (*p*)

Abb. 10. Jahresgang der Windgeschwindigkeit

ist. In den Einzeljahren gibt es immer wieder Abweichungen von diesen Normaltemperaturen. So kann z. B. durchaus auch der Februar der kälteste oder der August der wärmste Monat sein, können Winter zu mild oder Sommer zu kühl sein. Die relative Feuchte zeigt ihre höchsten Monatsmittelwerte im Spätherbst und Frühwinter, ihre niedrigsten Werte im Frühjahr und Frühsommer. Wir hatten gesagt, daß relative Feuchte und Temperatur grundsätzlich invers zueinander verlaufen. Die in Abb. 9 zu beobachtende Abweichung erklärt sich daraus, daß die relative Feuchte ja nicht nur durch den temperaturabhängigen Sättigungswert des Wasserdampfs bestimmt wird, sondern auch durch den tatsächlich in der Luft vorhandenen mittleren monatlichen Wasserdampfgehalt, der sich wiederum als Summe von Verdunstung und Advektion ergibt.

Der Dampfdruck (Abb. 9) weist in den Wintermonaten seine geringsten, in den Sommermonaten infolge der hohen Verdunstung seine höchsten Beträge auf. Die Übergangsjahreszeiten sind durch raschen Anstieg bzw. raschen Rückgang des Wasserdampfgehalts in der Luft gekennzeichnet.

Wie Abb. 9 ferner veranschaulicht, schwankt der mittlere Luftdruck in Mitteleuropa nur wenig von Monat zu Monat. Auffällig ist das Druckminimum im April sowie die relativ hohen Druckwerte für Mai und September. Auch wenn

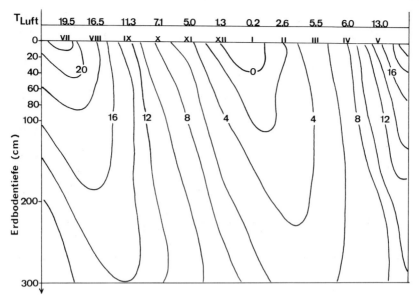

Abb. 11. Jahresgang der Erdbodentemperaturen

der Luftdruck zur Beschreibung des Wetters allein nicht ausreicht, so weisen die
genannten Erscheinungen auf Begriffe wie „Aprilwetter", „Wonnemonat Mai"
und „Altweibersommer" als auffällige Wetterbesonderheiten hin.

Auch die Windgeschwindigkeit weist einen Jahresgang auf. Dabei liegt das
Minimum im Sommer, während die höchsten mittleren Windbeträge nach
Abb. 10 im Frühjahr und Winter erreicht werden.

Der Jahresgang der Erdbodentemperaturen (Abb. 11) ist auch in 3 m Tiefe
noch gut ausgeprägt. Die Eintrittszeiten der Extremwerte erscheinen mit zunehmender Tiefe deutlich phasenverschoben, so daß in 3 m die Höchsttemperatur
erst im September und die Tiefsttemperatur erst im März eintritt. Die Frosttiefe
reichte in diesem etwas zu milden Winter bis ca. 40 cm in den Erdboden.

2.5 Änderungen der Zustandsgrößen mit der Höhe

Temperatur, Feuchte und Luftdruck ändern sich mit der Höhe. Wir wollen uns
dabei zunächst mit den Verhältnissen zwischen der Erdoberfläche und etwa
10 km Höhe beschäftigen, da sich in diesem Bereich unser Wetter abspielt. Ihn
bezeichnen wir als Troposphäre und seine obere Grenze als Tropopause.

Die höchste Lufttemperatur wird in der Regel in Bodennähe, d. h. meteorologisch in 2 m Höhe gemessen. Mit der Höhe nimmt die Temperatur bis zur Tropopause nahezu gleichmäßig ab. Wie die vieljährigen Messungen des Instituts für
Meteorologie der Freien Universität Berlin zeigen, ergeben sich für Mitteleuropa
folgende jährliche Mittelwerte: Von 10 °C am Boden sinkt die Temperatur auf

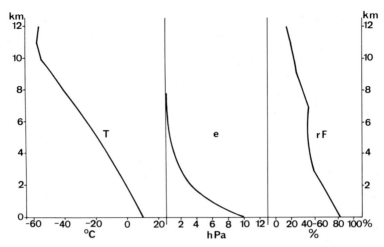

Abb. 12. Mittlere Änderungen von Temperatur (T), Dampfdruck (e) und relativer Feuchte (rF) mit der Höhe

0 °C in knapp 2000 m Höhe, auf rund − 20 °C in 5 km und auf − 55 °C in 10 km, was einer mittleren Temperaturabnahme von 0,65 K/100 m entspricht. Dort, wo die Temperatur nicht mehr abnimmt, was in unseren Breiten im Mittel in 11 km Höhe der Fall ist, befindet sich die Tropopause.

Auch die Feuchtigkeit der Luft nimmt mit der Höhe ab. Wie in Abb. 12 deutlich wird, nimmt der Wasserdampfgehalt in den unteren Schichten sehr rasch, ab etwa 3 km Höhe dagegen nur noch langsam ab. Bis in 10 km Höhe hat sich der Dampfdruck von 10 hPa am Boden bis auf weniger als 0,1 hPa verringert. Die relative Feuchte geht weniger gleichmäßig mit der Höhe zurück, was wieder am Zusammenwirken von vorhandender Feuchte und Temperatur liegt. Ein Wert von 20% in 11 km Höhe zeigt jedoch ebenfalls an, wie trocken die Luft im Normalfall an der Obergrenze der Troposphäre ist. Diese Trockenheit setzt sich durch die ganze weitere Atmosphäre fort, so daß verständlich wird, warum sich unser Wetter, d. h. die Wolken- und Niederschlagsbildung, auf die Troposphäre beschränkt.

Oberhalb der Tropopause bleibt die Temperatur (Abb. 13) zunächst nahezu konstant, d. h. steigt sie von − 57 °C an der Tropopause nur auf − 50 °C in 28 km Höhe an. Danach setzt ein so kräftiger Temperaturanstieg mit der Höhe ein, und zwar, wie wir noch sehen werden, als Folge des dort vorhandenen Ozons, so daß in 50 km Höhe eine Temperatur nahe 0 °C erreicht wird. Dieser Bereich oberhalb der Tropopause heißt Stratosphäre, seine Obergrenze am Temperaturmaximum heißt Stratopause.

Daran schließt sich die Mesosphäre an, in der die Temperatur bis auf rund − 100 °C an der Mesopause in 80 km Höhe zurückgeht. Darüber beginnt die Thermosphäre, die sich bis zur Grenze der Atmosphäre in rund 500 − 600 km Höhe, d. h. bis zum Übergang in den interplanetarischen Raum (Exosphäre) erstreckt. In der Thermosphäre steigt die Temperatur infolge Absorption von Röntgen- und Gammastrahlung der Sonne wieder sehr schnell auf Werte über

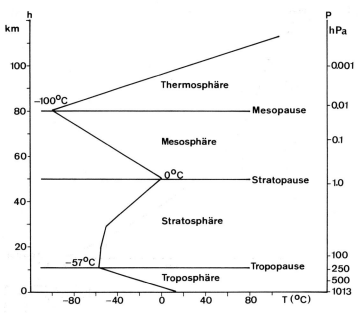

Abb. 13. Aufbau der Atmosphäre

100 °C bis auf 700 °C am Atmosphärenrand an. Diese hohen Angaben sind jedoch nicht mit den Temperaturangaben am Boden und in der unteren Atmosphäre vergleichbar. In den hohen Schichten ist die Luftdichte extrem gering; schon in 100 km Höhe beträgt sie nur 1 Millionstel der Dichte an der Erdoberfläche. Es fehlt dort an genügend Luftmolekülen, um die Wärme zu leiten, zu transportieren. Ein Mensch würde in diesen Höhen auf der sonnenzugewandten Seite infolge der auftreffenden Strahlung gebraten und gleichzeitig auf seiner abgewandten Seite infolge fehlender Wärmeübertragung durch die Luft erfrieren.

Gemäß der Definition des Luftdrucks als das Gewicht der über einem Ort befindlichen Luftsäule pro Flächeneinheit, muß der Luftdruck folglich um so geringer werden, je kürzer diese Luftsäule ist, d. h. je höher wir hinaufkommen. Anders ausgedrückt: Der Luftdruck nimmt mit der Höhe ab. Diese vertikale Druckabnahme läßt sich bereits deutlich an einem Hochhaus oder Turm zwischen Erdgeschoß und Dachgeschoß feststellen, denn pro 8 m Höhenunterschied nimmt der Luftdruck um 1 hPa ab. In einem 40 m hohen Gebäude beträgt somit die Druckdifferenz 5 hPa zwischen unten und oben. Die Beziehung 1 hPa/8 m gilt allgemein in Bodennähe; wegen der geringeren Luftdichte in der Höhe werden die Schritte größer, je höher man hinaufkommt, so z. B. 1 hPa/10 m in 2 km Höhe, 1 hPa/14 m in 5 km Höhe und 1 hPa/25 m in 10 km Höhe.

Die Druckabnahme mit der Höhe ist in Abb. 14 dargestellt. Wie wir erkennen, herrscht in der Höhe des Feldbergs im Schwarzwald (1493 m) nur noch ein Luftdruck von 850 hPa, auf der Zugspitze (2963 m) von 700 hPa und auf dem höchsten Berg der Erde, dem Mount Everest (8848 m) von nur noch rund 300 hPa. In der 4000 m hoch gelegenen Hauptstadt Boliviens, La Paz, leben die

Abb. 14. Vertikale Luft-
druckverhältnisse

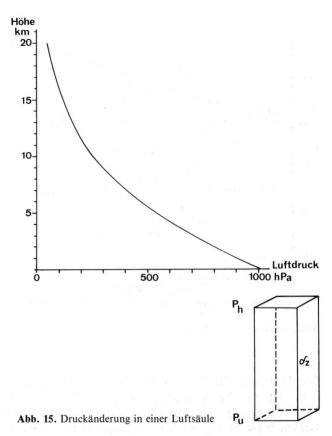

Abb. 15. Druckänderung in einer Luftsäule

Menschen ständig unter einem Luftdruck, der um rund 400 hPa niedriger ist als im mitteleuropäischen Flachland.

Physikalisch läßt sich die Druckänderung δp mit der Höhe beschreiben durch die hydrostatische Grundgleichung

$$\delta p = - g \cdot \rho \cdot \delta z \,,$$

d. h. die Druckabnahme mit der Höhe hängt ab von der Erdbeschleunigung g, der Dichte ρ in der Luftsäule und der Höhenänderung δz, wobei δp die Druckdifferenz und δz die Höhendifferenz zwischen der Basis und der Deckfläche der betrachteten Luftsäule ist (Abb. 15).

Wenn die Luft vertikal in Ruhe ist, d. h. wenn sie weder aufsteigt noch absinkt, sagen wir, die Luft ist im hydrostatischen Gleichgewicht. In diesem Fall wird die Schwerkraft der Erde, die ein Luftquant nach unten ziehen würde, genau durch die vertikale Druckkraft ausgeglichen.

Die Atmosphäre befindet sich i. allg. angenähert in diesem Zustand, d. h. im hydrostatischen Gleichgewicht, denn die Vertikalbewegungen der Luft sind in der Regel sehr klein. Es gibt aber auch Ausnahmen, so z. B. in Schauer- und Gewitterwolken, wo Auf- und Abwinde bis zu 30 m/s auftreten können, oder an Berghängen.

2.6   Vertikale Stabilität der Atmosphäre

Um das Prinzip der vertikalen Stabilität der Atmosphäre besser zu verstehen, wollen wir zunächst ein Gedankenexperiment durchführen. Dazu nehmen wir 3 gleiche Ballone und füllen den 1. mit normaler Umgebungsluft, den 2. mit heißer Luft und den 3. mit kalter Luft. Beim Loslassen der Ballone beobachten wir, daß der mit der Normalluft gefüllte in der Luft schwebt, der mit Heißluft gefüllte aufsteigt und der mit Kaltluft gefüllte zu Boden sinkt. Warum dieses unterschiedliche Verhalten, müssen wir uns fragen?

Das Gewicht F_G eines Körpers ist definiert als

$$F_G = mg = \rho \cdot V \cdot g \, ,$$

wobei m die Masse, g die Erdbeschleunigung, ρ die Dichte und V sein Volumen ist. Bei unseren Ballonen ist g und V in allen 3 Fällen gleich, verschieden ist aber die Dichte ρ, denn je wärmer die Luft ist, um so geringer ist ihre Dichte. Anders ausgedrückt: Kältere Luft hat eine größere Dichte, warme Luft eine geringere.

In unserem Experiment bedeutet das somit nach der obigen Gleichung, daß der Ballon mit der Kaltluft am schwersten ist, der mit Heißluft gefüllte am leichtesten, während das Gewicht des mit Normalluft gefüllten Ballons genau dem der Umgebungsluft entspricht. Die Folge ist, daß der Kaltluftballon sinkt, der Heißluftballon steigt und der Normalluftballon schwebt.

Allgemein läßt sich daher sagen: Körper, deren Dichte im Vergleich zum umgebenden Medium geringer ist, steigen empor, solche, deren Dichte größer ist, sinken ab. Sind die Dichten des Körpers und des Mediums gleich, so schwebt er (Archimedisches Prinzip).

Als Beispiel sei ein Stück Holz erwähnt, das auf dem Wasser schwimmt, im Gegensatz zu einem Stein, der absinkt.

Verfolgen wir unseren aufsteigenden Heißluftballon, so stellen wir fest, daß er größer wird, je höher er kommt. Allgemein gesprochen heißt das, ein aufsteigendes Luftpaket dehnt sich aus. Die Ursache dafür kennen wir aus dem vorhergehenden Kapitel. Da der Luftdruck mit der Höhe abnimmt, kommt unser Luftpaket in Bereiche mit geringerem Außendruck, d. h. infolge des in ihm herrschenden Überdrucks dehnt es sich aus.

Was dabei passiert, wollen wir uns an einem weiteren Experiment verdeutlichen. Wir lassen die Luft aus einem Fahrrad- oder Autoreifen entweichen. Die unter Überdruck im Reifen stehende Luft fühlt sich nach Verlassen des Ventils recht kalt an, d. h. mit der Ausdehnung der ausströmenden Luft außerhalb des Reifens kommt es zu einer Abkühlung.

Drücken wir dagegen Luft zusammen, wie dieses z. B. in einer Fahrradpumpe beim Aufpumpen geschieht, so erwärmt sie sich.

Wir können somit zusammenfassen: Aufsteigende Luft gelangt unter geringeren Außendruck, dehnt sich aus und kühlt sich dadurch ab. Absinkende Luft kommt dagegen unter höheren Außendruck, wird komprimiert und erwärmt sich dadurch. Diesen für die Atmosphäre sehr wichtigen Vorgang bezeichnen wir als adiabatische Temperaturänderung. Die Bezeichnung verdeutlicht, daß dabei Temperaturänderungen stattfinden, ohne daß dem betrachteten Luftpaket Wärme von außen zugeführt oder entzogen wird. Der adiabatischen Abkühlung beim

Abb. 16. Trockenadiabatische Temperaturänderung auf- und absteigender Luft

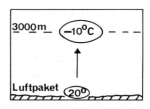

Aufsteigen steht die adiabatische Erwärmung der Luft beim Absinken gegenüber.

Wie groß ist nun die Temperaturänderung, die ein Luftpaket beim Auf- und Absteigen erfährt? Wir wollen uns zunächst auf ungesättigte Luft beschränken, d. h. die Vorgänge in den Wolken noch ausklammern. In diesem Fall beträgt die trockenadiabatische Temperaturänderung 1 K/100 m, d. h. aufsteigende Luft kühlt sich um diesen Betrag ab (trockenadiabatische Temperaturabnahme), absinkende Luft erwärmt sich um diesen Betrag (trockenadiabatische Temperaturzunahme).

Ein Luftpaket möge am Boden eine Temperatur von 20 °C haben. Wird es nun um 3000 m gehoben, so kühlt es sich dabei folglich um 30 K ab und kommt in 3 km Höhe mit einer Temperatur von − 10 °C an (Abb. 16). Würde es anschließend wieder bis zum Boden absinken, erwärmt es sich wieder auf seine Ausgangstemperatur von 20 °C.

Ob nun ein Luftpaket aufsteigt, absinkt oder schwebt, hängt, wie wir am Beispiel der Ballone gesehen haben, von seiner Temperatur im Verhältnis zur allgemeinen Temperatur der Umgebungsluft ab.

Instabile (labile) Schichtung

Betrachten wir einen Tag, an dem am Boden eine Lufttemperatur von 20 °C und in 3 km Höhe ein Wert von − 15 °C gemessen wird (Abb. 17), d. h. an dem die gemessene Temperaturänderung rund 1,2 K/100 m beträgt. Unser Luftpaket habe am Boden ebenfalls eine Temperatur von 20 °C und werde durch einen atmosphärischen Vorgang „gehoben". Beim Aufsteigen kühlt es sich trockenadiabatisch um 1 K/100 m ab und kommt in 3 km mit einer Temperatur von − 10 °C an, d. h. im Vergleich zur dortigen Umgebungsluft ist es 5 K wärmer. Da seine Dichte folglich geringer ist, ist es leichter als die Umgebungsluft und bewegt sich weiter aufwärts, auch wenn jetzt der ursprüngliche Hebungsvorgang aufhört, d. h. anstelle der erzwungenen Bewegung tritt eine thermisch-bedingte selbständige Bewegung. Für die Beschleunigung a gilt

$$a = \frac{d\,v_z}{dt} = g\frac{(T_L - T_A)}{T_A} = g\frac{(\rho_A - \rho_L)}{\rho_L},$$

wobei sich der Index L auf das Luftpaket, A auf die Außenluft bezieht. Die Bewegung erfolgt somit um so rascher, je größer der Temperatur- bzw. Dichteunterschied zwischen Luftpaket und Außenluft ist.

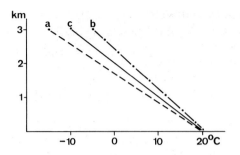

Abb. 17. Labile (*a*), stabile (*b*) und neutrale Schichtung (*c*)

Kennzeichen einer „instabil geschichteten" Atmosphäre ist somit nach den Ausführungen, daß die beobachtete Temperaturabnahme größer ist als die adiabatische Temperaturänderung eines aufsteigenden Luftpakets. In diesem Fall erscheint das Luftpaket schon nach kurzem Aufsteigen wärmer als die Umgebung und setzt seinen Aufstieg beschleunigt fort.

Stabile Schichtung

Nun wollen wir einen Tag betrachten, an dem zwar am Boden wieder eine Lufttemperatur von 20 °C, in 3 km Höhe aber nur von − 5 °C gemessen wird, d. h. an dem die gemessene Temperaturänderung rund 0,7 K/100 m beträgt (s. Abb. 17). Unser 20 °C warmes Luftquant werde wieder „gehoben". Infolge der trockenadiabatischen Abkühlung beträgt seine Temperatur bei Ankunft in 3 km Höhe wie im 1. Fall − 10 °C, jedoch ist sein Verhältnis zur Umgebungsluft jetzt anders, denn es erscheint 5 K kälter. Seine Dichte ist somit größer, d. h. es ist schwerer als die Außenluft.

Hört der Hebungsvorgang, also die erzwungene Bewegung, jetzt auf, so sinkt das Luftpaket ab, und zwar nach obiger Beziehung um so schneller, je größer seine Temperaturdifferenz zur Außenluft ist: Das Luftpaket kehrt in seine Ausgangslage zurück.

Wir können allgemein sagen: Ist die beobachtete Temperaturabnahme in der Atmosphäre kleiner als die adiabatische Temperaturänderung, so sprechen wir von einer „stabil geschichteten" Atmosphäre; die Folgen einer erzwungenen Vertikalbewegung werden von ihr selbständig stabilisiert, d. h. rückgängig gemacht, sobald der Initialimpuls aufhört.

Neutrale Schichtung

Die neutrale Schichtung ist der Grenzfall zwischen der instabilen und der stabilen Schichtung. Dabei entspricht die gemessene vertikale Temperaturänderung genau der adiabatischen Temperaturänderung vertikalbewegter Luftpakete.

In unserem Beispiel bedeutet das: Am Boden wird eine Lufttemperatur von 20 °C, in 3 km Höhe von − 10 °C gemessen, d. h. die an diesem Tag beobachtete Temperaturänderung beträgt 1 K/100 m (s. Abb. 17). Auch unser trockenadiabatisch aufsteigendes Luftpaket ändert seine Temperatur um diesen Betrag und kommt in 3 km Höhe mit $-10\,°\mathrm{C}$ an. Da seine Temperatur und Dichte damit genau der Umgebungsluft entsprechen, „schwebt" es, wenn die erzwungene Hebung aufhört, d. h. weder steigt es, noch sinkt es, sondern bleibt in dem Niveau liegen. In der Gleichung erhält man für den neutralen Fall, daß die Beschleunigung infolge fehlender Temperatur- bzw. Dichteunterschiede zwischen Luftpaket und Außenluft Null wird.

In Abb. 17 wird deutlich, daß bei instabilen (labilen) Wetterlagen die beobachtete Temperaturkurve (a) links von der trockenadiabatischen (c), also auf der kälteren Seite liegt, bei stabilen Wetterlagen (b) rechts von dieser, d. h. auf der wärmeren Seite. Bei neutraler Schichtung sind gemessene Temperaturkurve und adiabatischer Temperaturverlauf gleich (c).

Feuchtadiabatische Prozesse

Wir hatten uns bei unseren Betrachtungen bisher auf die Vertikalbewegung ungesättigter Luft beschränkt. Wenden wir uns jetzt den Vorgängen innerhalb der Wolken zu. Auch in ihnen steigt die Luft empor und führt zu immer mächtigeren Wolken bzw. sinkt Luft ab. Dabei bleiben alle Prozesse, die wir kennengelernt haben, prinzipiell erhalten, nur die Beträge der adiabatischen Temperaturänderung ändern sich.

Dieses wird leicht verständlich, wenn wir uns an die Ausführungen über die latente Wärme bei der Zustandsänderung des Stoffs Wasser erinnern. Beim Schmelzen von Eis und Verdunsten von Flüssigwasser wird Wärmeenergie verbraucht, d. h. der Umgebung entzogen. Kondensiert dagegen Wasserdampf, also bilden sich Wolkentropfen, so wird die vorher entzogene Wärme der Umgebung wieder zugeführt. Das gleiche gilt bei der Eisbildung in Wolken. Wir haben es somit bei Vertikalbewegung der Luft in Wolken mit 2 entgegengesetzt wirkenden Wärmeprozessen zu tun. Einerseits kühlt sich jedes aufsteigende Luftpaket um $1\,\mathrm{K}/100\,\mathrm{m}$ ab, andererseits wird bei gesättigter, d. h. kondensierend aufsteigender Luft Kondensationswärme an die Luft abgegeben. Diese freigesetzte Wärmemenge ist um so größer, je mehr Wasserdampf kondensiert. Für die resultierende feuchtadiabatische Abkühlung γ_f gilt somit

$$\gamma_f = 1\,\mathrm{K}/100\,\mathrm{m} - \delta T_K/100\,\mathrm{m}\,,$$

wobei δT_K der Temperaturbetrag infolge der freigesetzten Kondensations- bzw. Gefrierwärme ist. Da er bei der Kondensation großer Wasserdampfmengen groß ist, bei geringer Kondensation klein, heißt das, daß die feuchtadiabatische Temperaturänderung im Gegensatz zur trockenadiabatischen nicht konstant ist. In der Regel ist für die feuchtadiabatische Abkühlung aufsteigender bzw. Erwärmung absteigender Luft ein Wert von $0,4\,\mathrm{K}/100\,\mathrm{m}$ bei starker Kondensation, bis $0,8\,\mathrm{K}/100\,\mathrm{m}$ bei schwacher Kondensation anzusetzen.

Die Aussagen über instabile, stabile und neutrale Schichtung gelten prinzipiell ebenfalls weiter, nur haben wir im gesättigten Fall das Verhältnis von feuchtadiabatischer Temperaturänderung des Luftpakets zur gemessenen vertikalen Temperaturänderung der Umgebungsluft zu betrachten.

Eine feuchtinstabile (feuchtlabile) Schichtung liegt somit in der Atmosphäre vor, wenn die gemessene Temperaturänderung mit der Höhe größer ist als die feuchtadiabatische der aufsteigenden Luftpakete. Feuchtstabil ist die Schichtung, wenn die gemessene Temperaturänderung mit der Höhe kleiner ist als die feuchtadiabatische, und bei neutraler Schichtung ist die beobachtete gleich der feuchtadiabatischen.

Wie wichtig diese Vorgänge sind, erkennen wir im Vergleich zu Abb. 12. Dort zeigt sich eine mittlere vertikale Temperaturabnahme in der Troposphäre von 0,65 K/100 m. In bezug auf trockenadiabatisch aufsteigende Luft ist die Troposphäre somit recht stabil, was der Wolkenbildung entgegenwirkt. In bezug auf feuchtadiabatisch aufsteigende Luft ist die Schichtung dagegen für alle Fälle mit $\gamma_f < 0{,}65$ K/100 m instabil, so daß sich hochreichende Wolken und die mit ihnen verbundenen Niederschlagsprozesse bilden können.

2.7 Gesetze

Zustandsgleichung für Gase

Der Zustand eines Gases wird beschrieben durch seinen Druck p, sein Volumen V und seine Dichte ρ (bzw. Temperatur T). Betrachten wir ein ideales Gas in einem Zylinder, der durch einen reibungsfrei laufenden Kolben abgeschlossen ist (Abb. 18). Bei Temperaturerhöhung des Gases dehnt es sich aus, und es gilt bei konstantem Druck für sein Volumen, wenn die Ausgangstemperatur $t_0 = 0\,°C$ ist,

$$V = V_0(1 + \gamma \cdot t\,°C)\,,$$

wobei $\gamma = 1/273$ K$^{-1} = 0{,}00366$ K^{-1} ist.

Arretieren wir den Kolben, so daß das Volumen des Gases trotz Temperaturerhöhung infolge Wärmezufuhr konstant bleibt, so erhöht sich sein Druck gemäß

$$p = p_0(1 + \gamma \cdot t\,°C)\,.$$

Nach dem Boyle-Mariotte-Gesetz gilt ferner, wenn T = const.,

$$p \cdot V = p_0 \cdot V_0 = const\,.$$

Kombinieren wir diese 3 Beziehungen, so folgt als Gasgleichung für das Gasgemisch Luft

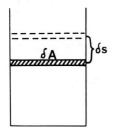

Abb. 18. Zustandsänderung von Gasen

$$p \cdot V = R_L \cdot T$$

bzw. bei Bezug auf die Masseneinheit mit $\rho = m/V$

$$\frac{p}{\rho} = R_L \cdot T \,.$$

Die Gaskonstante für trockene Luft R_L hat gemäß den Normalwerten $p = 1013,25$ hPa, $T = 273,2$ K und $\rho = 1,293$ kg/m^3 den Wert $R_L = 287$ J $\cdot$ kg^{-1} K^{-1}.

Für feuchte Luft gilt $R = R_L + R_w = R_L(1 + 0,61\, s)$, wenn s die spezifische Feuchte (g/kg) ist. Dann folgt aus $p = \rho R T = \rho_L R_L(1 + 0,61\, s)\, T = \rho_L R_L T_v$ die virtuelle Temperatur $T_v = T(1 + 0,61\, s)$.

Statische Grundgleichung und barometrische Höhenformel

Das Gewicht F_G der an einem Ort auf einer beliebigen Fläche A lastenden Luftsäule ist gegeben durch

$$F_G = m \cdot g = \rho \cdot V \cdot g = g \cdot \rho \cdot A \cdot h \,.$$

Aufgrund der Definition des Drucks folgt

$$p = \frac{F_G}{A} = g \cdot \rho \cdot h$$

und somit nach Abb. 15 für die Druckabnahme δp in einer Luftsäule bei der Höhenzunahme δz, d. h. als statische Grundgleichung

$$\delta p = - g \cdot \rho \cdot \delta z \,.$$

Am einfachsten läßt sich diese Beziehung über die Höhe z integrieren, wenn die Erdbeschleunigung g und die Dichte ρ als konstant angenommen werden. Während wir g im Bereich der meteorologischen Betrachtungen ohne weiteres als höhenunabhängig ansehen dürfen, gilt dieses nicht, wie wir gesehen haben, für die Dichte bzw. die Temperatur. Jedoch läßt sich über einen Kunstgriff auch diese Voraussetzung erfüllen, indem wir den wahren Temperaturverlauf in einer Schicht durch ihre Mitteltemperatur T ersetzen, d. h. durch einen für die Schicht konstanten Temperaturwert.

Mit Hilfe der Gaszustandsgleichung $p/\rho = R T$ folgt dann, wenn ρ in der statischen Grundgleichung substituiert wird, für die trockene Atmosphäre

$$dp = - g \frac{p}{RT} \cdot dz$$

oder nach Trennung der Variablen

$$\frac{dp}{p} = - \frac{g}{RT} \cdot dz \,.$$

Integriert zwischen den Grenzen p_0 und p bzw. z_0 und z ergibt dieses

$$\ln \frac{p}{p_0} = - \frac{g}{RT}(z - z_0)$$

bzw.

$$p = p_0 \cdot e^{-gz/RT},$$

wenn wir vom Niveau $z_0 = 0$ ausgehen. Dieses ist die barometrische Höhenformel, mit der sich die exponentielle Luftdruckabnahme mit der Höhe beschreiben läßt.

Bei der praktischen Anwendung zerlegt man die Atmosphäre in einzelne Schichten, z. B. zwischen Boden und 850 hPa, von 850 bis 700 hPa usw., bestimmt deren Mitteltemperatur und berechnet den Zusammenhang von Luftdruck und Höhe über die Formel (z in m)

$$\log p = \log p_0 \frac{z}{18400\,(1 + \gamma T_v)}.$$

Dabei ist γ der Ausdehnungskoeffizient der Gase (0,00366) und T_v die mittlere virtuelle Temperatur der Schicht, denn wie wir früher gesehen haben, muß nicht nur die Temperatur, sondern auch der Wasserdampf bei der Betrachtung der Dichte berücksichtigt werden.

Thermodynamische Gesetze

Wird einem Stoff der Masse m die Wärmemenge δQ zugeführt, so ändert sich seine Temperatur, wobei Temperaturänderung δT und Wärmemenge δQ in folgendem Verhältnis zueinander stehen:

$$\delta Q = m \cdot c \cdot \delta T.$$

Der Faktor c heißt spezifische Wärme und ist eine charakteristische Eigenschaft, denn nach $c = \delta Q/(m\,\delta T)$ ist sie die Wärmeenergie, die man aufwenden muß, um 1 kg eines Stoffs um 1 °C zu erwärmen. Für Wasser z. B. ist $c = 4187\ J \cdot kg^{-1} K^{-1}$. Bei Gasen unterscheidet man 2 spezifische Wärmen, und zwar c_p bei Zustandsänderungen unter konstantem Druck und c_v bei Zustandsänderungen bei konstantem Volumen. Dabei gilt für trockene Luft

$$c_p = 1005\ J\,kg^{-1}K^{-1}$$

$$c_v = 718\ J\,kg^{-1}K^{-1}$$

$$c_p - c_v = 287\ J\,kg^{-1}K^{-1} = R_L$$

$$c_p/c_v = \kappa = 1,40.$$

Den Ausdruck $m \cdot c$ bezeichnet man als Wärmekapazität. Als Einheit der Wärmemenge wurde früher die Kalorie (cal) verwendet, heute erfolgen die Angaben in Joule J (= Newtonmeter Nm). Dabei gilt

$$1\ J = 0,2388\ cal$$

$$1\ cal = 4,1868\ J.$$

Kehren wir zu unserem Gedankenexperiment mit dem zylindrischen Gasbehälter zurück, dessen Kolben sich bei Erwärmung des Gases infolge der Gasausdehnung verschiebt (Abb. 18). Das Gas leistet somit bei seiner Expansion eine Arbeit δW. Da physikalisch Arbeit = Kraft F · Weg δs ist, so folgt für die Arbeit des Gases (mit p = F/A)

$$\delta W = F \delta s = p \cdot A \cdot \delta s$$
$$\delta W = p \cdot \delta V \,,$$

wenn A die Grundfläche des Zylinders und δs die Kolbenverschiebung und somit δV die Volumenänderung ist. Die Einheit der Arbeit ist Joule.

Bezogen auf die Atmosphäre heißt das: Ein sich ausdehnendes Gas verdrängt das umgebende Gas und leistet dabei eine Arbeit; umgekehrt ist an ihm eine Arbeit zu verrichten, wenn man ein Gas komprimieren will.

Der 1. Hauptsatz der Wärmelehre verknüpft Wärmeenergie und mechanische Arbeit miteinander und hat die Form

$$\delta Q = \delta U + p \cdot \delta V \,,$$

d. h. eine dem Gas zugeführte Wärmemenge δQ dient einerseits dazu, seine innere Energie δU zu erhöhen und andererseits zur Verrichtung einer Arbeit $\delta W = p \cdot \delta V$ durch das erwärmte Gas. Die Erhöhung der inneren Energie δU äußert sich in seiner Temperaturerhöhung; da sie von der spezifischen Wärme c_v bei konstantem Volumen abhängt, nimmt der 1. Hauptsatz (für m = 1 kg) die Form an

$$\delta Q = c_v \cdot \delta T + p \cdot \delta V \,.$$

Für adiabatische Zustandsänderungen ist definitionsgemäß $\delta Q = 0$, da ja dem Luftpaket weder Wärme von außen zugeführt noch entzogen wird. Die Volumenänderung des Gases, d. h. seine Arbeit erfolgt lediglich auf Kosten der inneren Energie. Für adiabatische Änderungen gilt demnach

$$0 = c_v + p \frac{dV}{dT} \,.$$

Differenzieren wir die Gasgleichung $p \cdot V = R_L \cdot T$ nach T, so erhalten wir

$$p \frac{dV}{dT} + V \cdot \frac{dp}{dT} = R_L \,.$$

Eingesetzt in die adiabatische Ausgangsgleichung folgt

$$0 = c_v + R_L - V \frac{dp}{dT} \,,$$

und da $V = R_L \dfrac{T}{p}$ und $R_L = c_p - c_v$ ist, erhalten wir

$$\frac{dT}{dp} = \frac{c_p - c_v}{c_p} \frac{T}{p} \,.$$

Setzen wir in diese Gleichung $dp = -g\rho dz = -g \dfrac{p}{R_L T} dz$ ein, so ergibt sich

für die trockenadiabatische Temperaturänderung auf- und absteigender Luftpakete

$$\frac{dT}{dz} = -\frac{g}{c_p} = -0,98 \cdot 10^{-2}\,\mathrm{K/m}$$

$$= -0,98\,\mathrm{K/100\,m} \approx 1\,\mathrm{K/100\,m}\,.$$

Wie die Beziehung zeigt, ist dieser Betrag nur vom Schwerefeld der Erde und vom c_p-Wert der Luft abhängig, nicht aber von der Höhe oder vom Luftdruck.

2.8　Potentielle Temperatur

Die graphische Erfassung der Zustandsänderungen auf- und absteigender Luft geschieht mit Hilfe thermodynamischer Diagramme. In Abb. 19 ist als Beispiel das Stüve-Diagramm wiedergegeben. Dabei ist auf der Ordinate der Luftdruck bzw. die Höhe dargestellt und auf der Abszisse die Temperatur. Die von rechts unten nach links oben verlaufenden Linien sind die Trockenadiabaten. Wie der Name es schon sagt, läßt sich an ihnen verfolgen, wie sich trockene Luft beim Aufsteigen um 1 K/100 m abkühlt bzw. beim Absinken erwärmt.

Die von rechts unten nach links oben gekrümmt verlaufenden Linien sind die Feuchtadiabaten. Mit ihnen läßt sich verfolgen, wie sich die Temperatur feucht-adiabatisch in kondensierender Luft ändert, d. h. beim Auf- und Absteigen in der Wolke. Als weitere Größe ist der Feuchtegehalt der Luft als gestrichelte Linie

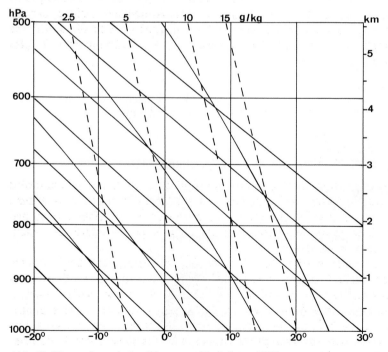

Abb. 19. Thermodynamisches Diagramm (Nach Stüve 1927)

dargestellt, und zwar als Sättigungswert der spezifischen Feuchte, also in Gramm Wasserdampf pro Kilogramm feuchter Luft.

Die Tatsache, daß trockene Luft bei Vertikalbewegungen seine Temperatur um 1 K/100 m ändert, macht es schwierig, in unterschiedlichen Höhen befindliche Luftpakete hinsichtlich ihres Wärmeinhalts direkt zu vergleichen. So nimmt z. B. am Boden 10 °C warme Luft bis 3000 m eine Temperatur von −20 °C an, oder umgekehrt, Luft in 3000 m Höhe mit einer Temperatur von −20 °C entspricht bei Abwärtsbewegung bodennaher Luft von 10 °C.

Um daher den Wärmegehalt von Luft in unterschiedlichen Höhen miteinander vergleichen zu können, muß man sie auf ein einheitliches Niveau bringen. Üblich ist es, sie auf das Bodenniveau bzw. das (bodennahe) 1000-hPa-Niveau zu beziehen. Dieses erfolgt im thermodynamischen Diagramm, indem das Luftpaket von seinem Ausgangsniveau längs der Trockenadiabaten bis auf 1000 hPa gebracht wird. Die dort abgelesene Temperatur, die also den Wärmegehalt von trockenen Luftquanten vergleichen läßt, wird als potentielle Temperatur θ bezeichnet. Rechnerisch ergibt sie sich nach

$$\theta = T_h \left(\frac{p_0}{p_h} \right)^{(\kappa-1)/\kappa} = T_h \left(\frac{1000}{p_h} \right)^{0,29} ,$$

wobei die Ausgangstemperatur T_h und θ in Kelvin angegeben werden und p_h der Luftdruck im Ausgangsniveau ist.

Wollen wir den Gesamtwärmeinhalt feuchter Luft betrachten, so gibt es zur potentiellen Temperatur noch die latente Wärmeenergie des Wasserdampfs zu berücksichtigen. Dieses geschieht durch einen sog. Äquivalenzzuschlag, der um so größer ist, je größer der Wasserdampfgehalt der Luft ist. Ist s die spezifische Feuchte, so ergibt sich die Äquivalenttemperatur $T_Ä$ aus Lufttemperatur T_h plus Äquivalenzzuschlag, d. h. es ist

$$T_Ä = T_h + 2,5 \, s .$$

Für die potentielle Äquivalenttemperatur $\theta_Ä$ folgt somit

$$\theta_Ä = (T_h + 2,5 \, s) \left(\frac{1000}{p_h} \right)^{0,29} ,$$

d. h. zur Ausgangstemperatur T_h kommt der Äquivalenzzuschlag, und dann wird die Äquivalenttemperatur trockenadiabatisch auf 1000 hPa bezogen. Auf diese Weise erhält man die potentielle Äquivalenttemperatur. Es ist offensichtlich, daß im 1000-hPa- bzw. im Bodenniveau die Äquivalenttemperatur gleich der potentiellen Äquivalenttemperatur ist.

Vielfach verwendet wird als Maß für den Gesamtwärmegehalt der Luft auch die pseudopotentielle Temperatur θ_{ps}, durch die ebenfalls die latente Wärme des Wasserdampfs berücksichtigt wird. Sie führt praktisch zu den gleichen Zahlenwerten wie die potentielle Äquivalenttemperatur. Doch während $\theta_Ä$ eine rechnerische Größe ist, da bei ihrer Bestimmung die Kondensation unter konstantem Druck, d. h. im Ausgangsniveau p_h stattfindet, wird die pseudopotentielle Temperatur den physikalischen Abläufen bei der Wolkenbildung eher gerecht.

Im thermodynamischen Diagramm wird die pseudopotentielle Temperatur bestimmt, indem man ein Luftquant von seinem Ausgangsniveau zunächst trockenadiabatisch bis zum Kondensationsniveau hebt; von dort erfolgt der weitere Aufstieg nach der Feuchtadiabaten, und zwar so lange, bis diese sich an eine Trockenadiabate anschmiegt, d. h. daß dann sämtlicher Wasserdampf kondensiert ist. Bringt man das Luftquant, aus dem sämtliches kondensiertes Wasser ausgefallen sein soll, längs der Berührungstrockenadiabaten auf 1000 hPa, so läßt sich dort die pseudopotentielle Temperatur ablesen.

2.9 Ionosphäre

Der bisher geschilderte, stockwerkartige Aufbau der Atmosphäre basiert auf ihrem Temperaturverhalten. Zu einer anderen Einteilung gelangen wir, wenn wir die elektrischen Eigenschaften unserer Lufthülle betrachten. Dieses gilt v. a. für die Höhen von 80 bis 500 km, die als Ionosphäre bezeichnet werden.

Wie es der Name schon verdeutlicht, sind es elektrisch geladene Teilchen, nämlich Ionen, also elektrisch geladene Atome und Moleküle, sowie freie Elektronen, die die Eigenschaften der Ionosphäre bestimmen. Die Ladungsdichte steigt von $10^4/cm^3$ in $10-40$ km Höhe auf $10^6/cm^3$ in 80 km und bis auf $10^9/cm^3$ ab 200 km an. Dabei erfolgt der Anstieg nicht gleichmäßig, sondern konzentriert sich auf bestimmte Schichten, so auf die E-Schicht in rund $80-100$ km und auf die F-Schicht zwischen 200 und 400 km Höhe, die sich am Tage in eine F_1-Schicht in 220 km und eine F_2-Schicht in 350 km aufspaltet.

Diese Schichten haben eine außerordentlich große Bedeutung für den Kurzwellenfunkverkehr, denn ihre Leitfähigkeit entspricht der einer Eisenschale von 3 mm Stärke rund um die Erde. Die vom Erdboden ausgesandten Kurzwellen würden den Erdbereich verlassen, wenn sie nicht an den hochleitenden Schichten der Ionosphäre reflektiert zur Erde zurückgestrahlt würden. Nur so ist ein Kurzwellenempfang von Kontinent zu Kontinent, nur auf diese Weise ist die drahtlose Telegraphie von den Schiffen auf den Weltmeeren mit ihrem Heimathafen möglich (Abb. 20).

Unterhalb der E-Schicht existiert v. a. am Tage die D-Schicht. Diese hat keine reflektierende, sondern eine absorbierende, eine dämpfende Wirkung auf die Kurzwellen. Dieser Vorgang kann durch energiereiche Strahlung nach Sonnenausbrüchen so stark werden, daß er schlagartig den gesamten Kurzwellenempfang lahmlegt, daß in den Kurzwellenzentren plötzlich eine erdrückende Stille auftritt. Nach Aufhören der Strahlung, d. h. nach Wiedervereinigung der freien Ladungsträger zu neutralen Atomen und Molekülen, setzt der Empfang wieder ein. Die Wirkung der D-Schicht wird auch bei Mittelwellenempfang von Rundfunksendern deutlich, der nachts merklich besser ist, da dann die D-Schicht im Vergleich zum Tag kaum ausgeprägt ist.

Ein optisches Phänomen der Ionosphäre sind die farbenprächtigen Polarlichter in hohen geographischen Breiten. Während sie äquatorwärts von 50°N und 50°S kaum auftreten, kommt es in hohen Breiten praktisch jede Nacht zu diesem faszinierenden Schauspiel mit sich ständig ändernden Farben und Formen, wobei

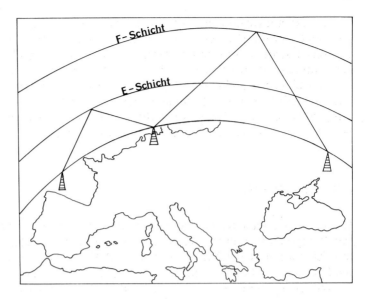

Abb. 20. Kurzwellenausbreitung in der Atmosphäre

allerdings im Sommer wegen der Mitternachtssonne die Polarlichter mit bloßem Auge nicht zu beobachten sind, da der Himmel zu hell ist.

Die Entstehung der Polarlichter ist durch energiereiche Teilchenstrahlung der Sonne zu erklären. Trifft diese auf die Luftmoleküle in der Ionosphäre, so nehmen diese Energie auf und gehen in einen energetisch angeregten Zustand über. Da dieser nicht stabil ist, geben die Luftmoleküle die zugeführte Energie wieder ab, und zwar durch Ausstrahlung von Licht. Die Tatsache, daß Polarlichter nur in höheren geographischen Breiten auftreten, erklärt sich aus dem Magnetfeld der Erde. Von ihm werden die in die Atmosphäre eindringenden elektrisch geladenen solaren Teilchen zu höheren Breiten abgelenkt, wo sie dann in Höhen oberhalb 100 km die Polarlichter erzeugen.

3 Strahlung

Strahlung ist eine Energie in Form elektromagnetischer Wellen (Abb. 21), die zu ihrer Ausbreitung keines Mediums bedarf. Auf diese Weise wird verständlich, wieso die Sonnenstrahlung durch den praktisch luftleeren Weltraum zur Erde gelangen kann. Die für die Meteorologie wichtigste Strahlungseinheit ist die Bestrahlungsstärke E. Sie ist definiert als die Strahlungsenergie δQ, die pro Zeiteinheit δt auf die Flächeneinheit δA trifft, d. h.

$$E = \frac{\delta Q / \delta t}{\delta A} \, .$$

Die Einheit der Bestrahlungsstärke ist heute Watt pro Quadratmeter (W/m^2); früher wurde $cal/cm^2 \cdot min$ oder $erg/cm^2 \cdot s$ benutzt. Für die Umrechnung gilt

$1 \, W/m^2 = 1{,}433 \cdot 10^{-3} \, cal/cm^2 \cdot min = 10^3 \, erg/cm^2 \cdot s$

$1 \, cal/cm^2 \cdot min = 697{,}8 \, W/m^2 \, .$

3.1 Strahlungsspektrum

Im normalen Sprachgebrauch benutzen wir die Begriffe kurz- und langwellige Strahlung und beschreiben auf diese Weise bereits den physikalischen Tatbestand, daß die verschiedenen Arten von Strahlung unterschieden werden durch ihre Wellenlänge λ (Abstand zweier benachbarter Schwingungsberge oder Schwingungstäler). Dabei reicht das elektromagnetische Strahlungsspektrum von Wellenlängen von ca. 10^{-12} m bis zu einigen Kilometern.

Die Ausbreitungsgeschwindigkeit c ist für alle Strahlungen im Vakuum gleich und beträgt rund 300 000 km/s. Folglich lassen sich gemäß der Formel

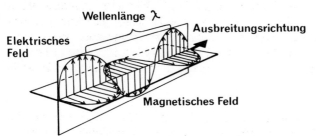

Abb. 21. Elektromagnetische Strahlung

Abb. 22. Elektromagnetisches Strahlungsspektrum

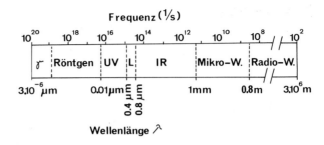

$$c = \lambda f$$

die Strahlungsarten anstelle der Wellenlänge λ auch durch ihre Frequenz f, d. h. durch die Anzahl ihrer Schwingungen pro Zeiteinheit klassifizieren. Kurzwellige Strahlung besitzt somit eine hohe Frequenz, langwellige Strahlung eine niedrige. Nach Abb. 22 unterscheiden wir folgende Strahlungsarten: a) Gamma-(γ-), Röntgen- und Ultraviolett-(UV-)Strahlung als kurzwellige Strahlung, b) sichtbare Strahlung (Licht), c) Infrarot (IR) (Wärmestrahlung) und Mikrowellen (Radar) als langwellige Strahlung sowie d) Radiowellen (UKW, KW, MW, LW) als sehr langwellige Strahlung.

In bezug auf die Energie W, die die verschiedenen Strahlungsarten aufweisen, gilt mit dem Planck-Wirkungsquantum $h = 6{,}626 \cdot 10^{-34}$ Js

$$W = h f \, ,$$

d. h. je höher die Frequenz einer Strahlung, also je kurzwelliger sie ist, um so energiereicher ist sie. Aus diesem Grunde wirken die radioaktiven γ-Strahlen, die Röntgenstrahlung, aber auch Teile der UV-Strahlung bei pflanzlichem, tierischem und menschlichem Leben zellzerstörend.

3.2 Herkunft der Strahlung

Die Erde erhält praktisch ihre gesamte Strahlungsenergie von der Sonne. Auch die Brennstoffe, die wir verwenden, haben ihren Ursprung in der Solarstrahlung, da durch sie erst über die Photosynthese der Pflanzen und über die Kleinlebewelt in den Ozeanen der Aufbau der Kohlenwasserstoffe in Kohle und Erdöl möglich wurde.

Die Energieproduktion der Sonne beträgt $3{,}8 \cdot 10^{23}$ kW oder umgerechnet auf die Sonnenoberfläche 63 500 kW/m^2. Die Ursache der gewaltigen Energieerzeugung führt man auf eine thermonukleare Kernverschmelzung unter Freisetzung von Strahlung zurück, bei der Wasserstoffkerne zu Helium verschmolzen werden. Grundlage für die Erklärung dieser Vorgänge ist die Gleichung von Einstein

$$E = m \cdot c^2 \, ,$$

nach der sich Masse m in Energie E umwandeln läßt. Danach verliert bei der Kernverschmelzung die Sonne an Masse, und diese Massendefekte werden in

Energie umgesetzt. Die Massenverluste sind jedoch so klein, daß die Sonne in 1000 Jahren nur den Anteil $1{,}6 \cdot 10^{-11}$ ihrer Gesamtmasse eingebüßt hat. Auf diese Weise ist die Sonne in der Lage, ihre beobachtete Strahlungsleistung über geologische Zeiträume aufrechtzuerhalten.

3.3 Die Solarkonstante

Die in der Sonne erzeugte Strahlungsenergie wird nach allen Seiten abgestrahlt und trifft nach einem mittleren Weg von $R = 149 \cdot 10^6$ km und einer Laufzeit von rund 8 min auf die Erde bzw. auf die Kugelfläche, in der sich die Erde auf ihrer Bahn um die Sonne bewegt. Die Energie, die pro Quadratmeter und Sekunde am Rand der Atmosphäre auftrifft, läßt sich daher überschlagsmäßig berechnen durch ausgesandte Strahlung dividiert durch die Kugelfläche im Abstand der Erde von der Sonne, d. h.

$$I_0 = \frac{W_{sonne}}{4\pi R^2} = \frac{3{,}8 \cdot 10^{23}\,\text{kW}}{4\pi\,(149 \cdot 10^9\,\text{m})^2} = 1360\,\text{W/m}^2 \, .$$

Diese Strahlungsenergie von rund 1360 Ws/m², die am Rande der Atmosphäre pro Sekunde auf 1 m² senkrechte Fläche fällt, bezeichnen wir als Solarkonstante I_0. Dieser Wert ist konstant im Laufe der Jahrzehnte und Jahrhunderte, schwankt aber innerhalb eines Jahres um insgesamt 7%, da sich die Entfernung Erde-Sonne jahreszeitlich zwischen $147 \cdot 10^6$ km (2. Januar) und $152 \cdot 10^6$ km (4. Juli) ändert.

3.4 Wirkung der Erdatmosphäre auf die Solarstrahlung

Beim Durchgang durch die Atmosphäre wird die Sonnenstrahlung auf mannigfache Weise beeinflußt, d. h. in verschiedenen Spektralbereichen geschwächt. Einen Überblick über die verschiedenen Effekte vermittelt Abb. 23, in der die Energieverteilung im Sonnenspektrum für die Wellenlängen zwischen 0,2 µm (kurz-

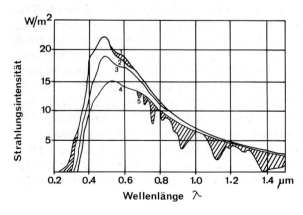

Abb. 23. Schwächung der Solarstrahlung durch Absorption und Streuung beim Durchgang durch die Atmosphäre (nach Foitzik-Hinzpeter)

wellig) über $0,4 - 0,8\ \mu m$ (sichtbares Licht) bis $1,5\ \mu m$ (nahes Infrarot) aufgetragen ist.

Kurve 1 gibt den Verlauf des Spektrums wieder, wie es am Rand der Atmosphäre beobachtet wird. Wie sich zeigt, entspricht es weitgehend dem Spektrum, das ein schwarzer Körper bei einer Temperatur von rund 5750 K aussendet. Man kann daher folgern, daß die Temperatur der Sonne, die in ihrem Zentrum $15 \cdot 10^6$ K beträgt, an ihrem sichtbaren Rand, der Photosphäre, einen Wert von 5750 K aufweist.

Ozonabsorption

Kurve 2 ist noch weitgehend identisch mit Kurve 1, doch fällt im kurzwelligen Bereich zwischen 0,2 und 0,3 µm eine deutliche Abweichung auf. Diese Schwächung ist auf die Strahlungsabsorption in der Stratosphäre durch das Ozon (O_3), also den 3atomigen Sauerstoff, zurückzuführen. Trifft die UV-Strahlung unterhalb von 50 km Höhe, wo die Dichte der Luft bereits hinreichend groß ist, auf die Sauerstoffmoleküle (O_2) der Luft, so spaltet es diese aufgrund der Energiezufuhr $W = h \cdot f$ in 2 Sauerstoffatome (O). Ebenfalls unter Zufuhr von ultravioletter Strahlungsenergie kommt es dann zu einer Vereinigung von freien Sauerstoffatomen mit Sauerstoffmolekülen zu Ozon, d. h.

$$O_2 + h \cdot f_{uv} \rightarrow O + O$$

$$O_2 + O + h \cdot f_{uv} \rightarrow O_3 \,.$$

Ozon ist aber nicht stabil, sondern zerfällt unter Strahlungseinfluß mit der Zeit wieder in normalen Sauerstoff (O_2) und freie Sauerstoffatome (O), von denen sich 2 wieder zu normalem Sauerstoff vereinigen, d. h. $O_3 + X + h \cdot f_{uv} \rightarrow XO + O_2$ und $XO + O + h \cdot f_{uv} \rightarrow O_2 + X$, wobei z. B. X = NO ist. Dieser in Abhängigkeit von der UV-Strahlung ständig ablaufende Prozeß der Ozonbildung und des Ozonzerfalls schafft eine Gleichgewichtskonzentration in der Stratosphäre, wobei der maximale Ozongehalt zwischen 20 und 30 km Höhe vorhanden ist.

Die Folge der photochemischen Ozonprozesse, d. h. der chemischen Reaktionen unter Absorption von Strahlungsenergie, ist der Temperaturanstieg in der Stratosphäre von rund $-55\,°C$ an der Tropopause bis auf etwa $0\,°C$ an der Stratopause. Natürlich erhebt sich gleich die Frage, warum es an der Stratopause am wärmsten ist und nicht zwischen 20 und 30 km, wo der maximale Ozongehalt vorhanden ist. Die Erklärung folgt aus dem Strahlungsangebot von UV. Dieses ist in 50 km Höhe am stärksten, wobei die dort vorhandenen geringeren Ozonmengen schon zu einer starken Strahlungsenergieaufnahme führen.

In jüngster Zeit ist das Problem menschlicher Einflüsse auf die Ozonschicht in die Diskussion gebracht worden. Wissenschaftler der USA entdeckten 1974, daß Verbindungen aus Fluor, Chlor und Methan (Fluor-Chlor-Kohlenwasserstoffe), die man als Freone bezeichnet, ozonzerstörend wirken. Diese Verbindungen kommen in der Natur normalerweise nicht vor und werden weder chemisch noch physikalisch zerstört oder vom Regen ausgewaschen, wenn sie erst einmal in die Atmosphäre gelangt sind.

Freone werden von der Industrie als Treibgas in Spraydosen und als Kühlgas in Gefrierschränken verwendet, d. h. durch die Benutzung bestimmter Spraydosen und das Durchrosten der Kühlschränke auf unseren Müllhalden werden Freone freigesetzt. Sie steigen unbeeinflußt bis in die Stratosphäre auf und führen zu einem Abbau, zu einer Zerstörung der Ozonschicht, wobei besonders radikal die Chloratome der Freone wirken.

Eine Verringerung der Ozonmenge würde aber nach dem Gesagten dazu führen, daß sich die UV-Strahlungsabsorption verringert, d. h. mehr energiereiches UV zur Erdoberfläche gelangt. Pflanze, Tier und Mensch haben sich in einem jahrtausendlangen Prozeß den jetzigen Strahlungsverhältnissen angepaßt. Eine Zunahme von UV würde die Pflanzen schädigen, manche vielleicht sogar vernichten, würde zu Krankheiten bei Mensch und Tier führen. Augen- und Hauterkrankungen bis zum Hautkrebs wären die Folgen, wird der Abbau der Ozonschicht nicht gestoppt.

Bei manchen Regierungen ist die Warnung der Wissenschaftler nicht überhört worden. So ist in einigen Ländern bereits ein Verbot für Spraydosen verhängt worden, in anderen sind Appelle an die Industrie ergangen, umweltfreundliche Treibgase zu verwenden. Noch scheint die Schwächung der Ozonschicht gering zu sein, doch würde nach Berechnungen schon in einigen Jahrzehnten 10% des stratosphärischen Ozons vernichtet sein, wenn nicht die weitere Freisetzung von Freonen verhindert wird.

Streuung

Betrachten wir den Verlauf von Kurve 3 in Abb. 23, so ist sie oberhalb 0,8 µm gegenüber Kurve 1 und Kurve 2 nicht verändert, während im kurzwelligen und sichtbaren Strahlungsbereich eine signifikante Abweichung deutlich wird. Die Ursache dieser Schwächung ist die Streuung der Solarstrahlung an den Molekülen der reinen und trockenen Luft (Rayleigh-Streuung) oberhalb der Tropopause. Trifft die UV-Strahlung und das sichtbare Licht auf die Luftmoleküle, so nehmen diese einen Teil der Energie der von der Sonne zur Erde „gerichteten" Strahlung auf, gehen in einen energetisch angeregten Zustand über, und strahlen die aufgenommene Energie anschließend wieder ab, und zwar nach allen Richtungen. Auch das Streulicht wird von Molekülen wieder aufgenommen und abgestrahlt, so daß vielfach gestreutes Licht den ganzen Luftraum über uns erfüllt und von allen Richtungen zum Betrachter auf der Erde gelangt.

Da die Streuung proportional zur 4. Potenz der Frequenz der Strahlung erfolgt, wird hochfrequentes, also kurzwelliges Licht stärker gestreut als langwelliges. Für die Spektralbereiche des sichtbaren Lichts (hellblau, blau, grün, gelb, orange und rot) bedeutet das folglich, daß in reiner, trockener Luft Blau stärker gestreut wird als Rot. Damit wird verständlich, warum der Himmel blau erscheint.

Je trockener und sauberer die Luft ist, um so blauer ist der Himmel. Tiefblau erscheint er in frischer Polarluft.

Dort, wo keine oder zu wenige Luftmoleküle vorhanden sind, um das Sonnenlicht zu streuen, kann der Himmel folglich auch nicht blau sein. Damit können wir die Aussage der Astronauten verstehen, im Weltraum sei der Himmel schwarz.

In den unteren Atmosphärenschichten erfolgt eine zusätzliche Streuung der Solarstrahlung an den Wasserdampfmolekülen und den feinen Luftverunreinigungen (Mie-Streuung). Sie führt, wie Kurve 4 veranschaulicht, zu einer beachtlichen weiteren Schwächung der direkten Sonnenstrahlung, außerdem tritt sie auch in den langwelligeren Spektralbereichen auf. Die Folge ist, daß neben Blau auch Rot stärker gestreut wird und die Blaufärbung des Himmels um so blasser wird, je feuchter und verunreinigter die Luft ist.

Bei Sonnenauf- und Sonnenuntergang hat die Strahlung einen langen Weg durch die unteren, wasserdampffreichen und verunreinigten Luftschichten, und der Himmel erscheint infolge Absorption der anderen Farben in seiner morgendlichen und abendlichen Rotfärbung. Dieser Effekt wird verstärkt, wenn durch Vulkanausbrüche oder Staubstürme in den Wüsten große Mengen feiner Staubteilchen in die Tropo- und Stratosphäre gelangen. In der Folgezeit sind dann phantastische purpurrote Dämmerungserscheinungen zu beobachten.

Wasserdampfabsorption

Von großer Wichtigkeit für die Temperaturverhältnisse auf der Erde ist, wie wir noch später sehen werden, die Eigenschaft des Wasserdampfs, Strahlungsenergie im Langwelligen zu absorbieren. Dieser Prozeß ist in Kurve 5 zu erkennen, wo oberhalb von 0,7 µm die Absorptionsbanden des Wasserdampfs zu starken Energieschwächungen in den infraroten Spektralbereichen führen.

Reflexion

In der Troposphäre findet ferner eine Reflexion der einfallenden Sonnenstrahlung an den Wolken statt. Je stärker der Himmel bewölkt ist, um so mehr Sonnenlicht wird reflektiert. Ein Teil der reflektierten Strahlung geht zurück in den Weltraum, während ein anderer nach mehrfachen Reflexionen seinen Weg zur Erdoberfläche fortsetzt. Da die Wolkentropfen im Gegensatz zu den Luftmolekülen alle Wellenlängen gleich beeinflussen, erscheint uns der Himmel an stark bewölkten Tagen weiß bis grau.

Auch an der Erdoberfläche findet schließlich eine Reflexion des einfallenden Sonnenlichts statt, wobei sich ihr Betrag nach der Art und Beschaffenheit der Erdoberfläche richtet.

Physikalisch wird die Fähigkeit eines Stoffs, Strahlung zu reflektieren, durch sein Reflexionsvermögen R ausgedrückt. Dieses ist dabei der Strahlungsanteil J_R, der von der auffallenden kurzwelligen Gesamtstrahlung J_G reflektiert wird, d. h. $R = J_R/J_G$.

Nach Tabelle 4 reflektieren Wolken z. B. je nach Kompaktheit und Mächtigkeit 50 – 80% des auffallenden Sonnenlichts, während es bei den Wasserflächen der Seen und Ozeane (abgesehen bei tiefstehender Sonne) nur 4% sind.

Durch Reflexion und Streuung wird also ein Teil der einfallenden kurzwelligen Sonnenstrahlung wieder in den Weltraum zurückgeworfen und geht auf diese Weise dem Verband Erde-Atmosphäre verloren.

Tabelle 4. Reflexionsvermögen
einiger Stoffe in %

Wolken	50 – 80
Frischer Schnee	75
Sandflächen	30
Ackerland	20
Wiesen	10
Wasser	4

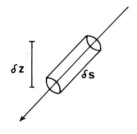

—————————————————   **Abb. 24.** Strahlungsextinktion

Extinktionsgesetz

Die Schwächung d J (Extinktion) der Sonnenstrahlung in der Atmosphäre beim
Durchlaufen der Wegstrecke d s ist proportional der noch vorhandenen Strah-
lungsenergie J sowie der längs des Wegs d s vorhandenen Masse. Betrachten wir
eine Luftröhre mit dem Querschnitt 1 cm^2, so ist die Masse m = ρd s, wenn ρ die
Luftdichte ist (Abb. 24). Mit dem Proportionalitätsfaktor a erhalten wir das
Bouguer-Lambert-Gesetz

$$d J = -a J \rho d s$$

und über alle Wegstrecken integriert, wobei β der Zenitwinkel ist,

$$J = J_0 e^{-a \sec \beta \int_0^\infty \rho dz} = J_0 e^{-a M \sec \beta},$$

wobei ds = dz sec β die Projektion des schräg durch die Atmosphäre verlaufenden
Strahls auf die Vertikale und M die gesamte durchstrahlte Masse ist.

Vom Rande der Atmosphäre nimmt somit die Energie der auf dem Weg zur
Erde befindlichen Strahlung nach einer Exponentialfunktion ab, wobei die
Schwächung um so größer wird, je niedriger die Sonnenhöhe h ist. In der Größe a
sind die geschilderten physikalischen Prozesse von Absorption, Streuung und Reflexion enthalten.

3.5 Mittlerer Haushalt der einfallenden Solarstrahlung

Das Verhältnis von reflektierter und gestreuter kurzwelliger Strahlung zur gesamten auffallenden Strahlungsenergie bezeichnen wir als „Albedo". Für die Erde

Abb. 25. Kurzwellige globale
Energiebilanz des Systems
Erde-Atmosphäre

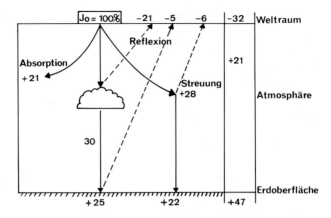

Tabelle 5. Energieverteilung der verfügbaren Solarstrahlung in %

	UV	S	IR
Rand der Atmosphäre	8	56	36
Erdboden bei senkrechtem Einfall	4	56	40
Erdboden bei 30° Sonnenhöhe	2	55	43

mit einem Ozeananteil von 71% zu 29% Land, mit ihrer wechselnden Oberflächenbeschaffenheit (Gebirge, Wüsten, Schnee-, Grünflächen) und ihrer Bewölkung beträgt die Gesamtalbedo 0,32, d. h. 32% der am Rande der Atmosphäre auftreffenden Solarstrahlung gehen ungenutzt in den Weltraum zurück, und nur 68% (925 W/m^2) verbleiben im System Erde-Atmosphäre.

Die Einzelheiten des mittleren kurzwelligen Energiehaushalts sind in Abb. 25 zu finden. Setzen wir die Solarkonstante J_0 (1360 W/m^2) gleich 100%, so werden davon 21% in der Atmosphäre durch Ozon und Wasserdampf absorbiert, 28% werden gestreut und 26% werden reflektiert (21% an Wolken, 5% an der Erdoberfläche). An der Erde gelangen nur noch 25% als direkte Strahlung und 22% als indirektes, diffuses Licht zur Absorption.

Der Strahlungsgewinn der Erdoberfläche von 47% der Solarkonstante beträgt somit im Jahresmittel nur 640 W/m^2. Rund 435 W/m^2 gehen als gestreute und reflektierte Strahlung direkt wieder in den Weltraum zurück. 285 W/m^2 verbleiben infolge Absorption in der Atmosphäre, d. h. 925 W/m^2 im System Erde-Atmosphäre.

Betrachten wir die prozentuale Verteilung der Strahlungsenergie auf die Bereiche UV, Sichtbar und IR, wobei der Gesamtbetrag am Rande der Atmosphäre wie am Erdboden gleich 100% gesetzt ist, so ergibt sich das in Tabelle 5 aufgeführte Bild.

Während also beim Durchgang durch die Atmosphäre der sichtbare Anteil praktisch konstant bleibt, wird der UV-Bereich um so stärker geschwächt, je tiefer die Sonne steht, und der Strahlungsanteil im IR nimmt zu.

3.6 Solar-, Global- und Himmelsstrahlung

Die auf direktem Wege zur Erdoberfläche kommende kurzwellige Strahlung der Sonne wird „direkte Sonnenstrahlung" S genannt, während die infolge Streuung und Reflexion unten ankommende indirekte Strahlung als „diffuse Himmelsstrahlung" H bezeichnet wird. Die aus beiden Komponenten bestehende Gesamtstrahlung heißt „Globalstrahlung" G, d. h.

$$G = S + H.$$

Ihr Betrag gibt an, welche Strahlungsenergie auf der Erde von einer horizontalen Fläche empfangen und in Wärme umgewandelt werden kann; sie spielt daher z. B. eine Rolle bei der Frage nach dem sinnvollen Einsatz von Sonnenkollektoren zur Energiegewinnung in den einzelnen Gebieten der Erde.

Die absoluten Höchstwerte für die Tagessumme der Globalstrahlung liegen in unserer Klimazone bei etwa 8700 Wh/m^2. Für Berlin z. B. erhält man als Maximalwert 7500 Wh/m^2, während die mittleren monatlichen Tageswerte nach Abb. 26 zwischen 440 Wh/m^2 im Dezember und 5300 Wh/m^2 im Juni liegen, d. h. im Jahresverlauf um den Faktor 12 schwanken. Die Himmelsstrahlung H liegt im Juni und Juli dagegen nur rund 9mal höher als im Dezember, was sich aus dem größeren Betrag der direkten Sonnenstrahlung (Bereich zwischen den Kurven von H und G) erklärt.

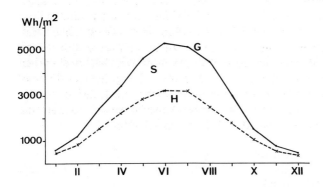

Abb. 26. Jahresgang von Globalstrahlung (*G*), diffuser Himmelsstrahlung (*H*) und direkter Sonnenstrahlung in Mitteleuropa (*S*)

Tabelle 6. Prozentualer Anteil der diffusen Himmelsstrahlung H an der Globalstrahlung G

	Berlin	Kairo
Frühjahr	64	30
Sommer	60	27
Herbst	65	27
Winter	79	39
Jahr	63	31

Im Jahresmittel erhalten wir für die Globalstrahlung G in Berlin einen Wert von 2700 Wh/m^2, wobei auf die direkte Sonnenstrahlung S 1000 Wh/m^2 und auf die diffuse Himmelsstrahlung H 1700 Wh/m^2 entfallen. Wie groß die klimatische Bedeutung des indirekten Himmelslichts in unserem Klima ist, wird in Tabelle 6 durch Vergleich von Berlin und Kairo deutlich.

Außerdem folgt aus Tabelle 6, daß der Anteil der diffusen Himmelsstrahlung im Winter größer ist als im Sommer. Analog dazu ist H an wolkenreichen Tagen größer als an heiteren, so wurden z. B. an einem Sommertag mit nur 5 h Sonnenschein H = 4500 Wh/m^2 gemessen, während an einem anderen mit 11 h Sonnenscheindauer H = 3600 Wh/m^2 war.

Die Geräte, mit denen die ankommende Solarstrahlung gemessen wird, basieren auf der Eigenschaft „schwarzer" Körper, die gesamte auffallende Strahlungsenergie zu absorbieren und sie in Wärme umzuwandeln. Mißt man z. B. die Temperaturerhöhung einer bestrahlten schwarzen Scheibe oder von Wasser in einem absolut schwarzen Gefäß, so läßt sich die zugestrahlte Energie grundsätzlich mit der Beziehung

$$Q = m \cdot c \cdot \delta T$$

bestimmen. Die Absolutinstrumente heißen Pyrheliometer. Geräte, die an diesen geeicht werden müssen, heißen Aktinometer.

Bei der Messung der Globalstrahlung fällt die gesamte Strahlung, d. h. direkte Sonnenstrahlung und indirekte Strahlung auf das Gerät, bei der Messung der diffusen Himmelsstrahlung wird um die Meßeinrichtung des Geräts ein Ring so angebracht, daß er sich zwischen Sonne und Sensor befindet, so daß das direkte Sonnenlicht ausgeblendet wird und nur die diffuse Strahlung in das Gerät fallen kann.

Die Sonnenscheindauer wird mit dem sog. Sonnenscheinautographen registriert. Er besteht im wesentlichen aus einer etwa 10 cm dicken Glaskugel und einem dahinter befindlichen Brennpapier mit Stundeneinteilung. Scheint die Sonne, wird die auf die Glaskugel fallende Strahlung so konzentriert, daß sie in dem Spezialpapier eine Brennspur hinterläßt. Auf diese Weise lassen sich sonnige und bewölkte Intervalle unterscheiden (s. Abb. 102 Meteor-Geräte).

3.7 Wärmestrahlung der Erde

Wie wir gesehen haben, beträgt im globalen Mittel die an der Erdoberfläche verfügbare solare Strahlungsenergie 640 W/m^2. Sie wird von der Erdoberfläche absorbiert, wobei sich der Erdboden erwärmt.

Jeder Körper, dessen Temperatur verschieden vom absoluten Nullpunkt (0 K) ist, strahlt nach dem Stefan-Boltzmann-Gesetz eine Energie aus, die um so größer ist, je höher seine Temperatur (4. Potenz) ist. Es gilt für die ausgestrahlte Gesamtenergie fester und flüssiger schwarzer Körper über alle Spektralbereiche

$$E = \sigma T^4.$$

Dabei ist $\sigma = 5{,}67 \cdot 10^{-8}$ J/m^{2}K^{4}s. Bei nichtschwarzen Strahlern tritt in der Gleichung noch ein Faktor a < 1 auf.

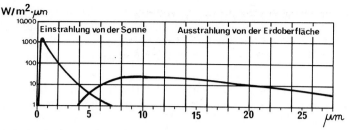

Abb. 27. Spektrale Ein- und Ausstrahlung (nach Reuter und Robinson)

In welchem Spektralbereich das Maximum der Strahlungsenergie auftritt, d. h. ob es z. B. im kurz- oder langwelligen Bereich liegt, wird durch das Wien-Verschiebungsgesetz erfaßt:

$$\lambda_{max} \cdot T = \text{konst.} = 2{,}8978 \cdot 10^{-3}\,\text{mK}\,.$$

Wie wir erkennen, ist der Spektralbereich mit der maximalen Strahlungsenergie um so kurzwelliger, je höher die Temperatur des erwärmten Körpers ist bzw. um so langwelliger, je niedriger seine Temperatur ist.

Setzen wir in diese Gleichung die effektive Temperatur der Sonne von 5750 K ein, so folgt für das solare Strahlungsspektrum, daß die maximale Energie im Bereich um 0,5 µm, also im grünen Licht auftritt. Die Durchschnittstemperatur der Erde beträgt 15 °C = 288 K. Setzen wir diesen Wert ein, so zeigt sich, daß das Maximum der Energie von der Erde im Wellenlängenbereich um 10 µm, also im Infrarot, ausgestrahlt wird. Die Abb. 27 zeigt sehr anschaulich das Strahlungsspektrum der Solarstrahlung einerseits und der Ausstrahlung der Erdoberfläche andererseits, die sich beide nur wenig überdecken.

Für Wellenlängen kürzer als 4 µm und länger als 50 µm ist die von der Erde ausgehende Strahlung vernachlässigbar gering.

Da an der Erdoberfläche je nach Klimaregion, Jahreszeit, Land-Meer-Verteilung, Bodenart, Vegetation usw. sehr unterschiedliche Temperaturverhältnisse herrschen, wechselt auch die (infrarote) „Ausstrahlung" der Erde erheblich von Ort zu Ort. So liefert das Stefan-Boltzmann-Gesetz für die Ausstrahlung E in Abhängigkeit von der Temperatur folgende in Tabelle 7 dargestellte Werte:

Tabelle 7. Strahlungsenergie in Abhängigkeit von der Temperatur eines Körpers

T [°C]	− 20	− 10	0	10	20	30
E [W/m²]	233	272	316	365	419	479

Gegenstrahlung und effektive Ausstrahlung

Vergleichen wir die an einem Ort aufgrund seiner Temperatur berechnete Ausstrahlung E mit der dort gemessenen Ausstrahlung E_{eff}, so stellen wir überrascht fest, daß offensichtlich weniger Strahlung der Erdoberfläche verlorengeht, als es

Tabelle 8. Vergleich von berechneter (E), effektiver (E_{eff}) und Gegenstrahlung (AG)

	Spitzbergen	Zürich	Poona (Indien)
E [W/m^2]	237	363	454
E_{eff} [W/m^2]	105	91	167
AG [W/m^2]	132	272	286

nach dem Stefan-Boltzmann-Gesetz zu erwarten wäre. Dieses wird in Tabelle 8
deutlich.

In Spitzbergen wäre bei einer Mitteltemperatur von etwa $-20\,°C$ eine Ausstrahlung von 237 W/m^2 zu erwarten, gemessen werden aber nur 105 W/m^2; in
Zürich ($T_M = 10\,°C$) ist die Relation 363 W/m^2 zu 91 W/m^2 und im Monsunkli-
ma Indiens ($T_M = 25\,°C$) 454 W/m^2 zu 167 W/m^2. Die Differenz AG wächst von
den hohen über die mittleren bis zu den niederen Breiten an. In allen geographischen Breiten gelangt somit von der Atmosphäre eine „Gegenstrahlung" (AG)
zur Erdoberfläche und verringert ihre Ausstrahlung auf den gemessenen Wert,
den wir als „effektive Ausstrahlung" (E_{eff}) bezeichnen. Dabei beschreibt der Begriff „effektiv" die Tatsache, daß nur dieser Strahlungsverlust zu einer Abkühlung der Erdoberfläche führt, d. h. $E_{eff} = E - AG = \sigma T^4 - AG$. Die Ursache für
die Gegenstrahlung liegt in der Eigenschaft der Atmosphäre, langwellige Strahlung zu absorbieren. Der Wasserdampf absorbiert v. a. die Strahlungsbereiche
um 6,3 μm und oberhalb von 18 μm, das atmosphärische Kohlendioxid absorbiert bei 4,3 und um 15 μm. Dieses ist in der Abb. 28 durch die schraffierten Gebiete wiedergegeben.

Durch die Absorption der von der Erdoberfläche ausgehenden langwelligen
Strahlung sowie der geschilderten Absorption von solarer Strahlung erwärmt sich
die Atmosphäre und sendet entsprechend ihrer Temperatur Strahlungsenergie in
diskreten Spektralbereichen aus, von der ein Teil in den Weltraum geht, der andere Teil als atmosphärische Gegenstrahlung jedoch zur Erdoberfläche gelangt.

Die Atmosphäre wirkt folglich wie ein Glashaus. Sie läßt die von der Sonne
kommende kurzwellige Strahlung weitgehend zur Erdoberfläche durch, absorbiert dagegen v. a. durch Wasserdampf und Kohlendioxid die von der erwärmten
Erdoberfläche ausgehende langwellige Strahlung und hindert dadurch einen Teil
daran, dem System Erde-Atmosphäre verlorenzugehen. Wir sprechen daher vom
Glashauseffekt der Atmosphäre.

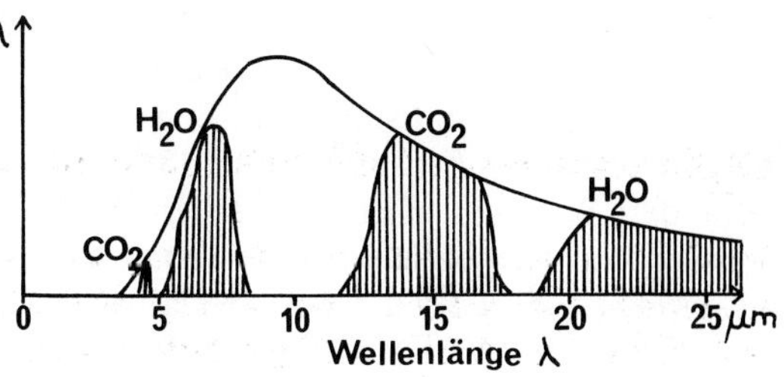

Abb. 28. Atmospharische Absorp-
tions- und Fensterbereiche für die
langwellige (Wärme-)Strahlung

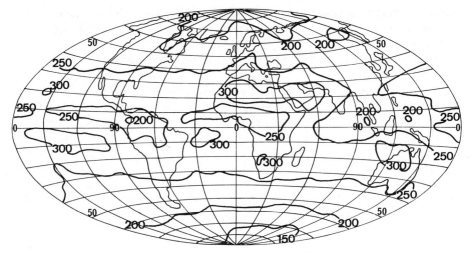

Abb. 29. Mittlere jährliche Wärmeausstrahlung der Erde in W/m^2 nach Satellitenmessungen (umgerechnet nach Werten von Raschke u. a. 1972)

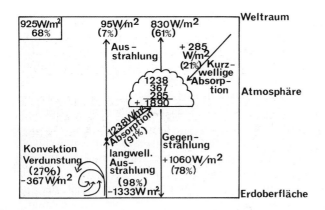

Abb. 30. Langwellige globale Energiebilanz des Systems Erde-Atmosphäre

Je größer der Wasserdampfgehalt der Atmosphäre ist, um so größer ist die absorbierte langwellige Strahlungsenergie und um so größer ist folglich die atmosphärische Gegenstrahlung, d. h. wir können jetzt verstehen, warum die Gegenstrahlung in Poona höher ist als in Zürich bzw. die in Zürich höher ist als die im wasserdampfarmen Spitzbergen.

Nur durch 3 Spektralbereiche kann nach Abb. 28 die langwellige Strahlung der Erdoberfläche praktisch ungehindert durch die Atmosphäre in den Weltraum gelangen. Zwischen 3,4 und 4,1 µm befindet sich das kleine, zwischen 8 und 12 µm das große atmosphärische Fenster des Wasserdampfs; ein weiteres, schwächer ausgeprägtes Fenster liegt bei 18 µm. Wie ein Haus durch offene Fenster ungehindert Wärme verliert, so verliert das System Erde-Atmosphäre durch seine Fenster Wärmeenergie an den Weltraum.

In Abb. 29 wird die mittlere jährliche Wärmeausstrahlung der Erde nach Messungen des Wettersatelliten NIMBUS III sichtbar. Wie wir erkennen, nehmen die Werte grundsätzlich von $150 - 200 \, W/m^2$ in hohen Breiten auf $250 - 300 \, W/m^2$ in den Tropen zu, wobei die höchsten Beträge über wolkenarmen Gebieten, wie z. B. über der Sahara, auftreten.

Betrachten wir nun den langwelligen Strahlungshaushalt des Systems Erde-Atmosphäre. Nach Abb. 30 strahlt die Erdoberfläche entsprechend ihrer Temperatur und Kugelgestalt ($\underline{4}\,\pi\,R^2$) im langwelligen Bereich $1333 \, W/m^2$. Dieser Betrag entspricht 98% der Solarkonstanten J_0. Davon gehen nur $95 \, W/m^2$ (7%) direkt in den Weltraum, während $1238 \, W/m^2$ (91%) in der Atmosphäre absorbiert werden. Außerdem verliert die Erdoberfläche durch Verdunstung (22%) und Konvektion (5%) insgesamt $367 \, W/m^2$ (27%) an die Atmosphäre. Zusammen mit den $285 \, W/m^2$ (21%) aus der kurzwelligen Absorption hat somit die Atmosphäre einen Strahlungsgewinn von $1890 \, W/m^2$ (135%). Davon werden $830 \, W/m^2$ (61% von J_0) an den Weltraum abgegeben, und $1060 \, W/m^2$ (78%) gelangen als Gegenstrahlung zur Erdoberfläche zurück.

3.8 Strahlungsbilanz

Bei einer planetarischen Albedo von 32% verbleiben $925 \, W/m^2$ (68%) der zugestrahlten kurzwelligen Sonnenenergie im System Erde-Atmosphäre. Genau dieser Betrag geht als langwellige Strahlung (61% + 7%) wieder in den Weltraum, d. h. das System Erde-Atmosphäre weist im globalen Mittel eine ausgeglichene Strahlungsbilanz auf.

Betrachten wir aber die Strahlungsverhältnisse in den einzelnen Klimazonen der Erde, so stellen wir fest, daß diese i. allg. nicht im Strahlungsgleichgewicht sind. Wie Abb. 31 veranschaulicht, ist in niederen Breiten die Sonneneinstrahlung größer als die effektive Ausstrahlung, während in hohen Breiten die Ausstrahlung die Einstrahlung überwiegt. Nur bei etwa 40° geographischer Breite halten sich Ein- und Ausstrahlung die Waage. Würde folglich nur der Strahlungshaushalt die Temperatur der Erde bestimmen, müßten die Tropen immer wärmer und die Polargebiete immer kälter werden.

Dieses ist aber nicht der Fall. Luft- und Meeresströme transportieren ständig Wärme aus tropischen Breiten polwärts, während gleichzeitig kältere Luft und kälteres Ozeanwasser zum Ausgleich äquatorwärts strömt. Auf diese Weise sorgt der „meridionale Wärmeaustausch" für einen Abbau der Auswirkungen der un-

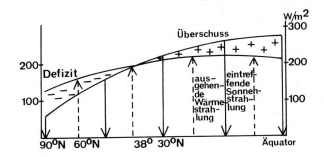

Abb. 31. Strahlungsbilanz
der Erde zwischen Äquator
und Pol

ausgeglichenen Strahlungsverhältnisse und somit für eine über große Zeiträume hinweg konstante Mitteltemperatur in den Klimazonen.

Als Wärmebilanzgleichung eines Orts erhalten wir somit für

die Erdoberfläche $\qquad Q_1 = J_{abs} - E_{eff} - H - LH + A_{oz}$

die Atmosphäre $\qquad\quad Q_2 = E_{eff} - R + H + LH + A_{atm}$

das System Erde-Atmosphäre $\quad Q = J_{abs} - R + A_{oz} + A_{atm}$.

Dabei ist J_{abs} die absorbierte kurzwellige Strahlung, E_{eff} die effektive Ausstrahlung, H der Verlust bzw. Gewinn durch sensible, LH jener durch latente Wärme; ferner ist R der langwellige Strahlungsverlust aus der Atmosphäre an den Weltraum und A_{oz} bzw. A_{atm} der meridionale Wärmetransport von Ozean bzw. Atmosphäre.

4 Luftbewegung

Die Luft der Atmosphäre ist ständig in Bewegung. Dabei haben wir zu unterscheiden zwischen den geordneten großräumigen Bewegungen, wie z. B. um die Hoch- und Tiefdruckgebiete, und den ungeordneten kleinräumigen Vorgängen. Je nach ihrer mittleren horizontalen Ausdehnung und ihrer mittleren Lebensdauer können wir 5 atmosphärische Grundstrukturen der Bewegung unterscheiden (Tabelle 9).

Die Turbulenz ist die kleinräumigste und kurzzeitigste atmosphärische Bewegungsform. Ihr spürbarer Ausdruck sind die Windstöße, die Böen. Sichtbar wird sie z. B. an der ungeordneten, wirbelartigen Bewegung der Blätter im Herbst oder dem Auf und Ab fliegender Pollen im Frühjahr.

Als Konvektion bezeichnen wir das Aufsteigen erwärmter Luft bei gleichzeitigem Absinken kälterer Luft. Infolge ihrer unterschiedlichen Beschaffenheit und damit thermischen Eigenschaften erwärmt sich bekanntlich die Erdoberfläche an einem Ort trotz gleicher Einstrahlung unterschiedlich stark. So ist es z. B. im Sommer über Asphalt oder Sandflächen erheblich wärmer als über Gras oder Wasser. Die aufliegende Luft wird daher über der einen Unterlage stärker erwärmt als über der anderen, d. h. ihre Dichte wird geringer als die der umgebenden Luft und die erwärmten Luftpakete lösen sich vom Boden ab und steigen auf. Als Ersatz muß an anderer Stelle kältere Luft aus der Höhe absinken. Die Vertikalbeschleunigung ist dabei um so größer, je stärker der Temperaturunterschied zwischen den auf- bzw. absteigenden Luftpaketen und der Umgebungsluft ist. Es gilt für die Vertikalgeschwindigkeit w

$$\frac{dw}{dt} = g \frac{(T - T_U)}{T_U} = g \frac{(\rho_U - \rho)}{\rho},$$

wobei sich der Index U auf die Umgebungsluft bezieht.

Tabelle 9. Atmosphärische Bewegungsstrukturen

	Horizontale Ausdehnung	Lebensdauer
Turbulenz	10 cm – 100 m	10 s – 10 min
Konvektion	50 m – 10 km	10 min – 3 h
Wolkenkomplexe/-bänder	20 km – 500 km	3 h – 24 h
Zyklonen/Antizyklonen	500 km – 3000 km	1 d – 3 d
Lange Wellen	3000 km – 10000 km	3 d – 8 d

Turbulenz und Konvektion sind die maßgeblichen Vorgänge für die kleinräumige Vertikalbewegung der Luft, Zyklonen und Antizyklonen sowie die langen
Wellen bestimmen dagegen im wesentlichen die Horizontalbewegung der Luft,
genauer gesagt, bei ihnen ist die horizontale Luftbewegung erheblich größer als
die vertikale. So reichen die horizontalen Winde in den Hoch- und Tiefdruckgebieten von einigen Metern pro Sekunde bis zu 40 m/s in den Orkantiefs, während
die auf- und absteigende Luftbewegung dabei nicht größer als einige Zentimeter
pro Sekunde ist. Wir wollen uns jetzt etwas eingehender mit der Frage beschäftigen, warum der Wind überhaupt weht, d. h. warum die Luft horizontal von einem Ort zu einem anderen strömt.

4.1 Kräfte bei reibungsfreier Bewegung

Das grundlegende Gesetz, das die Bewegung in der Atmosphäre erfaßt, ist das
2. Newton-Gesetz: Kraft F = Masse m · Beschleunigung a oder umgestellt

$$a = \frac{F}{m},$$

d. h. die Beschleunigung eines Körpers ist um so größer, je größer die angreifen-
de Kraft ist, sie ist um so geringer, je größer seine Masse ist. In der Meteorologie
ist es üblich, die allgemeinen physikalischen Betrachtungen anhand der Masseneinheit m = 1 kg durchzuführen. Außerdem wirken auf die Luft mehrere Kräfte,
so daß F die (vektorielle) Summe aller Einzelkräfte ist, d. h.

$$\vec{a} = \frac{d\vec{v}}{dt} = \frac{\vec{F}_1 + \vec{F}_2 + \dots \vec{F}_n}{m} = \frac{\sum \vec{F}_i}{m}.$$

Druckkraft

Betrachten wir auf der Erdoberfläche 2 Orte mit unterschiedlichem Luftdruck,
so herrscht zwischen ihnen ein Druckunterschied. Man sagt, zwischen den beiden
Orten im Abstand δn herrscht ein Druckgefälle vom höheren zum tieferen Luftdruck. Dieser Ausdruck weist auf die Parallele zwischen strömendem Wasser und
strömender Luft hin, denn ebenso wie Wasser dem Gefälle folgend vom höheren
Punkt zum tieferen fließt, strömt die Luft dem Druckgefälle folgend vom höheren zum tieferen Luftdruck.
   Wir erkennen dieses Prinzip deutlich in Abb. 32. Am Ort P_1 beträgt der Luftdruck 1010 hPa, am $\delta n = 1000$ km entfernten Ort P_2 werden 1000 hPa gemessen,
d. h. das Druckgefälle beträgt 1 hPa/100 km. Wie wir früher gesehen haben,
nimmt der Luftdruck mit der Höhe ab, und zwar um 1 hPa/8 m, d. h. in P_1 wird
der Luftdruck von 1000 hPa in 80 m Höhe angetroffen, in P_2 dagegen an der
Erdoberfläche. Zeichnen wir die 1000-hPa-Linie zwischen P_1 und P_2, so läßt sich
das „Druckgefälle" vom höheren Bodenluftdruck bei P_1 zum tieferen bei P_2 veranschaulichen.

Abb. 32. Prinzip des Luft-
druckgefälles

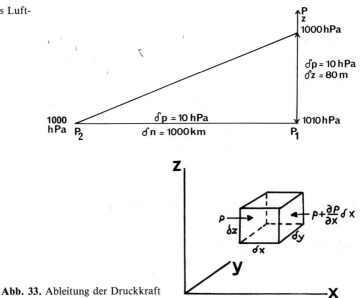

Abb. 33. Ableitung der Druckkraft

Zur Ableitung der Druckkraft P betrachten wir ein Luftvolumen δV mit den Kanten δx, δy, δz (Abb. 33) und der Dichte ρ. Horizontale Druckunterschiede führen dazu, daß auf die linke Seitenfläche der Luftdruck p, auf die rechte Seitenwand der Druck $p + \delta p$ wirkt. Dann ist gemäß $F = p \cdot A$ die resultierende Kraft auf das Volumen in x-Richtung gleich der Differenz beider Kräfte, d. h.

$$\delta F = p \, \delta y \, \delta z - \left(p + \frac{\partial p}{\partial x} \delta x \right) \delta y \, \delta z = - \frac{\partial p}{\partial x} \delta x \, \delta y \, \delta z \, .$$

Dividieren wir diesen Ausdruck durch $(\rho \delta x \cdot \delta y \cdot \delta z)$, d. h. durch die Masse in unserem Volumen, so erhalten wir nach dem Newton-Gesetz $a = \delta F/m$ als Druckbeschleunigung bzw. als Druckkraft pro Masseneinheit

$$a_{p(x)} = - \frac{1}{\rho} \frac{\partial p}{\partial x} \, .$$

Für ein Druckgefälle in y- bzw. z-Richtung ergibt sich analog

$$a_{p(y)} = - \frac{1}{\rho} \frac{\partial p}{\partial y} \quad \text{und} \quad a_{p(z)} = - \frac{1}{\rho} \frac{\partial p}{\partial z} \, .$$

Die räumliche Druckbeschleunigung wird folglich durch alle 3 Komponenten beschrieben, d. h. mit den Einheitsvektoren $\vec{i}$, $\vec{j}$, $\vec{k}$ durch den Ausdruck

$$- \frac{1}{\rho} \vec{\nabla} p = - \frac{1}{\rho} \left(\frac{\partial p}{\partial x} \vec{i} + \frac{\partial p}{\partial y} \vec{j} + \frac{\partial p}{\partial z} \vec{k} \right) ,$$

die horizontale Druckbeschleunigung durch

$$-\frac{1}{\rho}\vec{\nabla}_h p = -\frac{1}{\rho}\left(\frac{\partial p}{\partial x}\vec{i} + \frac{\partial p}{\partial y}\vec{j}\right),$$

wobei das Nabla-Zeichen ($\vec{\nabla}$) als eine abkürzende Schreibweise für die Differentiationsvorschrift $\vec{i}\,\partial/\partial x + \vec{j}\,\partial/\partial y + \vec{k}\,\partial/\partial z$ benutzt wird. In der obigen Form stellt sie den Gradienten des Luftdrucks p dar. Definieren wir allgemein δn in Richtung des horizontalen Druckgefälles, so erhalten wir für die Druckbeschleunigung

$$a_{p(h)} = -\frac{1}{\rho}\frac{\delta p}{\delta n}.$$

Die Ursache einer jeden Luftbewegung ist die oben beschriebene Druckkraft $P = m \cdot a_{p(h)}$. Sie ist um so größer, je stärker in einem Gebiet das Druckgefälle, d. h. der Druckgradient in hPa/100 km ist. Gemessen wird der Druckgradient in den Wetterkarten senkrecht zu den Linien gleichen Luftdrucks, den Isobaren, also in Normalen-Richtung n. Bei schwachwindigem Wetter beträgt der Druckgradient etwa 1 hPa/100 km, bei Sturmwetterlagen dagegen 5 – 10 hPa/100 km.

Die ablenkende Kraft der Erdrotation – Corioliskraft

Wäre die Druckkraft die einzige auf die Luftteilchen wirkende Kraft, so würde die Luft auf direktem Wege, d. h. senkrecht zu den Isobaren vom höheren zum tieferen Luftdruck strömen. Druckunterschiede zwischen verschiedenen Orten würden dadurch rasch ausgeglichen, stärkere Druckgegensätze könnten erst gar nicht entstehen. Derartige Verhältnisse werden aber nur in Äquatornähe angetroffen. In allen anderen Regionen strömt die Luft nahezu parallel zu den Isobaren, in Höhen oberhalb 1000 m, d. h. in der freien Atmosphäre grundsätzlich isobarenparallel. Gegenüber der Richtung der Druckkraft erscheint daher der Wind nach rechts abgelenkt (Nordhalbkugel).

Die Ursache für dieses Verhalten liegt darin, daß sich die Erde für uns unbemerkt dreht. Wir wollen uns den Effekt, den ein rotierendes System auf eine geradlinige Bewegung ausübt, an einem Versuch klar machen (Abb. 34).

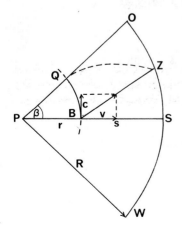

Abb. 34. Bewegungen auf einem rotierenden System

Auf einer Drehscheibe mit dem Radius R befinde sich im Punkt B, also im Abstand r von der Drehachse P, ein Beobachter. Wirft er bei stillstehender Scheibe einen Ball in radialer Richtung, so sieht er, daß der Ball in S auf die Wand auftrifft, die als Zylinder die Scheibe umgibt. Nun drehe sich die Scheibe für den Beobachter unbemerkt mit der Winkelgeschwindigkeit $\omega = \delta\beta/\delta t$, so daß der Punkt B mit der Bahngeschwindigkeit $c = \omega r$ um die Drehachse kreist. Beim Abwurf wirken somit auf den Ball die Bahngeschwindigkeit c und die Wurfgeschwindigkeit v. Nach dem Parallelogramm der Kräfte fliegt der Körper in Richtung Z und trifft dort auf die Wand. Während der Zeit, die der Ball von B nach Z unterwegs ist, dreht sich die Scheibe und damit der Beobachter nach Q. Der Beobachter glaubt, der radial weggeworfene Ball müsse in O auftreffen; überrascht stellt er fest, daß er aber in Z auftrifft, d. h. daß die Flugbahn gegenüber seiner Blickrichtung nach rechts abgelenkt erscheint. Bewegungen auf rotierenden Systemen zeigen somit eine Ablenkung, in diesem Fall eine Rechtsablenkung.

Auch die Erde ist ein für uns unbemerkt rotierendes System. Sie dreht sich in 24 h um ihre Achse von West nach Ost und hat damit, wenn T = 86168 s die Länge eines Tags bezogen auf einen Fixstern (Sterntag) ist, die Winkelgeschwindigkeit

$$\omega = \frac{2\pi}{T} = 7{,}29 \cdot 10^{-5}\,\mathrm{s}^{-1}.$$

Wie haben wir nun die ablenkende Kraft der Erdrotation auf die Bewegungen auf der Erde zu verstehen?

Die Physik lehrt, daß bei rotierenden Systemen eine Zusatzkraft auftritt, die Zentrifugalkraft F_z. Sie ist gegeben durch

$$F_z = m\,\frac{c^2}{r},$$

wenn c die Bahngeschwindigkeit und r der Abstand von der Drehachse ist. Jeder kennt diese Kraftwirkung, die beim Hammerwurf infolge der Drehbewegung an der Kugel angreift und diese wegfliegen läßt, sobald der Werfer das Stahlseil losläßt. Dabei fliegt der Hammer um so weiter, je schneller der Werfer sich dreht, d. h. je größer die Winkelgeschwindigkeit ω und damit nach

$$c = \omega r$$

die Bahngeschwindigkeit der Kugel ist.

Betrachten wir einen ruhenden Körper auf der rotierenden Erde, z. B. einen Baum oder ein Luftpakt bei Windstille in der geographischen Breite φ, so dreht er sich mit der Erde um die Erdachse, von der er den Abstand r hat. Seine Bahngeschwindigkeit c ist dann

$$c = \omega r$$

und seine Zentrifugalkraft F_z ist

$$F_z = m\,\frac{c^2}{r} = m\,\omega^2 r.$$

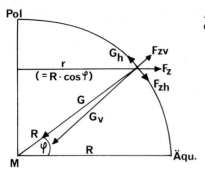

Abb. 35. Schema zur Wirkung von Zentrifugal- und Gravitationskraft auf der Erde

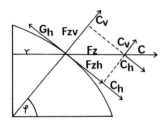

Abb. 36. Coriolis-Kraft

Wie Abb. 35 veranschaulicht, wird im Fall des auf der abgeplatteten Erde stillstehenden Körpers die Zentrifugalkraft F_z mit ihrer Vertikalkomponente F_{zv} und der Horizontalkomponente F_{zh} kompensiert durch die Anziehungskraft G der Erde bzw. deren Komponenten G_v und G_h. Dadurch wird verhindert, daß der Körper von der Erde fortfliegt.

Nehmen wir nun den Fall, daß sich der Körper, also unser Luftteilchen, auf der Erde mit der Geschwindigkeit v von West nach Ost bewegt. Dann addieren sich die Bahn- und Eigengeschwindigkeit, und es hat die totale Geschwindigkeit c + v.

Gemäß Abb. 36 ergibt sich die neue Gesamtfliehkraft

$$F_{z(ges)} = m\,\frac{(c+v)^2}{r} = m\frac{(c^2+2cv+v^2)}{r} = m\,\omega^2 r + 2m\,\omega\,v + m\,\frac{v^2}{r}.$$

Wegen $F_z = m\,\omega^2 r$ bei relativ zur Erde ruhendem Körper ist die durch die Luftbewegung hervorgerufene Zusatzkomponente C der Zentrifugalkraft

$$C = F_{z(ges)} - F_z = 2m\,\omega\,v + m\,\frac{v^2}{r}.$$

Außer am Pol ist der Abstand r von der Erdachse im Vergleich zur Luftbewegung v sehr groß und damit der letzte Term vernachlässigbar klein, so daß grundsätzlich gilt

$$C = 2m\,\omega v \quad \text{bzw.} \quad a_c = 2\,\omega v.$$

Dabei ist C die Coriolis-Kraft und a_c die Cariolis-Beschleunigung. Ihre Vertikalkomponente $a_{c(v)} = a_c \cos\varphi$ ist dabei der Gravitationsbeschleunigung entgegengesetzt gerichtet und im Vergleich zu ihr so klein, daß sie in der Meteorologie keine

Rolle spielt. Bedeutsam ist dagegen die Horizontalkomponente $a_{c(h)} = a_c \sin \varphi$, also in Skalar- bzw. Vektorschreibweise

$$a_{c(h)} = 2\,\omega \sin \varphi \cdot v_h \quad \text{bzw.} \quad \vec{a}_{c(h)} = 2\,\vec{\omega} \times \vec{v}_h \approx f\,\vec{k} \times \vec{v}_h$$

bzw. bei Zerlegung in die West-Ost- und Nord-Süd-Komponente

$$a_{c(x)} = -2\,\omega \sin \varphi \cdot v$$
$$a_{c(y)} = 2\,\omega \sin \varphi \cdot u \,.$$

Der Betrag der Coroliolis-Kraft liegt in der Größenordnung der anderen horizontal wirkenden Kräfte, z. B. der Druckkraft. Die Beziehung zeigt, daß die Coriolis-Kraft am Äquator Null ist und mit zunehmender geographischer Breite φ bis zum Pol anwächst, sie zeigt ferner das Anwachsen der Coriolis-Kraft mit zunehmender Geschwindigkeit v_h der Luft. Um eine Vorstellung über die Richtung zu bekommen, in der die Coriolis-Kraft auf das Luftteilchen wirkt, betrachten wir nochmals Abb. 36.

Eine Luftbewegung von West nach Ost geht in die Blattebene hinein, und die Horizontalkomponente der Zentrifugal- und damit der Coriolis-Kraft steht senkrecht dazu. Die resultierende Bewegung erscheint somit gegenüber der ursprünglichen in West-Ost-Richtung nach rechts, d. h. äquatorwärts abgelenkt.

Bei einer westwärts gerichteten Luftbewegung – in der Abbildung also aus der Papierebene hinaus – gilt analog $F_z/m = (c - v)^2/r$. Übrig bleibt $a_{c(h)} = -2\,\omega \cdot \sin \varphi \, v_h$, was eine Coriolis-Beschleunigung in Richtung Pol, also wiederum eine Ablenkung nach rechts gegenüber der ursprünglichen Bewegungsrichtung bedeutet.

Wie sehen die Verhältnisse bei Nord- und Südströmung aus? Dazu betrachten wir die Drehscheibe in Abb. 34, ordnen P dem Pol und die Außenwand einer niedrigeren geographischen Breite zu. Bewegt sich das Luftteilchen als Nordwind mit der Geschwindigkeit v von B nach S, so braucht es für die Strecke $s = R - r$ die Zeit

$$t = \frac{s}{v} \,.$$

Die Bahngeschwindigkeit des Punkts B ist $c = \omega\,r$. Da der Abstand SZ gleich dem Weg ist, den die Luft mit der Geschwindigkeit c in der Zeit t in Drehrichtung zurücklegt, erhalten wir

$$SZ = c\,t = \omega\,r\,t \,.$$

Für die Ablenkung OZ folgt für kleine Winkel β, da dann $\sin \beta \approx \beta$ ist,

$$\begin{aligned} OZ &= OS - SZ = R\,\beta - SZ \\ &= R\,\omega\,t - r\,\omega\,t = \omega\,t\,(R - r) \\ &= \omega\,t\,s = \omega\,v\,t^2 \,. \end{aligned}$$

Die Ablenkung OZ muß die Folge einer beschleunigenden Kraft sein, für die allgemein gilt

$$OZ = \frac{a}{2}\,t^2 \,,$$

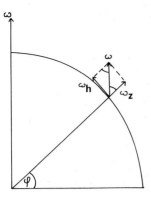

Abb. 37. Winkelgeschwindigkeit der Erde

wobei a die Coriolis-Beschleunigung ist. Durch Vergleich der beiden Beziehungen für die Strecke OZ erhalten wir

$$a = 2\,\omega\,v \quad \text{bzw.} \quad a_c = 2\,\omega\,v\,.$$

Steht die Drehachse nicht senkrecht zu v, sondern bildet mit v den Winkel φ, was auf der Erde der Fall ist, wo sich die Luft auf der Horizontalebene bewegt, die gegen den drehachsenparallelen Rotationsvektor $\vec{\omega}$ um φ geneigt ist (Abb. 37), so folgt $\omega_h = \omega \sin \varphi$ und somit

$$a_{c(h)} = 2\,\omega \sin \varphi\,v\,.$$

Damit ist gezeigt, daß für Nord-Süd-Bewegungen die gleichen Wirkungen durch die ablenkende Kraft der Erdrotation auftreten wie bei Ost-West-Bewegungen, d. h. die Coriolis-Kraft wirkt bei allen Windrichtungen in gleicher Weise.

Anschaulich läßt sich das so verstehen: Gemäß $c = \omega\, r$ dreht sich ein Erdpunkt in niedrigen Breiten schneller als in höheren, und zwar am Äquator mit 1670 km/h, in 30° mit 1450 km/h, in 60° mit 835 km/h und am Pol mit 0 km/h. Ein auf der Nordhalbkugel nach Süden strömendes Luftteilchen gelangt somit in ein Gebiet höherer Drehgeschwindigkeit, d. h. es bleibt relativ zur Erde (Meridianrichtung) zurück und erscheint nach Südwesten, nach rechts abgelenkt. Nach Norden strömende Luft kommt in Gebiete geringerer Drehgeschwindigkeit und eilt daher gegenüber der Erde (Meridianrichtung) voraus; es erscheint nach Nordosten, also ebenfalls nach rechts abgelenkt.

Zusammenfassend können wir feststellen: Die Coriolis-Kraft steht stets senkrecht zur Bewegungsrichtung (Scheinkraft) und bewirkt auf der Nordhalbkugel eine Ablenkung der Luft nach rechts (Abb. 38). Sie ist am Äquator Null und wächst mit zunehmender geographischer Breite bis zum Pol an. Außerdem ist sie um so größer, je höher die Windgeschwindigkeit ist.

Daß die Coriolis-Kraft nicht nur auf die Luft, sondern auf alle Körper wirkt, die sich auf der Erde bewegen, läßt sich mit dem sog. Foucault-Pendel zeigen. Dabei hängt eine schwere Kugel an einem dünnen, langen Seil. Wird sie angestoßen, schwingt sie zunächst in Stoßrichtung hin und her. Nach einiger Zeit stellt man fest, daß sich die Pendelebene gedreht hat, und zwar nach rechts, d. h. im Uhrzeigersinn zur anfänglichen Schwingungsrichtung. Diese Drehung, die sich

Abb. 38. Luftbewegung auf der Nordhalbkugel unter dem Einfluß der Coriolis-Kraft

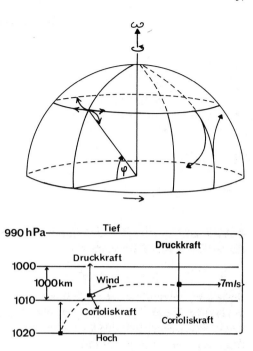

Abb. 39. Wirkung von Druck- und
Coriolis-Kraft (geostrophischer Wind)

immer weiter fortsetzt, läßt sich deuten als Folge der rechtsablenkenden Wirkung
der Coriolis-Kraft.

Führt man diesen Versuch auf der Südhalbkugel durch, so ist zu erkennen,
daß dort die Coriolis-Kraft eine Ablenkung nach links hervorruft. Diese Links-
ablenkung auf die Bewegung der Luft wird leicht verständlich, wenn wir unsere
Überlegungen über die Wirkung der Kräfte und Bewegungen auf die Südhalbkugel übertragen.

Der geostrophische Wind

Wir haben bisher 2 Kräfte kennengelernt, die auf die horizontalen Luftbewegun-
gen wirken: die Druckkraft und die Coriolis-Kraft. Wie Abb. 39 veranschaulicht,
beginnen sich die Luftteilchen unter dem Einfluß der Druckkraft vom höheren
zum tieferen Luftdruck, d. h. senkrecht zu den Isobaren in Bewegung zu setzen.
Sobald dieses der Fall ist, setzt entsprechend der Strömungsgeschwindigkeit v die
Wirkung der Coriolis-Kraft ein, und die Teilchenbahn wird nach rechts abgelenkt. Während dabei zunächst noch die Druckkraft die Coriolis-Kraft überwiegt, stellt sich nach einigen Stunden ein Gleichgewicht zwischen beiden Kräften
ein, und der Wind strömt parallel zu den Isobaren. Diesen Wind, bei dem die
Luftbewegung gekennzeichnet ist durch das Gleichgewicht von Druckkraft und
Coriolis-Kraft und bei der die Bewegung längs geradliniger, paralleler Isobaren
erfolgt, bezeichnen wir als geostrophischen Wind. Er ist in der Atmosphäre ober-

Tabelle 10. Abhängigkeit des geostrophischen Winds v_g vom Druckgefälle $\delta p/\delta n$ ($\phi = 53°$)

hPa/100 km	1	2	3	4	5	6	7
v_g (m/s)	6,7	13,5	20,2	27,0	33,7	40,4	47,2

halb der bodennahen Reibungsschicht, also oberhalb 1000 m Höhe anzutreffen. Für seine Stärke folgt, da ja P = C ist,

$$-\frac{1}{\rho}\frac{\delta p}{\delta n} = 2\,\omega \sin \varphi\, v_g$$

$$v_g = -\frac{1}{\rho f}\frac{\delta p}{\delta n},$$

wobei man $2\,\omega \sin \varphi = f$ setzt und f als Coriolis-Parameter bezeichnet. Da für jeden Breitenkreis f = konstant ist und am Boden die Dichte praktisch ebenfalls konstant ist, hängt der geostrophische Wind an einem Ort folglich nur vom horizontalen Druckgefälle $\delta p/\delta n$ ab (Tab. 10), wobei der Ausdruck negativ in die Beziehung eingeht, so daß $v_g > 0$ wird.

Da sich die Dichte der Luft mit der Höhe stärker ändert, ist es notwendig, die Beziehung des geostrophischen Windbetrags für die Anwendung auf Höhenwetterkarten umzuformen. Führen wir die statische Grundgleichung $\delta p = -g\,\rho\,\delta z$ in obige Gleichung ein, so folgt

$$v_g = \frac{1}{f}\frac{g\,\delta z}{\delta n} = \frac{1}{f}\frac{\delta H}{\delta n},$$

wobei $\delta H = g\,\delta z$ die sog. geopotentielle Höhe bzw. $\delta H/\delta n$ der geopotentielle Höhenunterschied der betrachteten Druckfläche, z. B. des 500-hPa-Niveaus zwischen 2 Orten im Abstand δn ist. Analog zur Bodenwetterkarte hängt folglich der geostrophische Höhenwind über einem Ort nur vom Gefälle der einzelnen Druckflächen ab, wobei die Isolinien in den Höhenwetterkarten Linien gleicher geopotentieller Höhe sind.

Zentrifugalkraft und Gradientwind

In vielen Fällen sind die Bahnen der Luftteilchen, v. a. in der freien Atmosphäre, entweder geradlinig oder nur so schwach gekrümmt, daß auch in diesem Fall der Wind quasigeostrophisch ist. Mitunter, wie z. B. beim Umströmen von Hoch- und Tiefdruckzentren, ist die Bahnkrümmung jedoch so groß, daß die infolge der Bewegung auf gekrümmten Bahnen auftretende Zentrifugalbeschleunigung

$$a_z = \frac{v^2}{r} \quad \text{bzw.} \quad \vec{a}_z = \frac{1}{r}v_h\vec{k}\times\vec{v}_h$$

berücksichtigt werden muß.

Dabei haben wir 2 Fälle zu unterscheiden, und zwar die Strömung auf einer zyklonal gekrümmten Bahn (um Tiefs) und die auf einer antizyklonal gekrümmten Bahn (um Hochs).

Abb. 40a, b. Zyklonaler (a) und antizyklonaler (b) Gradientwind   a)

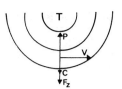

b)

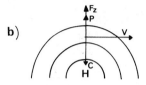

Die Zentrifugalkraft ist bekanntlich stets nach außen, d. h. vom Rotationszentrum weg gerichtet. Wie Abb. 40a, b zeigt, hat sie somit bei der Bewegung der Luftteilchen um ein Tiefzentrum die gleiche Richtung wie die Coriolis-Kraft, d. h. für das Kräftegleichgewicht bei zyklonaler Bewegung gilt

$$P = C + F_z.$$

Bewegen sich dagegen die Luftteilchen um ein Hochzentrum, so addiert sich in diesem Fall die Zentrifugalkraft zur Druckkraft, und wir erhalten

$$P + F_z = C \quad \text{bzw.} \quad P = C - F_z.$$

Setzen wir für P, C und F_z die jeweilige Beziehung ein und lösen die so erhaltenen Gleichgewichtsgleichungen auf, so erhalten wir für den Gradientwind v_z bei zyklonaler Bahnkrümmung

$$v_z = -r\,\omega\,\sin\varphi + \sqrt{r^2\,\omega^2\sin^2\varphi - \frac{r}{\rho}\,\frac{\delta p}{\delta n}} \qquad \text{am Boden}$$

$$v_z = -r\,\omega\,\sin\varphi + \sqrt{r^2\,\omega^2\sin^2\varphi + r\,\frac{\delta H}{\delta n}} \qquad \text{in der Höhe}$$

und für den Gradientwind v_a bei antizyklonaler Bahnkrümmung

$$v_a = r\,\omega\,\sin\varphi - \sqrt{r^2\,\omega^2\sin^2\varphi + \frac{r}{\rho}\,\frac{\delta p}{\delta n}} \qquad \text{am Boden}$$

$$v_a = r\,\omega\,\sin\varphi - \sqrt{r^2\,\omega^2\sin^2\varphi - r\,\frac{\delta H}{\delta n}} \qquad \text{in der Höhe.}$$

Bei zyklonaler Bahnkrümmung führt die Beziehung stets zu einer reellen Lösung. Bei antizyklonaler Bahnkrümmung kann dagegen der Wurzelausdruck imaginär werden. In der Natur bedeutet das, daß bei bestimmten antizyklonalen Bahnkrümmungen nur bestimmte maximale Druckgradienten auftreten können.

Vergleichen wir den geostrophischen, zyklonalen und antizyklonalen Gradientwind miteinander, so zeigt es sich, daß bei gleichem Druckgegensatz bzw. Höhengefälle Unterschiede in der Windgeschwindigkeit auftreten. Dieser Um-

stand läßt sich leicht verstehen, wenn wir bedenken, daß die Druckkraft allein die
primäre Kraft ist, während Coriolis- und Zentrifugalkraft erst wirksam werden,
wenn sich die Teilchen unter dem Einfluß der Druckkraft bewegen, d. h. die
Druckkraft ist eine von der jeweiligen Wetterlage vorgegebene Kraft. Beim geostrophischen Wind hält ihr, wie wir gesehen haben, die Coriolis-Kraft die Waage,
was zu einer bestimmten Windgeschwindigkeit führt. Beim zyklonalen Gradientwind gilt dagegen $P = C + F_z$, d. h. die Coriolis-Kraft ist kleiner als im geostrophischen Fall und damit auch die Windgeschwindigkeit. Beim antizyklonalen
Gradientwind mit $P + F_z = C$ im Kräftegleichgewicht muß dagegen die Coriolis-
Kraft und damit die Windgeschwindigkeit größer sein, um den beiden anderen
Kräften die Waage halten zu können.

Diese Betrachtungen seien an einem Rechenbeispiel veranschaulicht. Bei einem Gefälle in der 500-hPa-Höhenkarte von 20 gpm/100 km führen die Gleichung in 50°N zu einem geostrophischen Wind $v_g = 17$ m/s; für den zyklonalen
Gradientwind erhalten wir $v_z = 15$ m/s und für den antizyklonalen Gradientwind
$v_a = 24$ m/s.

4.2 Reibungskraft

Bei unseren bisherigen Betrachtungen haben wir eine wichtige Kraft, die Reibungskraft F_R, noch nicht berücksichtigt. In der freien Atmosphäre ist sie in der
Tat so gering, daß wir sie vernachlässigen können. Anders liegen die Verhältnisse
in Erdbodennähe, wo der Wind durch Bäume, Häuser, Hecken, Getreidefelder,
ja selbst durch die Grashalme der Wiesen beeinflußt, d. h. abgebremst wird. Je
höher die „Bodenrauhigkeit" ist, je stärker der Wind weht, um so größer ist der
Reibungseinfluß.

Die Wirkung der Bodenrauhigkeit wird für die verschiedenen Hindernisse
durch den Rauhigkeitsparameter z_0 beschrieben, der angibt, bis in welche Höhe
über Grund der Wind so stark abgebremst wird, daß dort Windstille herrscht. So
beträgt z. B. z_0 für kurzes Gras und über einer Schneedecke nur $0,5 - 1$ cm, bei
Rübenäckern und Getreidefeldern $5 - 10$ cm, im Wald und in der Stadt
$100 - 300$ cm, in dicht bebauten Stadtteilen auch noch darüber. Diese Werte sind
die physikalische Beschreibung dafür, daß der Wind im Wald und in der Stadt
am stärksten gebremst wird, während er über freiem Gelände wenig beeinflußt
erscheint.

In welchem Ausmaß die Reibung mit der Strömungsgeschwindigkeit wächst,
wird in Abb. 41 sichtbar. Ohne Reibung würden bei geraden Isobaren, wie wir
gesehen haben, geostrophische Windverhältnisse herrschen. Sie sind auf der Abszisse in Knoten (1 kn = 1,852 km/h) angegeben. Auf der Ordinate ist aufgetragen, welcher Prozentsatz des geostrophischen Winds tatsächlich beobachtet
wird, und zwar bei den gegebenen Rauhigkeitsverhältnissen von Berlin-Dahlem.
Wie wir erkennen, entspricht an windschwachen Tagen der beobachtete Wind
(10-min-Mittel) dem geostrophischen, d. h. ist die Relation 100%. Aber schon
bei einem geostrophischen Bodenwind von 10 kn beträgt der tatsächliche Wind
nur noch 50% davon, und an Starkwindtagen werden sogar nur noch 30% des
geostrophischen Windbetrags beobachtet.

Abb. 41. Abbremsende Wirkung der Reibung auf die Luftbewegung

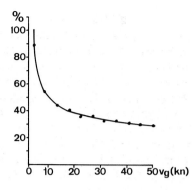

Gehen wir von dem einfachen Ansatz nach Guldberg-Mohn zur Bestimmung der Reibungskraft F_R aus, wonach die Reibung um so größer wird, je größer die Windgeschwindigkeit ist, so gilt für die Reibungskomponenten in x- und y-Richtung

$$(1/\rho)\, F_{Rx} = -k \cdot u$$

$$(1/\rho)\, F_{Ry} = -k \cdot v\,,$$

wobei ρ die Luftdichte, k der Reibungskoeffizient sowie u und v die Windkomponenten in x- bzw. y-Richtung sind. Im Falle geradliniger, beschleunigungsfreier Bewegung bei west-östlich verlaufenden Isobaren gilt dann

$$0 = f \cdot v - k \cdot u$$

$$0 = -f \cdot u - k \cdot v - \frac{1}{\rho}\frac{\partial p}{\partial y}\,,$$

d. h. in West-Ost-Richtung wirken dabei nur die Coriolis- und Reibungskraft, während in Süd-Nord-Richtung noch zusätzlich die Druckkraft wirksam wird. Für die beiden Windkomponenten u und v in zonaler bzw. meridionaler Richtung folgt daraus

$$u = -\frac{f}{f^2 + k^2}\left(\frac{1}{\rho}\frac{\partial p}{\partial y}\right)$$

$$v = -\frac{k}{f^2 + k^2}\left(\frac{1}{\rho}\frac{\partial p}{\partial y}\right).$$

Der Ablenkungswinkel α_0, d. h. der Winkel zwischen dem beobachteten und dem geostrophischen Bodenwind ergibt sich (Abb. 42) als

$$\tan \alpha_0 = \frac{v}{u}\,.$$

Daraus folgt mit den obigen Ausdrücken

$$\tan \alpha_0 = \frac{k}{f}$$

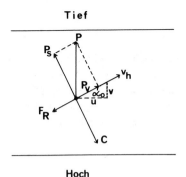

Abb. 42. Kräftegleichgewicht unter dem Einfluß von Druck-, Coriolis- und Reibungskraft

und somit für den Reibungskoffizienten

$$k = f \cdot \tan \alpha_0,$$

d. h. die Reibungskraft steht in Beziehung zum Ablenkungswinkel des Winds und läßt sich über ihn berechnen. Da sich ferner der Ablenkungswinkel α_0 invers zum Windquotienten $q = v_b/v_g$, d. h. dem Verhältnis aus beobachtetem und geostrophischem Windgeschwindigkeitsbetrag verhält, wobei $\alpha_0 = a \cdot q^{-b}$ ist, so läßt sich nach

$$k = f \cdot \tan (a \cdot q^{-b})$$

die Reibung auch über den abbremsenden Effekt auf die Windgeschwindigkeit bestimmen. Dabei sind die Konstanten a und b empirisch für einen Ort zu bestimmende Größen.

Zusammenfassend können wir somit feststellen, daß die Reibung einerseits zu einer Verringerung der Strömungsgeschwindigkeit gegenüber dem geostrophischen Wind führt und daß andererseits der reibungsbeeinflußte Wind gegenüber der geostrophischen Windrichtung eine Ablenkung nach links erfährt, d. h. der beobachtete Bodenwind schneidet die Isobaren zum tiefen Luftdruck.

Der Ablenkungswinkel sowie der Windquotient hängen dabei von der Größe der Reibungskraft ab. Über dem Meer, wo die Reibung gering ist, ist der Ablenkungswinkel kleiner und der Windquotient größer als über dem Festland. So beträgt der Ablenkungswinkel über dem Meer im Mittel $15° - 20°$, über dem Flachland $25° - 30°$ und in Gebirgsregionen $30° - 45°$.

In Abb. 42 ist für geradlinige Bewegungen dargestellt, wie die Kräfte auf ein Luftteilchen wirken. Wie wir erkennen, wird im Gleichgewichtsfall der Reibungskraft die Waage gehalten durch die Komponente der Druckkraft in Windrichtung, d. h. $F_R = P_v$; die Coriolis-Kraft wird dagegen durch die senkrecht zur Windrichtung wirkende Komponente der Druckkraft kompensiert, d. h. $C = P_s$.

4.3 Die vollständige Bewegungsgleichung

Sämtliche Kräfte, die auf die Luftteilchen der Atmosphäre wirken bzw. wirken können, sind in der allgemeinen (Euler-)Bewegungsgleichung zusammengefaßt. Sie hat bei horizontalen Strömungen die Vektorform

$$\frac{d\vec{v}_h}{dt} = -\frac{1}{\rho}\vec{V}_h p - 2\,\vec{\omega}\,x\,\vec{v}_h + \frac{1}{\rho}\vec{F}_R$$

d. h. die Beschleunigung (radial und tangential) eines jeden Luftteilchens ergibt sich aus der Resultierenden von Druck-, Coriolis- und Reibungs-Kraft. Wenn $F_R = 0$ ist und Druck- und Coriolis-Kraft im Gleichgewicht sind, ist die Beschleunigung Null. Die sich ergebende Gleichgewichtsströmung ist der geostrophische Wind. Die Vertikalbeschleunigung von Luft wird dagegen erfaßt durch

$$\frac{dw}{dt} = -\frac{1}{\rho}\frac{\partial p}{\partial z} - g\,.$$

Sie hängt im wesentlichen vom vertikalen Luftdruckgradienten $\partial p/\partial z$, d. h. von der Druckabnahme mit der Höhe ab. Da die Vertikalbewegungen, wie früher erwähnt, bei der Betrachtung der großräumigen Strömungsverhältnisse klein sind im Vergleich zum horizontalen Wind, kann $dw/dt = 0$ gesetzt werden. Aus der letzten Gleichung wird dann die hydrostatische Grundgleichung $\delta p = -g\rho\delta z$, d. h. die großräumigen Strömungsvorgänge werden in der Meteorologie als quasihydrostatisch betrachtet. Bei kleinräumigen Vorgängen, z. B. bei der Konvektion oder in Gewitterwolken liegt dagegen die Vertikalbeschleunigung in der Größenordnung $0{,}1 - 0{,}5\ \text{m/s}^2$ und darf nicht vernachlässigt werden, d. h. in diesen Fällen handelt es sich um vertikal beschleunigte, also nichthydrostatische Vorgänge.

4.4 Turbulenz

Die grundsätzlichen viskosen Eigenschaften der Luft, in Bodennähe v. a. aber die Bodenrauhigkeit mit ihren vielfältigen Rauhigkeitselementen (Bauwerke, Bäume, Hecken, Büsche usw.) führen im räumlichen Nebeneinander wie im zeitlichen Nacheinander in der strömenden Luft zur Bildung unterschiedlichster kleinräumiger Luftwirbel (Abb. 43) ähnlich den Wasserwirbeln in Bächen hinter Hindernissen. Diese in ihrer Gesamtheit ungeordnete, wirbelartige Luftbewegung bezeichnen wir als (dynamische) Turbulenz, die als Abweichung von der geordneten mittleren Luftbewegung zu verstehen ist. Zur Gruppe der turbulenten Bewegungsvorgänge gehört ferner die Konvektion, also ein thermisch bedingtes Aufsteigen am Erdboden erwärmter Luftblasen und Absinken kälterer Luftpakete, wobei die Konvektion sich bis zur Tropopause zu erstrecken vermag.

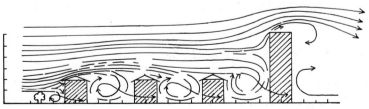

Abb. 43. Luftwirbel an Hindernissen

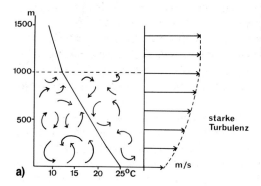

Abb. 44a, b. Atmosphärische Turbulenz in Abhängigkeit von der Schichtung und der vertikalen Windzunahme. **a** starke Turbulenz; **b** schwache Turbulenz

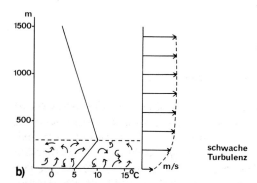

Die rauhigkeitsbedingte Turbulenz ist am stärksten in Bodennähe ausgeprägt und erstreckt sich maximal bis in etwa 1 – 2 km Höhe. Wärme, Feuchtigkeit und Luftbeimengungen, z. B. Schwefeldioxid oder Staub werden in den turbulenten Luftwirbeln vom Boden nach oben transportiert, kühlere, trockenere und saubere Luft gelangen durch sie in der Regel nach unten. Je labiler die Schichtung ist, um so stärker sind die turbulenten Vertikaltransporte, je stabiler die Schichtung ist, um so geringer ist die Turbulenz entwickelt (Abb. 44a, b). Ist s eine der transportierbaren Eigenschaften, so läßt sich ihr vertikaler Fluß S erfassen durch den Ansatz

$$S = -\rho K \frac{\delta s}{\delta z}.$$

Dabei ist $\delta s/\delta z$ das vertikale Gefälle der Eigenschaft und K der turbulente Diffusionskoeffizient. Sein Zahlenwert ist um den Faktor 1 000 – 10 000mal größer als der entsprechende Koeffizient bei molekularen Transportvorgängen, d. h. turbulente Transporte von Wärme und Feuchtigkeit übersteigen die molekularen um Größenordnungen, nur sie können erklären, wieso z. B. der Tagesgang der Temperatur am Boden sich auch in der Höhe noch auswirkt, wobei die Höchst- und Tiefstwerte beispielsweise am Eiffelturm in rund 200 m Höhe knapp 2 h später auftreten als am Boden.

Die Intensität der Turbulenz hängt außerdem von der Windgeschwindigkeit bzw. von der Geschwindigkeitszunahme mit der Höhe ab (s. Abb. 44). Je größer sie ist, um so stärker ist auch die Turbulenz, um so kräftiger ist auch der Austausch zwischen den oberen und unteren Schichten entwickelt. Spürbar wird dieser Effekt durch die zunehmende Heftigkeit der Böen, berechnet wird er über die Proportionalität des turbulenten Diffusionskoeffizienten K mit der vertikalen Windscherung dv/dz.

Nachts, wenn die Schichtung der bodennahen Luft recht stabil ist und die Windgeschwindigkeit im Tagesgang ihr Minimum hat, reicht die Windscherung und damit die Turbulenz nur wenige hundert Meter hoch. Tagsüber, wenn v. a. im Sommer die Schichtung neutral bis labil ist und der Wind auffrischt, reicht die stärkere Windscherung und damit die kräftigere turbulente Durchmischung der Luft in der Regel über 1 km hoch.

4.5 Vertikale Windverhältnisse

Vertikale Windverhältnisse in der Reibungsschicht

Der Einfluß der Bodenrauhigkeit, d. h. der Reibungskraft auf das Windfeld ist am größten in Bodennähe. Von dort wird der abbremsende Effekt auf 2 Arten an die darüberbefindliche Strömung weitergegeben, so daß wir physikalisch zwischen der molekularen Reibung und der turbulenten Reibung zu unterscheiden haben. Die erstere ist nur in der Nähe fester Grenzflächen von Bedeutung und tritt daher nur unmittelbar an der Erdoberfläche auf. Die Abb. 45 veranschaulicht in einem Laborversuch, wie die Moleküle an der oberen und unteren Grenzfläche haften und die Strömung zur Mitte hin zunimmt. Dieser Effekt ist uns z. B. von Flüssen bekannt, wo das Wasser in der Strommitte am schnellsten fließt.

Der für die Atmosphäre weitaus wichtigere Prozeß ist die turbulente Reibung. Wie wir gesehen haben, treten durch die Bodenrauhigkeit in der Luftströmung Wirbel auf, deren Durchmesser von einigen Metern bis zu wenigen hundert Metern beträgt. Sie stellen physikalisch eine ideale Form dar, in der kinetische Energie „vernichtet" wird, d. h. sie verkörpern den Bremseffekt auf die Strömung. Je höher somit die turbulenten Wirbel hinaufreichen, um so höher erstreckt sich auch der von der Erdoberfläche ausgehende Reibungseinfluß. Im Mittel erstreckt sich die Reibungsschicht rund 1000 m hoch, jedoch ist ihre Höhe, wie wir früher gesehen haben, im Einzelfall von der Bodenrauhigkeit, der Schichtung und der Windgeschwindigkeit abhängig.

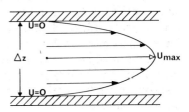

Abb. 45. Molekulare Reibung

Tabelle 11. Mittlere Ablenkungswinkel in verschiedenen Höhen. (Nach Seeliger 1937)

h [m]	Boden	250	500	750	1000	1500
α [°]	38	27	15	8	3	0

Mittlere Windgeschwindigkeit in verschiedenen Höhen in % vom Wert in 16 m Höhe

h [m]	0,05	0,25	0,50	1	2	16	32	125	250	500
v/v_{16}	28	43	52	61	71	*100*	115	150	175	197

In Bodennähe, wo die Reibungskraft am größten ist, wird der Wind am stärksten abgebremst und nach links, also zum tieferen Luftdruck abgelenkt. Mit der Höhe nimmt die Reibungskraft und damit ihre Wirkung auf die Strömung ab.

Wie Tabelle 11 veranschaulicht, wird der Ablenkungswinkel mit zunehmender Höhe kleiner, d. h. dreht der Wind zunehmend in Richtung der Isobaren; in 1000 m Höhe ist die Abweichung nur noch gering, darüber weht er isobarenparallel. Gleichzeitig nimmt die Windstärke mit der Höhe zu. Setzt man den in diesem Fall in 16 m Höhe gemessenen Bodenwind gleich 100%, so hat er bis 125 m Höhe um 50% zugenommen und sich bis 500 m bereits verdoppelt. Unterhalb von 16 m führt die Bodenrauhigkeit zu einer entsprechenden Verringerung der Windgeschwindigkeit bis auf 28% in 5 cm Höhe über Grund.

Im Mittel läßt sich die Windgeschwindigkeit u_h in der Höhe h aus dem in der Höhe z_A gemessenen Bodenwind u_A berechnen durch den Potenzansatz

$$u_h = u_A \left(\frac{h}{z_A} \right)^m.$$

Dabei ist m ein Faktor, der von 0,15 bei mittlerer labiler Schichtung über 0,25 bei neutraler bis zu 0,40 bei stabiler Schichtung reicht. Was man erhält, ist eine gute Näherung für das logarithmische Windprofil der bodennahen Schicht.

Die Zunahme der Windgeschwindigkeit mit der Höhe bis zum geostrophischen Windbetrag bei gleichzeitiger Drehung der Windrichtung in die Isobarenrichtung läßt sich sehr anschaulich durch die „Ekman-Spirale" zeigen. In Abb. 46 ist der Wind als Vektor dargestellt. Am Boden ist der Pfeil am kürzesten und zeigt am stärksten zum tiefen Luftdruck. Mit zunehmender Höhe werden die Windpfeile länger und drehen nach rechts. Diese Rechtsdrehung des Winds mit

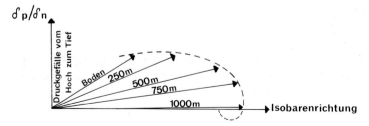

Abb. 46. Ekman-Spirale

der Höhe bei gleichzeitiger Windzunahme ist ein charakteristisches Zeichen der Reibungsschicht, die man auch als Ekman-Schicht oder als planetarische Grenzschicht bezeichnet.

Das Widerstandsgesetz der atmosphärischen Reibungsschicht

Von den Autos her sind wir es gewohnt, ihren Widerstand gegenüber der Luftströmung durch einen Widerstandsbeiwert, den sog. c_w-Wert zu beschreiben. Je geringer dieser ist, um so strömungsgünstiger ist die Karosserie.

Auch der innere Widerstand der Atmosphäre in der Reibungsschicht wird durch einen Widerstandsbeiwert beschrieben, und zwar in Abhängigkeit von der Bodenrauhigkeit, ausgedrückt durch den z_0-Wert, und von dem atmosphärischen Antrieb, dem geostrophischen Wind u_g. Eine vereinfachte Betrachtung soll uns diese Verhältnisse veranschaulichen, den wesentlichen Inhalt des atmosphärischen Widerstandsgesetzes verdeutlichen.

Wie wir gesehen haben, nimmt die Windgeschwindigkeit u(z) mit der Höhe zu und erreicht in der Höhe h an der Obergrenze der Reibungsschicht den geostrophischen Windbetrag u_g. Die Windänderung mit der Höhe $\partial u/\partial z$ ist um so größer, je größer die Schubkraft des Winds, d. h. die vertikale Änderung der Schubspannung τ ist. Mit der Luftdichte ρ wird gemäß

$$u_* = \sqrt{\frac{\tau}{\rho}}$$

eine Größe definiert, die wir als Schubspannungsgeschwindigkeit u_* bezeichnen. Da die Windänderungsbeträge mit zunehmender Höhe, also abnehmender Reibung, kleiner werden, erhalten wir mit dem Proportionalitätsfaktor k (Karman-Konstante)

$$\frac{\partial u}{\partial z} = \frac{u_*}{k \cdot z} \, .$$

Durch Integration

$$\int_0^{u(z)} du = \int_{z_0}^{z} \frac{u_*}{k \cdot z} \, dz$$

folgt somit

$$u(z) = \frac{u_*}{k} \ln\left(\frac{z}{z_0}\right) \, .$$

Dieses ist die Beziehung für das logarithmische Windprofil in der Reibungsschicht. Da an ihrer Obergrenze $u(z) = u_g$ ist und ihre Höhe sich mit dem Coriolis-Parameter $f = 2\,\omega \sin \varphi$ aus

$$h = k \frac{u_*}{f}$$

ergibt, so folgt

$$k \frac{u_g}{u_*} = \ln\left(\frac{h}{z_0}\right) = \ln\frac{k \cdot u_*}{f \cdot z_0} = \ln\left(k \frac{u_*}{u_g} \cdot \frac{u_g}{f \cdot z_0}\right).$$

Dabei bezeichnen wir als geostrophischen Widerstandskoeffizienten c_g den Ausdruck

$$c_g = \frac{u_*}{u_g}$$

und als Rossby-Zahl Ro die Größe

$$Ro = \frac{u_g}{f \cdot z_0}.$$

Die Rossby-Zahl beschreibt somit über den geostrophischen Wind u_g des groß-räumigen Druckfelds und den Rauhigkeitseinfluß z_0 der Erdoberfläche die externen Parameter, die auf die Atmosphäre in der Grenzschicht wirken. Das atmosphärische Widerstandsgesetz hat somit die Form

$$\frac{k}{c_g} = \ln(k \cdot c_g \cdot Ro)$$

bzw. umgeformt

$$\ln Ro = A - \ln c_g + \frac{k}{c_g} \cos \alpha_0,$$

wenn α_0 der Ablenkungswinkel des Winds am Boden, d. h. der Winkel zwischen der Windrichtung und den Isobaren, und A eine Konstante ist. Ersetzen wir $\cos \alpha_0$ durch den Ausdruck $B = (k/c_g) \sin \alpha_0$, so nimmt das Widerstandsgesetz schließlich die Form an

$$\ln Ro = A - \ln c_g + \sqrt{\left(\frac{k}{c_g}\right)^2 - B^2}.$$

Wichtig ist dabei, daß die Konstanten A und B in einer neutral geschichteten Atmosphäre unabhängig sind von der Rossby-Zahl, d. h. von den externen Einflüssen.

Für die praktische Berechnung des Widerstandskoeffizienten c_g ist es bedeutsam, daß sich der gemessene Bodenwind u_{10} ausdrücken läßt als Bruchteil des geostrophischen Winds (vgl. Abb. 41), d. h.

$$u_{10} = q \cdot u_g,$$

wobei $q = u_{10}/u_g$ der sog. Windquotient ist. Mit dem auf die Bodenwindverhältnisse bezogenen Widerstandskoeffizienten c_D wird aus

$$c_D = \frac{u_*}{u_{10}} = \frac{k}{\ln(z/z_0)},$$

mit dem empirisch bestimmbaren Windquotienten q schließlich

$$c_g = q \cdot c_D = q \, \frac{k}{\ln{(z/z_0)}} \, .$$

Thermischer Wind

Als thermischen Wind $\vec{v}_{th}$ bezeichnen wir den Differenzvektor $\overrightarrow{\Delta v}$ zwischen dem geostrophischen Wind $\vec{v}_{gh}$ an der Obergrenze einer Schicht und dem geostrophischen Wind $\vec{v}_{gu}$ an der Untergrenze der Schicht, d. h.

$$\vec{v}_{th} = \vec{v}_{gh} - \vec{v}_{gu} \, .$$

Zu seiner Ableitung gehen wir von der statischen Grundgleichung $\delta p = -g \cdot \rho \cdot \delta z$ und von der Zustandsgleichung der Gase $p = \rho \cdot R \cdot T$ aus und erhalten durch Kombination

$$-g \cdot \delta z = \frac{\delta p}{p} R \cdot T \, .$$

Setzen wir diesen Ausdruck ein in die Beziehungen für die geostrophischen Windkomponenten u_g und v_g in West-Ost- bzw. Nord-Süd-Richtung, d. h. in

$$u_g = -\frac{1}{f} \frac{\partial H}{\partial y} \quad \text{und} \quad v_g = \frac{1}{f} \frac{\partial H}{\partial x} \, ,$$

wobei $\delta H = g \cdot \delta z$ ist, und differenzieren die Gleichungen nach p, so folgt

$$p \frac{\partial u_g}{\partial p} \equiv \frac{\partial u_g}{\partial \ln p} = \frac{R}{f} \left(\frac{\partial T}{\partial y} \right)_p \quad \text{bzw.} \quad p \frac{\partial v_g}{\partial p} \equiv \frac{\partial v_g}{\partial \ln p} = -\frac{R}{f} \left(\frac{\partial T}{\partial x} \right)_p \, .$$

Durch Integration über die betrachtete Schicht, deren Untergrenze durch den Luftdruck p_u, deren Obergrenze durch den Druck p_h definiert ist, erhalten wir mit der Mitteltemperatur der Schicht $\bar{T}$

$$u_{th} = -\frac{R}{f} \left(\frac{\partial \bar{T}}{\partial y} \right) \ln \left(\frac{p_u}{p_h} \right)$$

$$v_{th} = \frac{R}{f} \left(\frac{\partial \bar{T}}{\partial x} \right) \ln \left(\frac{p_u}{p_h} \right) \, .$$

Ist $\delta T / \delta n$ der Temperaturgradient senkrecht zu den mittleren Schichtisothermen, so folgt für den stets parallel zu den mittleren Isothermen wehenden thermischen Wind

$$v_{th} = \frac{R}{f} \left(\frac{\delta \bar{T}}{\delta n} \right) \ln \left(\frac{p_u}{p_h} \right) \, .$$

Dabei werden Wärmezentren im Uhrzeigersinn, Kältezentren im Gegenuhrzeigersinn „umweht". Je stärker also der horizontale Temperaturgradient ist, um so stärker ist auch der thermische Wind.

Gemäß der Definition des thermischen Winds können wir feststellen, daß sich der geostrophische Wind im Niveau p_h ergibt, indem wir zum geostrophischen Wind im tieferen Niveau den thermischen Wind addieren, d. h.

$$\vec{v}_h = \vec{v}_u + \vec{v}_{th} \, ;$$

entsprechend der thermischen Windgleichung können wir somit sagen, daß in der freien Atmosphäre Windänderungen mit der Höhe eine Folge horizontaler Temperaturänderungen sind.

Vertikale Windverhältnisse in der freien Atmosphäre

Oberhalb von 1 km, also oberhalb der Reibungsschicht weht der Wind grundsätzlich parallel zu den Isolinien (Isogeopotentiallinien) der Höhenwetterkarten. Die Windgeschwindigkeit nimmt mit der Höhe weiter zu und erreicht ihren Höchstwert in der Nähe der Tropopause, also in unseren Breiten in rund 10 km Höhe. Im Gegensatz zur planetarischen Grenzschicht hat diese Windzunahme mit der Höhe, aber nichts mehr mit dem Reibungseinfluß zu tun, sondern ist auf horizontale Druckunterschiede zurückzuführen, die sich mit der Höhe verstärken. Die Ursache für die mit der Höhe zunehmende Druckkraft liegt in den horizontalen Temperaturunterschieden zwischen kalter und warmer Luft, d. h. in den Temperaturgegensätzen zwischen tropischen und polaren Breiten (s. o.).

Wie die statische Grundgleichung in der Form

$$\frac{\delta p}{\delta z} = - g \rho$$

zeigt, nimmt der Luftdruck mit der Höhe um so rascher ab, je größer die Dichte ρ, also je kälter die Luftsäule ist, während in Warmluft die vertikale Druckabnahme langsamer erfolgt. Gehen wir z. B. vom gleichen Luftdruck in München und Berlin aus, jedoch von einer höheren Temperatur in München, so ist am Boden kein Druckunterschied vorhanden, mit der Höhe wird sich jedoch aufgrund des Temperatureffekts einer einstellen, der um so stärker wird, je höher wir die Verhältnisse betrachten.

In Abb. 47 herrscht am Boden auf 500 km Entfernung ein Druckgegensatz von 10 hPa. Im Süden ergibt sich aus $+20\,°C$ am Boden und $-20\,°C$ in 5 km Höhe eine Mitteltemperatur der Luftsäule von $0\,°C$, im Norden aus $+10\,°C$ am Bo-

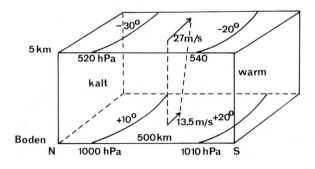

Abb. 47. Vertikale Windänderung in Warm- und Kaltluft

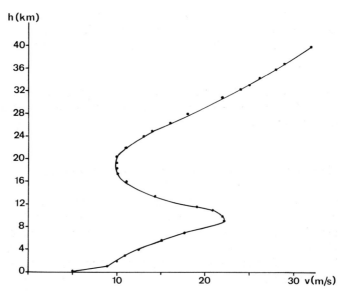

Abb. 48. Mittleres vertikales Windprofil über Mitteleuropa

den und − 30 °C in der Höhe eine solche von − 10 °C. Die Folge ist, daß sich bis 5 km Höhe der horizontale Druckgegensatz auf 20 hPa verstärkt. Nach Tabelle 10 entspricht einem Druckgradienten von 2 hPa/100 km ein geostrophischer Wind von 13,5 m/s, einem Gradienten von 4 hPa/100 m ein Wind von 27 m/s.

Wie wir sehen, führt ein Temperaturunterschied zwischen 2 Orten dann zu einer Windzunahme mit der Höhe, wenn die warme Luft mit dem höheren Bodenluftdruck und die Kaltluft mit dem tieferen Bodendruck zusammenfällt. Wie sich leicht verstehen läßt, muß sich im umgekehrten Fall der Druckgegensatz und damit die Windgeschwindigkeit mit der Höhe vermindern. Zusammenfassend können wir feststellen: Zwischen warmen Hochs und kalten Tiefs nimmt die Windgeschwindigkeit mit der Höhe zu, zwischen kalten Hochs und warmen Tiefs schwächt sich dagegen der Wind mit der Höhe ab.

Im Normalfall nimmt die Windstärke mit der Höhe bis zur Tropopause zu, wie dieses an den mittleren Verhältnissen von Berlin (Abb. 48) veranschaulicht ist. In der unteren Stratosphäre geht die Windgeschwindigkeit dann zurück und nimmt in der mittleren und oberen Stratosphäre erneut stark zu.

4.6 Strahlströme

Das Windmaximum in Tropopausennähe erreicht in unseren Breiten in Einzelfällen häufig Werte von 30 − 75 m/s, in extremen Fällen werden gebietsweise sogar bis 150 m/s gemessen. Bedenken wir, daß wir beim Bodenwind ab 33 m/s von Windstärke 12 (Orkan) sprechen, so läßt sich ermessen, wie hoch die Strömungsgeschwindigkeiten in der oberen Troposphäre sind. In den Höhenwetterkarten ist

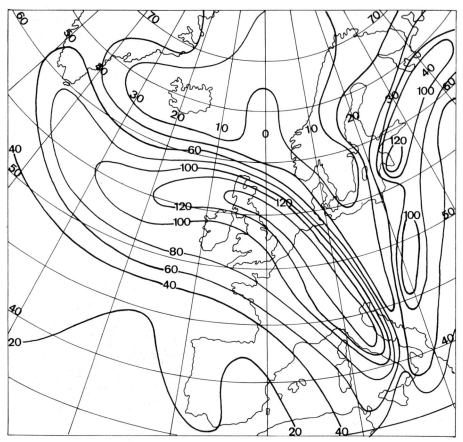

Abb. 49. Windgeschwindigkeitsfeld in 300 hPa (ca. 9 km) bei dem Orkan vom 12. November 1972 (in kn)

zu erkennen, daß sich diese Starkwindfelder in einem Band mit gebietsweisen Unterbrechungen konzentrieren und sich wellenförmig um die Halbkugel erstrecken. In Abb. 49 ist für den europäisch-atlantischen Raum das Windfeld in rund 9 km Höhe für den 12. November 1972, 12 GMT wiedergegeben, wobei Linien gleicher Windgeschwindigkeit, sog. Isotachen, gezeichnet sind. Im Starkwindbereich sind Windgeschwindigkeiten von über 145 kn, also von rund 270 km/h bzw. 75 m/s festzustellen. Derartige Starkwindbänder, deren Geschwindigkeit 30 m/s übersteigt, bezeichnen wir als Strahlstrom („jet-stream"). Da ihre mittlere Breite 100–500 km beträgt, ihre mittlere Höhe aber nur 1–4 km, haben wir uns die Strahlströme als elliptische Hochgeschwindigkeitsröhren in Tropopausennähe vorzustellen (Abb. 50). Die mittlere Länge der Strahlströme, deren Zentrum man als Strahlstromachse bezeichnet, reicht von 1000 bis zu 10000 km. Flugzeuge, die in ihrem Bereich mit dem starken Rückenwind fliegen, brauchen weniger Flugzeit und weniger Treibstoff; bei Gegenwind kehren sich die Verhältnisse entsprechend um.

Abb. 50. Strahlstromkonfiguration (schematisch)

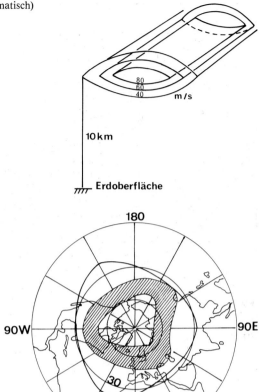

Abb. 51. Mittlere geographische Lage von Subtropen- und Polarfront-strahlstrom (schraffiert)

Aufgrund ihrer geographischen Lage unterscheiden wir auf jeder Halbkugel 2 troposphärische Strahlströme: den Polarfrontstrahlstrom und den Subtropenstrahlstrom. Der Polarfrontstrahlstrom befindet sich auf der Nordhalbkugel zwischen 50° N und 75° N und schwankt in seiner Lage von Tag zu Tag sowohl in Nord-Süd- wie in Ost-West-Richtung beträchtlich (Abb. 51). Wie Abb. 134a, b veranschaulicht, hat dieses zur Folge, daß er in den Mittelkarten der Windgeschwindigkeit im Januar praktisch gar nicht und im Juli auch nur schwach ausgeprägt erscheint.

Ganz anders verhält sich der Subtropenstrahlstrom. Er liegt im Sommer beständig bei 40° N, im Winter bei 30° N und ist deutlich als Starkwindband in den Mittelkarten zu erkennen. Entsprechend der höheren Tropopausenlage in den Subtropen gegenüber den mittleren und nördlichen Breiten befindet er sich in 12 km Höhe.

Seine Entstehung verdankt der Polarfrontstrahlstrom dem Temperaturgegensatz zwischen subtropischen und polaren Gebieten, der besonders groß in den mittleren Breiten ist. Entsprechend dem Jahresgang des meridionalen Tempera-

turgegensatzes, d. h. seiner stärksten Ausprägung im Winter, ist das Polarfront-
starkwindband in der kalten Jahreszeit am stärksten ausgeprägt. Auf der warmen, d. h. der äquatorialen Seite des Polarfrontstrahlstroms kommt es zu einem
Aufsteigen der Luft, auf der polwärtigen, also kalten Seite zu einem Absinken.
Wir sprechen von einer thermisch direkten Querzirkulation im Polarfrontstrahl-
strombereich.

Während also die Lage des Polarfrontstrahlstroms von der jeweiligen Lage
der Kaltluft- und Warmluftgebiete abhängt und sich mit deren Vorstößen oder
Rückzügen verändert, hat der Subtropenstrahlstrom physikalisch andere Entste-
hungsursachen. Dieses wird daran deutlich, daß er durch eine thermisch indirekte
Querzirkulation gekennzeichnet ist, d. h. durch Aufsteigen der Luft an seiner
kalten, also polwärtigen Seite und durch Absinken auf seiner wärmeren, äquatorwärtigen. Seine Entstehung geht u. a. darauf zurück, daß die rotierende Erde
in niedrigen Breiten Drehimpuls an die Atmosphäre überträgt, die diese dann in
höheren Breiten, wo die Bahngeschwindigkeit der Erdpunkte ja langsamer ist,
wieder an den Erdkörper abgibt. Der Subtropenstrahlstrom entsteht dort und in
der Höhe, wo der polwärtige Drehimpulstransport am größten ist, nämlich in
40° Breite und in 12 km Höhe. Auch in der Stratosphäre gibt es 2 nordhemisphärische Strahlströme. Im Winter erkennen wir ein westliches Starkwindband in etwa 65°N (s. Abb. 134a). Entsprechend seiner Entstehung durch den winterlich
starken Temperaturgegensatz an der Schattengrenze, d. h. an der Grenze zwischen der Sonneneinstrahlung in mittleren und niedrigen Breiten und der fehlen-
den Einstrahlung im Bereich der Polarnacht, bezeichnen wir ihn als Polarnachtstrahlstrom. Seinem Einfluß ist auch die Windzunahme über Berlin oberhalb
20 km Höhe in Abb. 48 zuzuschreiben.

Im Sommer zeigt die Stratosphäre dagegen ein östliches Starkwindband, das
aufgrund seiner geographischen Lage als äquatorialer Strahlstrom bezeichnet
wird.

In jüngster Zeit wird der Begriff Strahlstrom auch für ein relatives Starkwind-
phänomen innerhalb der Reibungsschicht verwendet; wir sprechen in diesem Fall
vom Grenzschichtstrahlstrom. Dabei handelt es sich um eine Winderscheinung in
100 – 300 m Höhe, die sich v. a. im Schwachwindbereich von Hochdruckgebieten

Tabelle 12. Grenzschichtstrahlstrom[1]

Höhe [m]	Windrichtung [°]	Geschwindigkeit [m/s]	Temperatur [°C]
Boden	190	1,8	7,5
050	200	3,8	
110	220	5,7	8,1
125	250	5,8	
140	270	5,9	9,5
200	300	5,5	9,7
240	270	3,8	
260	250	3,4	
280	260	3,4	9,5

[1] Das Beispiel wurde freundlicherweise von R. Roth, Hannover, zur Verfügung gestellt

an nächtlichen Inversionen entwickelt und bei denen der beobachtete Wind als Folge einer Trägheitsschwingung bis zum doppelten Betrag größer ist als der geostrophische Wind. Gleichzeitig tritt eine ungewöhnlich starke Änderung der Windrichtung mit der Höhe auf.

Als Beispiel sind in Tabelle 12 die vertikalen Wind- und Temperaturverhältnisse bei einer Grenzschichtstrahlstromsituation über der Norddeutschen Tiefebene aufgeführt.

Wie wir sehen, liegt das Geschwindigkeitsmaximum mit 5,7 − 5,9 m/s inmitten einer Schicht, in der auf 90 m Höhendifferenz die Windrichtung um 80° nach rechts dreht. Gleichzeitig ist dort die Temperaturzunahme mit der Höhe am stärksten ausgeprägt.

5 Wolken und Niederschlag

5.1 Verdunstung

Wie wir in Kap. 2 gesehen haben, ist der Wasserdampf mit durchschnittlich 1,3%
an der Zusammensetzung der Luft in Bodennähe beteiligt. In die Atmosphäre gelangt er über die Verdunstung von Wasser. Es ist uns vertraut, daß Wasser unter
Normalbedingungen bei 100°C kocht, physikalisch siedet, d. h. daß durch die
Wärmeenergiezufuhr der chemische Stoff Wasser vom flüssigen in den gasförmigen Zustand übergeht. Zwar wird das Wasser an der Erde nicht bis zum Siedepunkt erwärmt, dennoch findet ein Übergang von Wasser in Wasserdampf statt.
Diese bei Temperaturen unter dem Siedepunkt ablaufende Zustandsänderung bezeichnen wir als Verdunstung. So verdunstet das Wasser von Seen, Flüssen,
feuchtem Erdboden, Pflanzen, Ozeanen und sorgt für einen ständigen Wasserdampfnachschub in die Atmosphäre. Je höher die Temperatur einer Region ist
und je mehr Wasser zur Verfügung steht, um so größer ist die Verdunstung (Tabelle 13).

Die stärkste Verdunstung tritt in den Tropen und Subtropen auf, hat in unseren Breiten Werte von 500–700 mm und nimmt zum Pol rasch ab, vorausge-
setzt, es steht genug Wasser zur Verfügung, das verdunsten kann. Um den Verdunstungsvorgang physikalisch zu verstehen, müssen wir die Anziehungskräfte
zwischen den Molekülen betrachten. Sie sind am größten im festen Zustand, weniger groß im flüssigen und am geringsten im gasförmigen. Will man einen festen
Stoff verflüssigen bzw. diesen verdampfen, so muß eine Arbeit gegen die zwischenmolekularen Kräfte geleistet werden, d. h. man muß Energie zuführen, damit die Moleküle am Siedepunkt das Wasser verlassen und in den Luftraum gelangen können. Bei der Verdunstung, die bei Temperaturen unter dem Siedepunkt stattfindet, wird die erforderliche Energie aus dem Wärmevorrat des Wassers selbst genommen. Wir hatten früher gesehen, daß sich die Temperatur eines
Stoffs verstehen läßt als die mittlere Bewegungsenergie seiner Moleküle. Die Moleküle haben aber nicht alle die gleiche Geschwindigkeit; die meisten entsprechen
nach Maxwell dem Mittelwert, es gibt aber auch langsamere und schnellere. Bei
den schnelleren reicht ihre Bewegungsenergie aus, um die Anziehungskräfte im

Tabelle 13. Mittlere Verdunstung von den Ozeanen der Nordhalbkugel in mm-Wassersäule

geographische Breite	0–10	10–20	20–30	30–40	40–50	50–60	60–70
mm/Jahr	1200	1350	1300	1100	750	500	150

Wasser zu überwinden und aus der Oberfläche herauszutreten. Zurück bleiben die Moleküle mit geringerer Bewegungsenergie, so daß damit verständlich wird, daß durch Verdunstung die Temperatur der Flüssigkeit zurückgeht. Diesen Abkühlungseffekt beobachten wir z. B. nach sommerlichen Gewitterschauern, in der Nähe von Springbrunnen oder beim Rasensprengen, da auch der Luft durch den Verdunstungsvorgang Wärme entzogen wird.

5.2 Besonderheiten des Sättigungsdampfdrucks

Als Dampfdruck e hatten wir in Kap. 2 den vorhandenen Partialdruck des Wasserdampfs am Gesamtluftdruck bezeichnet, als Sättigungsdampfdruck E den bei einer bestimmten Temperatur maximal möglichen Dampfdruck. Entspricht die in der Atmosphäre befindliche Wasserdampfmenge dem Maximalwert, so beträgt die relative Feuchte $rF = e/E \cdot 100$ gleich 100% und die Luft ist gesättigt. In bezug auf die molekulare Betrachtungsweise bedeutet Sättigung, daß ein Gleichgewicht besteht zwischen der Anzahl der Moleküle, die vom Wasser in die Luft übertritt, und der Zahl, die in der gleichen Zeit aus der Luft wieder in die Flüssigkeit eintaucht.

Bei einfacher Betrachtungsweise heißt Wasserdampfsättigung Bildung von Wassertröpfchen, also Kondensation, bei einer relativen Feuchte von 100%. In der Wirklichkeit sind die Verhältnisse jedoch erheblich komplizierter. Wie man im Labor in einer Nebelkammer zeigen kann, bei der durch plötzlichen Druckfall eine rapide adiabatische Abkühlung der wasserdampfhaltigen Luft herbeigeführt wird, tritt Kondensation in absolut sauberer Luft, also Tropfenbildung, erst bei einer relativen Feuchte von rund 800% auf.

Derartig hohe Übersättigungen werden in der Atmosphäre aber nicht beobachtet. Die gemessenen Maximalwerte liegen bei 100% oder nur wenige Prozent darüber. Daher müssen Prozesse wirksam werden, die in unserer Lufthülle zur Kondensation bei einer relativen Feuchte um 100% führen.

Kondensationskerne

Im Gegensatz zu dem Laborversuch besteht die Atmosphäre nicht aus absolut sauberer Luft, sondern enthält eine Vielzahl von festen, flüssigen und gasförmigen Luftbeimengungen. So gelangen durch die Turbulenz ständig Staubpartikel von der Erdoberfläche in die Atmosphäre, werden große Staubmengen bei Vulkanausbrüchen an die Luft abgegeben, treten Salzteilchen durch Wind und Wellen aus der Meeresoberfläche in die Luft, kommen Partikel durch Industrie, Kraftwerke und Hausbrand in die Atmosphäre.

Diese feinen und feinsten Partikel bezeichnen wir als Aerosolteilchen; sie lassen sich mit sog. Kernzählern bestimmen, wobei im einfachsten Fall Luft aus einem kleinen Rohr nach dem Revolverprinzip auf eine dünne Vaselinschicht geschossen und unter dem Mikroskop ausgewertet wird. Nach ihrer Größe unterscheiden wir: Aitken-Kerne ($10^{-2} - 10^{-1}$ µm), große Kerne ($10^{-1} - 2$ µm) und Riesenkerne (> 2 µm).

Die hygroskopischen Aerosole, d. h. die Teilchen, die die Fähigkeit zur Wasseranlagerung haben, bilden die Basis der atmosphärischen Kondensation; wir bezeichnen sie daher als Kondensationskerne. Viele Teilchen, die diese Eigenschaft zunächst nicht haben, werden dadurch hygroskopisch, daß sie sich mit flüssigen oder auch gasförmigen Luftbeimengungen überziehen. Auf diese Weise stehen insgesamt eine große Anzahl von Kondensationskernen der Bildung von Wassertröpfchen zur Verfügung. Über den Ozeanen sowie in sauberer Gebirgsluft sind bis 1000 Kerne/cm^3 Luft enthalten, in Großstädten können es mehrere 100000/cm^3 sein.

Krümmungseffekt

Wie die Physik lehrt, haben wir einen unterschiedlichen Sättigungsdampfdruck über ebenen und gekrümmten Flächen. Je kleiner der Tropfen ist, d. h. je stärker seine Oberfläche gekrümmt ist, um so leichter können nämlich die Wasserdampfmoleküle aus ihm heraustreten, um so höher ist folglich über ihm der Sättigungsdampfdruck im Vergleich zu einer ebenen Wasserfläche. Bringen wir ein Haarhygrometer, das über einer benachbarten ebenen Wasserfläche eine relative Feuchte von 100% anzeigt, in die unmittelbare Nähe eines Tropfens, so ist über diesem infolge des erhöhten Sättigungsdampfdrucks die relative Feuchte noch unter 100%.

Für die relative Erhöhung des Sättigungsdampfdrucks über einem Tropfen gilt

$$\frac{\Delta E}{E} = \frac{2\alpha}{T\,r\,4607 - 2\alpha},$$

wobei T die absolute Temperatur (K), r der Tropfenradius in m und $\alpha = 0{,}0728$ $(1 - 0{,}002\,(T - 291))$ die Oberflächenspannung des Wassers ist. Beschränken wir uns bei der grundlegenden Betrachtung auf Vorgänge bei einer Temperatur von $0°\,C$, so vereinfacht sich die obige Beziehung zu

$$\frac{\Delta E}{E} = \frac{12 \cdot 10^{-8}}{r}.$$

Über einem Tröpfchen mit dem Radius $r = 10^{-6}$ m = 1 µm ist somit der Sättigungsdampfdruck im Vergleich zur ebenen Wasserfläche um 12% erhöht, bei $r = 10^{-5}$ m = 10 µm um 1,2%, bei $r = 10^{-4}$ m = 0,1 mm nur noch um 0,12 und bei $r = 10^{-3}$ m = 1 mm um 0,01%. Das heißt: Über kleinen Tropfen unter 1 µm ist die Luft so ungesättigt, daß diese gleich nach der Bildung als Folge des Krümmungseffekts wieder verdampfen müßten.

Lösungseffekt

Noch ein weiterer, für die Tropfenbildung wichtiger physikalischer Effekt wird in der Atmosphäre wirksam. Gibt man in chemisch reines Wasser etwas Kochsalz oder Säure, so erhöht sich dadurch die Anziehungskraft zwischen den Molekülen, so daß es für sie beim Verdampfen bzw. Verdunsten schwerer ist, den Flüssigkeitsverband zu verlassen. Die Folge ist, daß über einer wäßrigen Lösung der Sättigungsdampfdruck niedriger ist als über reinem Wasser bei gleicher Oberflächenform.

Viele der Kondensationskerne bzw. der an sie angelagerten Salze oder Säuren lösen sich, sobald sich bei der Kondensation Flüssigwasser an ihnen bildet, d. h. es entsteht eine wäßrige Lösung. Für die relative Erniedrigung des Sättigungsdampfdrucks als Folge des Lösungseffekts gilt in Näherung

$$-\frac{\Delta E}{E} = \frac{m_s}{m_w + m_s},$$

wobei m_w die Zahl der Wassermoleküle und m_s die Zahl der gelösten Salz- oder Säuremoleküle ist. Je höher die Konzentration der Lösung ist, um so größer ist die Dampfdruckerniedrigung über dem Tropfen. In einer gesättigten Kochsalzlösung (370 g NaCl) in 1 l Wasser sind bei einem Molekulargewicht des Wassers von 18 und des Kochsalzes von 58,5 insgesamt $1000/18 = 55,6$ Wassermole und 6,3 Salzmole enthalten, wobei jedes Mol die gleiche Anzahl Moleküle ($n = 6,02 \cdot 10^{23}$) enthält. Folglich wird

$$-\frac{\Delta E}{E} = \frac{6,3}{55,6 + 6,3} = 0,10,$$

d. h. die Dampfdruckerniedrigung beträgt in diesem Fall 10%, so daß über dieser Lösung Wasserdampfsättigung bereits bei einer relativen Feuchte von 90% eintreten würde.

5.3 Wolkenbildung

Kondensation

Der wichtigste Kondensationsvorgang in der Atmosphäre ist die Wolkenbildung. Als Voraussetzungen dafür haben wir kennengelernt: Das Vorhandensein von Wasserdampf und Kondensationskernen sowie eine Abkühlung der Luft, durch die der Rückgang des Sättigungsdampfdrucks und damit die Erhöhung der relativen Feuchte hervorgerufen wird. Der bei der Wolkenbildung entscheidende Abkühlungsvorgang ist die adiabatische Temperaturerniedrigung beim Aufsteigen von Luftpaketen. Es erhebt sich nun die Frage, wodurch die Luft zum Aufsteigen veranlaßt wird.

Das Aufsteigen von Luft kann zum einen thermisch verursacht sein, d. h. durch die von horizontalen Temperaturunterschieden ausgelöste, zellenartige Konvektion (Konvektionswolken). Zum anderen kommt es in der Atmosphäre zu dynamischen, d. h. zu erzwungenen Hebungen infolge des Strömens der Luft. Am anschaulichsten ist dieser Vorgang (Abb. 52) an Gebirgen zu erkennen, wo die anströmende Luft zum Aufsteigen gezwungen wird (Hinderniswolken), oder hinter Gebirgen, wo sich eine wellenförmige Luftbewegung mit Auf- und Absteigen einstellt (Wogenwolken). Von großer Bedeutung sind die dynamischen Vor-

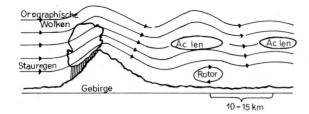

Abb. 52. Stau- und Wogenwolken am Gebirge

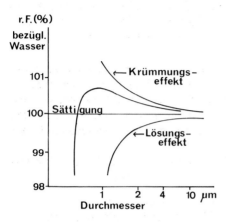

Abb. 53. Effekte bei der Tropfenbildung

gänge im Bereich von Tiefdruckgebieten, bei denen es sich um ausgedehnte, schichtförmige Hebungen handelt (Aufgleit- oder Hebungswolken).

Mit dem Aufsteigen kühlt sich die Luft zunächst um 1°C/100 m ab. Hat sie sich so weit abgekühlt, daß der Sättigungsdampfdruck gleich dem vorhandenen Dampfdruck ist, diesen Punkt bezeichnen wir als Taupunkt, so ist die Luft wasserdampfgesättigt und beginnt bei weiterer Hebung und damit Abkühlung zu kondensieren, d. h. Wasserdampfmoleküle lagern sich an die Kondensationskerne an und überziehen diese mit einer Wasserhaut.

Nach dem Krümmungseffekt müßten die soeben gebildeten Tropfen sofort wieder verdunsten, da über ihnen die Luft ungesättigt erscheint; dieses gilt besonders für sehr kleine Wolkentröpfchen. Jedoch haben wir zu bedenken, daß durch die Anlagerung an die Kondensationskerne die Tröpfchen schon eine gewisse Ausdehnung (im Vergleich zu den Vorgängen in der Nebelkammer) haben, d. h. daß dadurch der Einfluß des Krümmungseffekts gemildert wird.

Es wirkt sich jedoch mit der Tropfenbildung gleichzeitig der Lösungseffekt aus, der wiederum bei den kleinsten Tröpfchen am größten ist, da die Lösung bei ihnen am konzentriertesten und damit die Übersättigung der Luft über dem Tropfen am größten ist.

Wie wir erkennen, sind die Wirkungen des Krümmungs- und Lösungseffekts bei der Tropfenbildung genau entgegengesetzt, sie heben sich praktisch auf. Das bedeutet, daß trotz der wolkenphysikalisch komplizierten Vorgänge die Kondensation zu Wolkentröpfchen bei einer relativen Feuchte von rund 100% abläuft, sobald die Tröpfchen eine Größe von 4 μm überschritten haben (Abb. 53).

Eiskristallbildung

In großen Teilen der Troposphäre liegt, wie wir wissen, die Temperatur unter dem Gefrierpunkt, so daß sich in den Wolken Eiskristalle bilden. Früher nahm man an, daß es analog zu den Kondensationskernen auch Sublimationskerne in der Luft gibt, auf denen der Wasserdampf sich sofort als Eis absetzt (Sublimation).

Heute wissen wir, daß zunächst Wassertröpfchen in den Wolken vorhanden sein müssen, die unterhalb $0°C$ gefrieren und auf diese Weise Eiskerne darstellen. Auf ihnen schlägt sich dann der Wasserdampf direkt als Eis nieder, d. h. er überspringt die flüssige Phase.

Das Gefrieren der Wassertröpfchen erfolgt dabei keineswegs schlagartig unter $0°C$. Wie die Physik lehrt, wird bei einer wäßrigen Lösung der Gefrierpunkt im Vergleich zu reinem Wasser herabgesetzt. Wolkentropfen sind aber vielfach wäßrige Lösungen, wie wir gesehen haben, so daß damit verständlich wird, daß in der Atmosphäre auch unter $0°C$ noch Wassertropfen vorhanden sind. Wir sprechen von unterkühltem Wasser.

Im allgemeinen lassen sich nach dem Verhältnis von unterkühlten Wassertropfen zu Eiskristallen 4 Temperaturintervalle unterscheiden:

$0°C$ bis $-12°C$: unterkühlte Wassertropfen überwiegen,
$-13°C$ bis $-20°C$: Wassertropfen und Eiskristalle sind gleich häufig,
$-20°C$ bis $-40°C$: Eiskristalle überwiegen,
unter $-40°C$: es treten nur Eiskristalle auf.

Die von den Eiskristallen aufgebauten Formen weisen eine große Vielfalt auf und reichen von einfachen hexagonalen Plättchen und Prismen bis zu den kompliziertesten Schneesternen. Ihre Ausprägung hängt dabei vom Grad der Wasserdampfübersättigung bezogen auf Eis, v. a. aber von der Temperatur ab, bei der sie sich bilden. Nach Mason (1971) besteht folgender Zusammenhang zwischen der Form der Eiskristalle und ihrer Entstehungstemperatur:

0 bis $-3°C$: dünne Plättchen
-3 bis $-5°C$: Nadeln
-5 bis $-8°C$: Prismen
-8 bis $-12°C$: hexagonale Plättchen
-12 bis $-16°C$: dendritische Sterne
-16 bis $-25°C$: Plättchen
-25 bis $-50°C$: Prismen.

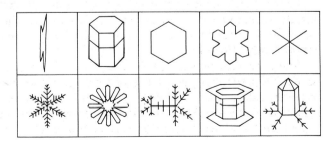

Abb. 54. Eiskristallformen

Der modifizierende Einfluß der Wasserdampfübersättigung wird daran deutlich, daß sich im Temperaturbereich 0 bis − 3 °C außer den Plättchen auch Prismen und Sternchen bilden können.

Bei der Auf- und Abwärtsbewegung kommen viele Eiskristalle durch unterschiedliche Temperatur- und damit Formungsbereiche, woraus sich die große Vielfalt ihres Aussehens und ihre z. T. bizarre Form erklärt (Abb. 54).

Wachstum der Wolkenelemente

Durch bloße Kondensation hören die Wolkentröpfchen in der Regel zwischen 20 und 100 µm, also in der Größenordnung einiger hundertstel Millimeter, auf zu wachsen. Unter besonders günstigen Bedingungen können durch Kondensation auch noch Sprühregentropfen entstehen, die einen mittleren Durchmesser zwischen 100 und 500 µm, also 0,1 − 0,5 mm haben. Ein weiteres Tröpfchenwachstum allein durch Kondensation kann dagegen in den außertropischen Breiten nicht stattfinden; dazu reicht einerseits der Feuchtegehalt der Luft nicht aus und andererseits stehen dem Kondensationsprozeß soviele Kondensationskerne zur Verfügung, daß nicht einige große, sondern sehr viele kleine Wolkentröpfchen gebildet werden. Bei der Bildung der Regentropfen, die im Mittel 0,5 − 5 mm groß werden, müssen daher andere Prozesse als die Kondensation eine Rolle spielen.

Nach der Bergeron-Findeisen-Theorie liegt der Schlüssel zur Erklärung großtropfigen Regens in der Tatsache, daß sich in den hochaufragenden Wolken Eiskristalle bilden, wenn diese in Temperaturbereiche unter 0 °C vorstoßen. Dadurch befinden sich in ihr im räumlichen Nebeneinander Wassertropfen und Eiskristalle, d. h. die Wasserwolke wird physikalisch zur Mischwolke. Jetzt wird eine weitere Besonderheit des Sättigungsdampfdrucks wirksam.

Wie wir schon in Kap. 2 kennengelernt haben, herrscht bei gleicher Oberflächengestalt über Eis ein anderer Sättigungsdampfdruck als über unterkühltem Wasser. In Eis als festem Körper sind die zwischenmolekularen Anziehungskräfte größer als in Wasser, so daß bei einer bestimmten Temperatur weniger Moleküle aus dem Eis als aus dem Wasser verdunsten können, d. h. der Sättigungsdampfdruck ist über Eis niedriger als über Wasser.

Wie Tabelle 14 zeigt, führt der Unterschied im Sättigungsdampfdruck dazu, daß z. B. bei − 10 °C über Eis schon bei einer auf Wasser bezogenen relativen Feuchte von 90,7% Sättigung herrscht, während die Luft in bezug auf die Wassertropfen noch ungesättigt ist. Zeigt das Haarhygrometer, dessen Angaben sich immer auf eine Wasseroberfläche beziehen, eine relative Feuchte von 100% an,

Tabelle 14. Sättigungsdampfdruck über Wasser (E_W) und Eis (E_E) in hPa

Temperatur [°C]	0	− 10	− 20	− 30	− 40	− 50
E_W	6,108	2,863	1,254	0,509	0,189	0,063
E_E	6,107	2,597	1,032	0,380	0,128	0,039
(E_W/E_E) 100	100,0	90,7	82,3	74,7	67,8	61,9

so herrscht folglich in bezug auf Eis eine Übersättigung, die um so größer ist, je niedriger die Temperatur ist. Die Konsequenz ist, daß

1. die Eiskristalle schon wachsen, wenn die beobachtete relative Feuchte noch unter 100% liegt,
2. die Wassertropfen bei Eissättigung verdunsten, da in bezug auf sie die Luft ja ungesättigt ist.

Folglich sind Mischwolken nie stabil, sondern wandeln sich mit der Zeit in eine Eiswolke um.

Sind durch diesen Prozeß die Wachstumsbedingungen für die Eiskristalle sehr gut, da sie ja auch zahlenmäßig geringer sind als die Wassertröpfchen, so gibt es noch einige weitere Möglichkeiten, die zur Vergrößerung der Eiskristalle führen.

Bei Berührung erstarren die unterkühlten Tröpfchen auf den Eiskristallen; Schneekristalle können sich verhaken oder durch Berührung aneinanderfrieren, entgegengesetzte elektrische Ladungen können zu einer Anlagerung führen.

Haben die Eiskristalle eine Größe erreicht, daß sie nicht mehr vom Aufwind in den Wolken getragen, in der Schwebe gehalten werden, so beginnen sie zu fallen, aus den Wolkenelementen werden Niederschlagselemente. Gelangen die Eiskristalle dabei in Temperaturbereiche über 0 °C, so schmelzen sie, und es entsteht der großtropfige Regen. Im Winter, wenn die Temperatur auch in den bodennahen Luftschichten unter 0 °C ist, unterbleibt das Aufschmelzen, und der Niederschlag fällt als Schnee. Nach der Bergeron-Findeisen-Theorie kann folglich großtropfiger Regen bei uns nur über die Eisphase der Wolkenelemente auftreten. In den Tropen ist das anders. Dort steht wegen der hohen Verdunstung so viel Wasserdampf zur Verfügung, daß großtropfiger Regen allein durch Kondensation und Zusammenfließen von Wassertröpfchen bei Berührung (Koaleszenz) entsteht.

Über den Zusammenhang zwischen der Größe der Hydrometeore und ihrer Fallgeschwindigkeit gibt Tabelle 15, meist nach Messungen von Nakaya, Aufschluß.

Eine Sonderform der Niederschlagselemente sind die Graupel- und Hagelkörner. Sie bilden sich in den hochreichenden Schauer- und Gewitterwolken mit kräftigen Auf- und Abwinden. Dabei werden Eis- und Schneekerne wiederholt zwischen den tieferen und höheren Wolkenschichten rasch hin und her bewegt, stoßen dabei in unterschiedlichen Temperaturbereichen mit unterkühlten Was-

Tabelle 15. Größe und Fallgeschwindigkeit von Hydrometeoren

Art	Durchmesser [mm]	Fallgeschwindigkeit [cm/s]
Wolkentropfen	0,02 – 0,10	1 – 25
Sprühregentropfen	0,10 – 0,50	25 – 200
Regentropfen	0,50 – 5,0	200 – 800
Eisnadeln	1,5	50
Schneesterne	4,2	50
Schneeflocken	10 – 30	100 – 200
Graupel	1 – 5	150 – 300
Hagel	10 – 30	über 500

Wassertropfen   **Eiskern**   **Hagel**

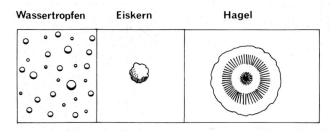

Abb. 55. Bildung von Hagelkörnern

sertropfen zusammen und lagern diese an. Auf diese Weise kommt ein schalenartiger Aufbau der Körper zustande (Abb. 55). Graupeln bilden sich bevorzugt in Polarluft mit ihrem geringeren Feuchtegehalt im Frühjahr, Hagel ist eine sommerliche Niederschlagsform, wenn viel Feuchtigkeit für das Körnerwachstum zur Verfügung steht.

5.4 Wolkenklassifikation

Bei einer Einteilung der verschiedenen Wolken nach physikalischen Gesichtspunkten könnten wir, wie wir gesehen haben, zum einen die Art der Wolkenelemente zur Grundlage machen und würden in diesem Fall Wasserwolken, Eiswolken und Mischwolken unterscheiden. Zum anderen wäre eine Einteilung nach ihrer Entstehungsart, d. h. nach der physikalischen Ursache der Aufwärtsbewegung der Luft, möglich. In diesem Fall hätten wir zu unterscheiden zwischen den Konvektionswolken und den Hebungs- oder Aufgleitwolken, wobei z. B. die orographisch erzwungenen Hinderniswolken eine Unterart darstellten.

Jede physikalische Einteilung setzt aber die Kenntnis der momentanen physikalischen Prozesse in der Atmosphäre voraus. So müßte z. B. in jedem Einzelfall festgestellt werden, aus welchen Wolkenelementen eine Wolke besteht. Bedenken wir, daß die Wolkenbeobachtung vom Boden durchgeführt wird, so wird verständlich, daß eine überall und jederzeit anwendbare Einteilung notwendig ist.

Die heute gebräuchliche internationale Wolkenklassifikation geht auf den Engländer L. Howard (1772 – 1864) zurück, der die Wolken – ähnlich wie Linné die Pflanzen – mit lateinischen und damit international verwendbaren Namen versah, und über den Goethe in einem Gedicht in bezug auf die Wolkenbenennung schrieb:

> Was sich nicht halten, nicht erreichen läßt,
> Er faßt es an, er hält zuerst es fest.
> Bestimmt das Unbestimmte, schränkt es ein,
> Benennt es treffend! – Sei die Ehre dein!

Die 10 Hauptwolkenarten

Die bei der Wetterbeobachtung allgemein verwendete Wolkenklassifikation basiert

Abb. 56. Die 10 Hauptwolkenarten (Auszug aus dem Internationalen Wolkenatlas der Weltorganisation für Meteorologie). Mit freundlicher Genehmigung der Weltorganisation für Meteorologie, Genf

a) auf der Höhe, in der die Untergrenze der Wolken liegt,
b) auf ihrem Aussehen.

Hinsichtlich der Höhe werden unterschieden: tiefe, mittelhohe und hohe Wolken. Über das Aussehen, also die Phänomenologie der Wolken, wird indirekt auch eine Aussage über die Entstehungsart gemacht. So gehören die Kumuluswolken, also die Quell- oder Haufenwolken zu den Konvektionswolken. Die unterschiedliche Erwärmung benachbarter Gebiete läßt einzelne wärmere Luftblasen entstehen, die aufsteigen und die isolierten Kumuluswolken bilden. Im Gegensatz dazu stehen die flächenhaften Stratuswolken, also die Schichtwolken. Sie verdanken ihre Entstehung dem großflächigen Aufsteigen der Luft. In Abb. 56 sind die nachfolgend beschriebenen 10 Hauptwolkenarten schematisch dargestellt.

Hohe Wolken

Zu den hohen Wolken zählen wir die 3 Wolkenarten: Zirrus, Zirrokumulus und Zirrostratus; sie treten bei uns in der Regel oberhalb 6000 m auf und bestehen aus Eiskristallen.

Als *Zirrus* (Federwolke) bezeichnen wir isolierte Wolken in Form weißer, zarter Fäden, Bänder oder Flecken. Sie haben ein faseriges Aussehen.

Der *Zirrokumulus* (feine Schäfchenwolke) besteht aus weißen gerippt oder gekörnt aussehenden Bällchen oder Flecken, die meist flächenartig miteinander verwachsen erscheinen.

Als *Zirrostratus* (Schleierwolke) definieren wir einen weißlichen Wolkenschleier, also eine hohe Schichtwolke. Sie hat ein faseriges oder glattes Aussehen und ist so dünn, daß die Sonne hindurchscheint. Dabei entsteht häufig um die Sonne ein farbiger Ring, ein sog. Halo.

Mittelhohe Wolken

Zu den mittelhohen Wolken gehört der Altokumulus und der Altostratus; sie treten bei uns mit ihrer Basis in der Regel zwischen 2000 und 6000 m auf.

Der *Altokumulus* (grobe Schäfchenwolke) ist eine weißgraue zusammengewachsene Wolke aus Bällchen oder Flecken, die etwas größer sind als die Wolkenelemente des Zirrokumulus.

Als *Altostratus* bezeichnen wir eine graue, mittelhohe Wolkenschicht von meist einförmigem Aussehen. Er kann als dünne Schichtwolke auftreten, so daß die Sonne noch schwach durchscheint, kann aber auch so dick sein, daß er die Sonne verbirgt.

Tiefe Wolken

Zu den tiefen Wolken, also den Wolken mit einer Untergrenze bis 2000 m Höhe, gehören: Kumulus, Kumulonimbus, Stratokumulus, Stratus und Nimbostratus.

Der *Kumulus* ist eine isolierte, scharf gegen den Himmel abgegrenzte Wolke, die in der Vertikalen die Form von Hügeln und Kuppen aufweist und die aufgrund ihrer z. T. blumenkohlartigen Quellungen auch als Quell- oder Haufenwolken bezeichnet werden. Die von der Sonne beschienenen Teile erscheinen leuchtend weiß, die Untergrenze ist verhältnismäßig dunkel und verläuft fast horizontal.

Der *Kumulonimbus* ist eine hochreichende, dichte Quellwolke, deren Obergrenze ein unscharfes bis faseriges Aussehen aufweist, was dadurch verursacht wird, daß die an den Wolkenrändern austretenden Eiskristalle nur allmählich verdunsten. Er kann bei uns bis zu 10 km, in den Tropen bis 17 km mächtig werden und bis zur Tropopause reichen. Der obere Teil wirkt häufig wie ein Amboß. Unterhalb der meist sehr dunklen Wolkenbasis befinden sich oft zerfetzte Wolken. Der Kumulonimbus ist die Schauer- und Gewitterwolke.

Der *Stratokumulus* ist die tiefe Haufenschichtwolke, d. h. er besteht aus grauweißen Ballen und Schollen, die zu einer Wolkenschicht zusammengewachsen sind. Durch den Wechsel von hellen Randpartien und dunkleren Innenteilen bei jedem Ballen oder jeder Scholle erscheint die Stratokumulusbewölkung mosaikartig strukturiert.

Als *Stratus* bezeichnen wir die tiefe durchgehend graue Wolkenschicht, deren einförmige Untergrenze so niedrig sein kann, daß die oberen Teile von Türmen, Masten und Hochhäusern in die Wolke hineinragen. Niederschlag tritt nur in Form von leichtem Sprühregen oder Schneegriesel auf. Der Stratus wird auch als Hochnebel bezeichnet.

Der *Nimbostratus* ist eine dunkelgraue Wolkenschicht, die dem dichten Altostratus verwandt ist, nur daß seine Untergrenze niedriger und häufig durch Wolkenfetzen gekennzeichnet ist. Er kann viele Kilometer mächtig werden und dadurch zu anhaltendem Regen (Landregen) oder Dauerschneefall führen.

Einige Unterarten

Die Vielfalt der atmosphärischen Vorgänge schafft nicht nur die 10 Hauptwolkenarten, sondern bei hohen, mittelhohen und tiefen Wolken noch zahlreiche Unterarten, von denen wir einige markante noch definieren wollen.

Als *Cirrus uncinus* bezeichnen wir Zirren, die wie ein Komma oder lange Haken am Himmel hängen. Sie sind häufig Vorboten einer Wetterverschlechterung.

Der *Altocumulus castellanus* ist ein Altokumulus, der im oberen Bereich durch türmchenartige Aufquellungen gekennzeichnet ist. Das Gesamtbild gleicht Zinnen auf einem Burgwall. Diese schmalen Aufquellungen aus einer gemeinsamen Wolkenbasis sind Anzeichen für eine Labilisierung der betreffenden Schicht und weisen daher auf eine nachfolgende Kumulonimbusentwicklung, auf Schauer und Gewitter hin.

Der *Altocumulus lenticularis* ist eine Wolke in Linsen- oder Mandelform; sie erscheint in der Mitte dunkler als am Rand, was auf aufsteigende Luft in der Wolkenmitte und auf Absteigen am Rand hindeutet. Lentikulariswolken treten häufig als Wogenwolken im Lee von Gebirgen auf (Abb. 52), sind aber gegen Abend auch über dem Flachland zu erkennen.

Auch beim Stratokumulus sind Kastellanus- und Lentikularisformen zu beobachten.

Bei den Kumuluswolken heißen die flachen *Cumulus humilis,* die mit mäßiger vertikaler Ausdehnung *Cumulus mediocris* und jene mit kräftiger, blumenkohlartigen Quellungen *Cumulus congestus.*

Vom *Cumulonimbus incus* sprechen wir, wenn der Kumulonimbus im oberen Teil einem Amboß gleicht, vom *Cumulonimbus calvus,* wenn ein emporquellender Cumulus congestus an den Rändern unscharf wird, d. h. zu vereisen beginnt, und vom *Cumulonimbus cappilatus,* wenn aus seiner Obergrenze zirrusartige Fasern aus Eiskristallen herauswachsen.

Wolkenfetzen treten als *Cumulus fractus* und *Stratus fractus* häufig unter Kumulonimben und unter Nimbostratus auf.

Mittlere physikalische Eigenschaften

Faßt man die vorliegenden Messungen über die Tropfenzahl in den verschiedenen Wolken zusammen, so erhalten wir für Stratus, Stratokumulus und Altostratus mittlere Werte von 400 Tropfen/cm^3, für Kumulus 350, für Nimbostratus 250 und für Cumulonimbus rund 100 Tropfen/cm^3.

Als mittlere Tropfendurchmesser erhalten wir bei Stratus, Stratokumulus und Altostratus 10 µm, bei Nimbostratus 15 µm, bei Cumulus humilis und mediocris 15 – 20 µm sowie bei Cumulus congestus und Kumulonimbus 40 µm.

Der maximale Wasserdampfgehalt in einer Wolke hängt von der Temperatur des betreffenden Wolkenbereichs ab. So können bei 20 °C rund 17 g/m^3, bei 10 °C rund 9 g/m^3, bei 0 °C rund 5 g/m^3, bei – 10 °C ca. 2 g/m^3 und bei – 20 °C noch 1 g/m^3 Wasserdampf enthalten sein.

Der Gehalt an Flüssigwasser in einer Wolke ist geringer als ihr Wasserdampfgehalt. Dieses wird verständlich, wenn wir bedenken, daß immer nur ein Teil des vorhandenen Wasserdampfs kondensiert. Der höchste Flüssigwassergehalt wird im Zentrum von Kumulonimben mit Werten bis zu 5 g/m^3 beobachtet, während zu den Rändern durch die Vermischung mit trockenerer Luft die Werte rasch zurückgehen. Im allgemeinen wird in Kumuluswolken ein Wassergehalt von etwa 1 g/m^3 angetroffen, womit sie wasserreicher als die stratiformen Wolkenarten sind.

5.5 Wolkenbildung und thermodynamisches Diagramm

Um in der Praxis die Frage zu beantworten, ob Wolkenbildung zu erwarten ist, wo die Untergrenze liegt und wie mächtig die Wolken werden, benutzt man in der Regel ein thermodynamisches Diagramm, z. B. wie wir es in Abb. 19 kennengelernt haben.

Kondensation bei dynamischer Hebung

Ein dynamischer Hebungsvorgang liegt z. B. vor, wenn die Luft gegen ein Gebirge strömt und dabei zum Aufsteigen gezwungen wird. Nehmen wir an, die Luft habe in 1000 hPa eine Temperatur von 20 °C und einen Feuchtegehalt s = 10 g/kg. Aus dem Diagramm (Abb. 19) können wir entnehmen, daß die Luft eine Feuchte von S = 15 g/kg haben müßte, um bei 20 °C gesättigt zu sein. Ihre relative Feuchte beträgt aber tatsächlich nur $rF = \dfrac{s}{S} 100 = \dfrac{10}{15} 100 = 67\%$. Um

Abb. 57. Diagrammbetrachtung zur Wolkenbildung

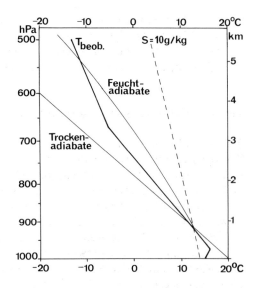

gesättigt zu sein, muß die Luft sich daher auf eine Temperatur abkühlen, bei der 10 g/kg die maximale spezifische Feuchte S ist.

Steigt die Luft nun am Gebirge empor, kühlt sie sich von 20 °C längs der Trockenadiabaten ab. Bei 910 hPa schneidet die Trockenadiabate die 10 g/kg-Feuchtelinie, d. h. bei der Temperatur, die unser Luftpaket dort hat, ist der in ihm enthaltene Feuchtegehalt gleich dem maximal möglichen. Die Luft ist gesättigt und kondensiert, d. h. die Wolkenbildung beginnt. Die Wolkenuntergrenze liegt somit bei 900 m, und das weitere Aufsteigen der Luft erfolgt feuchtadiabatisch (Abb. 57).

Kondensation infolge Konvektion

Ein sehr häufiger Vorgang ist die Bildung von Kumuluswolken im Tagesverlauf. Während der Himmel nachts klar ist, bildet sich im Laufe des Vormittags zunächst Cumulus humilis, der mit zunehmender Erwärmung zu Cumulus mediocris und congestus wächst und u.U. sich am Nachmittag zu Kumulonimbus mit Schauern, Gewittern und starken Windböen (Fallböen) weiterentwickelt (Abb. 58). Auch diese Entwicklung läßt sich mit dem thermodynamischen Diagramm erfassen.

In Abb. 57 sind in das Diagramm die vertikalen Temperaturverhältnisse eingetragen, wie sie in den Frühstunden vom Boden bis in 500 hPa, also rund 5,5 km Höhe, gemessen wurden. Die Bodentemperatur beträgt 15 °C, und die Luft hat einen Feuchtegehalt s = 10 g/kg, d. h. rF = 91%. In 910 hPa, also in rund 900 m Höhe, schneidet die 10 g/kg-Feuchtelinie die gemessene Zustandskurve. Gehen wir von diesem Schnittpunkt längs der Trockenadiabaten zum Erdboden (1000 hPa), so finden wir dort eine Temperatur von 20 °C. Das bedeutet: Wenn sich die Luft am Boden vom Morgenwert von 15 °C auf 20 °C erwärmt, stellt sich in den unteren Schichten eine neutrale Schichtung ein, und es genügen schon ge-

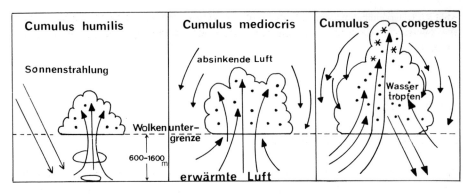

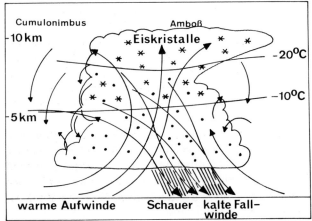

Abb. 58. Entwicklung von Konvektionswolken

ringe lokale Übertemperaturen, z. B. über trockenerem im Vergleich zu feuchterem Gelände, über der Stadt im Vergleich zum Wald, um die etwas wärmeren Luftpakete trockenadiabatisch bis 910 hPa aufsteigen zu lassen. Dort entspricht ihre vorhandene Feuchte der maximal möglichen, und die Luft beginnt zu kondensieren.

Die Zustandsänderung der von der Kumulusbasis kondensierend aufsteigenden Luft verläuft oberhalb 910 hPa nach der Feuchtadiabaten. Wie wir erkennen, verläuft die Kurve rechts von dem gemessenen Temperaturprofil; die aufsteigenden Luftpakete sind wärmer als die Umgebungsluft, die Schichtung ist feuchtlabil. In 5 km Höhe jedoch schneidet die Feuchtadiabate das gemessene Temperaturprofil erneut, so daß sie links vom Temperaturprofil verläuft. Die aufsteigende Luft ist somit von dort kälter als die Umgebungsluft, d. h. die Schichtung ist oberhalb 500 hPa stabil. Folglich ist die thermisch bedingte Vertikalbewegung der Luftpakete und damit das Wolkenwachstum beendet. Die Obergrenze der Kumuluswolken erreicht bei dieser Wettersituation somit 5000 m.

Bei intensiven Gewittersituationen kann der obere Schnittpunkt zwischen der Feuchtadiabaten und der gemessenen Zustandskurve erst in 10 – 12 km Höhe liegen, so daß in diesen Fällen die Kumulonimbuswolken bis zur Tropopause hinaufreichen. Bei Schönwettersituationen mit Cumulus humilis oder Cumulus mediocris liegt er dagegen nur wenige hundert Meter oberhalb des Kondensationsniveaus.

5.6 Gewitter

Entstehung von Raumladungen

Je höher die feuchtlabile atmosphärische Schichtung hinaufreicht, um so höher erstreckt sich die Kumulusentwicklung, um so wahrscheinlicher wird der Übergang zum Kumulonimbus, zur Schauer- und Gewitterwolke. Wie kommt es nun dazu, daß in der Wolke ein starkes elektrisches Feld entsteht?

Die Findeisen-Reifenscheid-Wichmann-Theorie geht von der Beobachtungstatsache aus, daß erst mit dem Beginn der Vereisung die ersten elektrischen Erscheinungen in der Wolke auftreten. Außerdem berücksichtigt sie die kräftigen Aufwinde in der Gewitterwolke, die an der Untergrenze 3 – 5 m/s betragen und in der Wolke infolge zunehmender Labilität auf 10 – 20 m/s, gelegentlich auch auf über 30 m/s anwachsen.

Wie die Laborversuche gezeigt haben, platzen von den entstehenden Eiskristallen feinste Eissplitter ab; sie weisen eine negative Ladung auf, während die Schnee- und Eisgebilde, die Graupel- und Hagelkörner positiv geladen erscheinen. Auf diese Art und Weise läßt sich die Ladungsbildung verstehen, wobei sich die Analogie zu den Atomen mit ihrem kompakten positiven Kern und ihren negativen Schalenelektronen aufdrängt.

Ein weiteres Problem ist die räumliche Trennung und Anhäufung der positiven und negativen Ladungsträger in verschiedenen Teilen der Gewitterwolke. Nach der Theorie trägt der kräftige Aufwind in der Wolke die leichten, negativ geladenen Eissplitter sehr rasch nach oben in die oberen Wolkenbereiche; dort gelangen sie aus dem Aufwind in die seitlichen Abwindbereiche und fallen nach unten, während die schwereren, positiv geladenen Eiskristalle noch nach oben transportiert werden. Auf diese Weise sammeln sich im oberen Wolkenteil schließlich die positiven Ladungen und im unteren die negativen.

Ein Beispiel soll diesen Vorgang verdeutlichen. In einer 6000 m mächtigen Wolke herrsche ein Aufwind von 5 m/s. Setzen wir die Eigensinkgeschwindigkeit der Eissplitter im Aufwindschlauch gleich Null, so werden sie in 1200 s = 20 min bis oben transportiert. Bei einer Eigensinkgeschwindigkeit der schwereren Eiskristalle von 3 m/s werden diese nur mit einer relativen Aufwindgeschwindigkeit von 2 m/s transportiert, d. h. sie brauchen 3000 s = 50 min, um nach oben zu gelangen. In der Zeitdifferenz können die aus dem Aufwindschlauch herausgeblasenen Eissplitter seitlich herabsinken und sich im unteren Wolkenbereich ansammeln.

Auf diese Weise läßt sich grundsätzlich verstehen, wie die räumliche Trennung der unterschiedlich geladenen Teilchen in der Wolke erfolgt. Auch wenn die Theorie noch Fragen offen läßt, im Ergebnis führt sie zu einer Ladungsverteilung, wie sie auch beobachtet wird (Abb. 59).

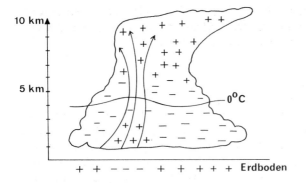

Abb. 59. Ladungsverteilung in Gewitterwolken

Blitz und Donner

Zwischen den verschiedenen Raumladungen in der Gewitterwolke einerseits sowie zwischen Wolkenteilen und Erdoberfläche andererseits besteht ein starkes luftelektrisches Feld, das – wie beim Kurzschluß – bestrebt ist, sich durch eine plötzliche Entladung abzubauen. In diesem Sinne ist der Blitz nichts anderes, als ein außerordentlich langer Funke zwischen verschiedenen Wolkenteilen derselben Wolke, zwischen verschiedenen Wolken oder zwischen Gewitterwolke und Erdoberfläche, wobei 80% aller Blitze Wolkenblitze sind und nur 20% Erdblitze.

Die Leuchterscheinung im Blitzkanal erklärt sich daraus, daß in dem starken elektrischen Feld freie atmosphärische Elektronen so stark beschleunigt werden, daß sie beim Auftreffen auf die Luftmoleküle diesen Energie zuführen, die die Moleküle in Form von Licht abstrahlen, wenn sie wieder in ihren Normalzustand zurückgehen.

Bei genauer Betrachtung besteht der Blitz aus mehreren Phasen. Die Vorentladung, die den Blitzkanal schafft, dauert einige hundertstel Sekunden. Ihr folgen die Hauptentladung, die weniger als eine tausendstel Sekunde dauert, und ein schwaches Nachleuchten, wieder in der Größenordnung hundertstel Sekunde.

Der Donner ist eine Folge der starken Erhitzung im Blitzkanal durch den Blitz. Temperaturen bis zu 30 000 °C rufen eine starke Ausdehnung der Luft hervor mit einem anschließenden Luftsturz in das entstandene Unterdruckgebiet des Blitzkanals. Die Druckänderung beträgt dabei 10 – 100 hPa, wobei die Druckwelle, auch Schockwelle genannt, den Donner erzeugt.

Abschließend sei noch ein Wort zum Verhalten bei Gewitter gesagt.

Jeder hohe Gegenstand, gleichgültig ob Baum, Mast, Kirchturm, Felsen beeinflußt das normale luftelektrische Feld so, daß es über dem Gegenstand zu einer Drängung der elektrischen Feldlinien kommt, wodurch der Blitz „angezogen" wird. Der Spruch „Eichen soll man weichen, Buchen soll man suchen" ist ein fatales Ammenmärchen! Wird man von einem Gewitter im Freien überrascht, so knie man sich hin und beuge sich vor, so daß einerseits das luftelektrische Feld kaum verändert wird und andererseits die Körperoberfläche klein ist, und zwar niemals in unmittelbarer Nähe hoher oder gar metallischer Gegenstände.

Am sichersten ist man unterwegs im Auto aufgehoben. Im physikalischen Sinne wirkt das Auto wie ein auf einer guten Bodenisolierung (Autoreifen) stehender Faraday-Käfig. Der Blitz könnte zwar in die Karosserie einschlagen, so

wie es öfter bei Flugzeugen geschieht, doch außer einem ohrenbetäubenden
Krach würde nichts passieren, da die elektrischen Ladungen nicht ins Wagenin-
nere dringen und daher die Insassen nicht gefährden können.

Meteorologische Gefahren

Infolge der labilen Schichtung innerhalb der Gewitterwolke treten, wie erwähnt,
starke Aufwinde auf, die i. allg. 10 – 20 m/s, im Einzelfall auch 30 m/s erreichen
können. Die seitlichen Abwinde sind zwar weniger stark, doch werden Maximalwerte bis zu 15 m/s beobachtet. Auf- wie Abwinde haben nach dem sog. Thun-
derstorm-Projekt in den USA ihre größte Geschwindigkeit zwischen 3 und 5 km.
Der Durchmesser der „Auf- und Abwindschläuche" liegt in allen Höhen recht
einheitlich zwischen 1 und 2,5 km.

Dieses Nebeneinander von kräftigen Auf- und Abwinden verursacht eine starke Turbulenz in der Gewitterwolke und stellt eine Gefahr für die Flugzeuge, v. a.
für die leichteren, dar.

Eine weitere Gefahr geht von den unterkühlten Wassertropfen in der Wolke
aus, da sie beim Zusammenprall mit dem Flugzeug v. a. vorne anfrieren und die
Maschine auf diese Weise kopflastig und damit steuerungsunfähig machen. Dieses Problem läßt sich durch eine Beheizung der Trag- und Stirnflächen des Flug-
zeugs lösen.

Am Boden können die starken Gewitterböen gefährlich sein, da sie Bäume zu
entwurzeln und Dächer abzudecken vermögen. Ihre meteorologische Bezeichnung als Fallböen deutet schon darauf hin, daß ihre Ursache mit den herabstür-
zenden, wolkenbruchartigen Wassermassen zusammenhängt. Einerseits wird dabei kältere Luft aus der Höhe mit nach unten gerissen, andererseits findet eine
starke Verdunstungsabkühlung längs des Fallwegs statt. Aus der Dichtedifferenz
der kälteren Luft zur Umgebung erklärt sich die hohe Beschleunigung der Gewitterböen, deren Stärke weit über der Windgeschwindigkeit liegt, die nach dem
vorhandenen Druckfeld zu erwarten ist.

5.7 Tau und Nebel

Neben der Wolkenbildung tritt atmosphärische Kondensation noch bei 2 weiteren Erscheinungen auf, bei der Bildung von Tau und Nebel. Während jedoch bei
den Wolken die Abkühlung der Luft bis zum Sättigungspunkt durch Vertikalbewegung, d. h. durch einen adiabatischen Prozeß hervorgerufen wird, kühlt sich
die Luft bei der Tau- und Nebelbildung nicht durch adiabatische Vorgänge ab.

Die Bildung von Tautropfen an Gräsern, Zweigen, Blättern sowie von Be-
schlag auf Autos, Dächern usw. ist eine Folge der nächtlichen Abkühlung durch
langwellige Ausstrahlung (σT^4) fester und flüssiger Stoffe. Dabei kühlen v. a. die
dünnen Körper stark ab, da bei ihnen die Oberfläche groß ist im Vergleich zu ihrer Wärmekapazität m c (m = Masse, c = spezifische Wärme), d. h. zu ihrer Fähigkeit, Wärme zu speichern. Ihre Temperatur vermag dann auf Werte zu sinken, die 2 – 5 °C unter der Lufttemperatur liegen, da sich die Luft als Gas nur

wenig strahlungsbedingt abkühlt. Wird dabei, obwohl die relative Feuchte der Umgebungsluft nur zwischen 80 und 90% liegt, am abgekühlten Körper der Taupunkt erreicht, also die Temperatur, bei der die vorhandene Feuchtigkeit der maximal möglichen entspricht, setzt die Taubildung ein, sofern die Lufttemperatur über 0 °C ist. Liegt der Taupunkt aber unter dem Gefrierpunkt, so bildet sich Reif.

Der Nebel ist im Grunde eine der Erdoberfläche aufliegende Wolke, wobei wir im meteorologischen Sinn dann von Nebel sprechen, wenn die Sichtweite unter 1000 m liegt. Bei Sichtweiten zwischen 1 und 8 km und gleichzeitig hoher relativer Feuchte (über 80%) sprechen wird von feuchtem Dunst, wobei die Sichtbeeinträchtigung ebenfalls schon durch kleine Wassertröpfchen hervorgerufen wird. Nicht zu verwechseln ist damit der trockene Dunst, der v. a. in Industriegebieten als Folge des hohen Aerosolgehalts auftritt.

Nebeltröpfchen sind sehr klein, ihr Durchmesser beträgt nur hundertstel Millimeter. Bei leicht nässendem Nebel werden im Mittel Größen von 10 bis 20 µm, bei dichtem Nebel von 20 bis 40 µm angetroffen, im Einzelfall sind auch schon Werte von 100 µm, also im Bereich der Tautropfen, beobachtet worden. Der Flüssigwassergehalt von Nebel liegt zwischen 0,01 und 0,30 g/m^3.

Beim Nebel haben wir 3 Grundarten der Entstehung zu unterscheiden, und zwar je nachdem, wie nach der Beziehung für die relative Feuchte rf = (e/E) 100 physikalisch Wasserdampfsättigung erreicht wird.

Abkühlungsnebel

Abkühlungsnebel entstehen, wenn die Luft von der Erdoberfläche her abgekühlt und dadurch eine Erniedrigung des Sättigungsdampfdrucks E bis zur vorhandenen Feuchte eintritt. Erfolgt diese Temperaturerniedrigung als Folge der Ausstrahlung an der Erdoberfläche, so sprechen wir von Strahlungsnebel. Diese treten bei uns v. a. im Herbst bei windschwachen Wetterlagen, also in praktisch ruhender Luft auf.

Von Advektionsnebel sprechen wir dagegen, wenn warmfeuchte Luft über eine kalte Unterlage geführt und dadurch bis zum Taupunkt abgekühlt wird. Zu dieser Gruppe gehören z. B. die berüchtigten Neufundlandnebel, die durch die Abkühlung subtropischer Luft über dem kalten Wasser des Labradorstroms entstehen.

Verdunstungsnebel

Wasserdampfsättigung ist 2. durch eine Erhöhung des augenblicklich vorhandenen Feuchtegehalts bei unveränderter Lufttemperatur bis zum Sättigungsdampfdruck zu erreichen. Dieser Vorgang ist gelegentlich im Herbst über warmen Seen zu beobachten, wobei die relativ hohe Verdunstung zur Bildung des sog. Dampfnebels führt.

Gelangt im Winter feuchtmilde Luft über eine Schneedecke, so kann die Verdunstung des schmelzenden Schnees zu einer Feuchteanreicherung der Luft bis zum Sättigungswert führen. In diesem Fall sprechen wir vom Tauwetternebel.

Mischungsnebel

Wasserdampfsättigung wird 3. erzielt, indem Abkühlung der Luft und Erhöhung des Wasserdampfgehalts gleichzeitig auftreten. Dieser Vorgang kann im Grenzbereich von wärmerer und kälterer Luft auftreten. Dabei fällt zum einen leichter Regen oder Sprühregen in die bodennahe Luftschicht und erhöht durch Verdunstung den Feuchtegehalt, zum anderen führt die turbulente Durchmischung der Warm- und Kaltluft zu einem Temperaturwert, dessen Sättigungsdampfdruck dem vorhandenen Dampfdruck entspricht. Da wir diesen Grenzbereich von Luftmassen als Front bezeichnen, sprechen wird bei dieser Nebelform von Frontnebel.

Am häufigsten sind bei uns die Strahlungsnebel. Bei tiefen Temperaturen, d. h. bei etwa $-20\,°C$ bilden sich Eiskristalle, und wir erhalten Eisnebel. Da die Zahl der Eiskristalle erheblich geringer ist als die der Wassertropfen, ist die Sicht in Eisnebel besser als in Wassernebel. Bei Temperaturen zwischen $0\,°C$ und $-20\,°C$ kann der unterkühlte Nebel zu mächtigen Reifablagerungen an Bäumen und Sträuchern führen, so daß gelegentlich Astbrüche die Folge sind.

In der Bundesrepublik Deutschland sind mit mehr als 40 Nebeltagen die Küstengebiete und das Norddeutsche Tiefland zwischen Elbe und Oder am nebelreichsten. Die Gebiete westlich der Elbe sind dagegen i. allg. nebelärmer als der süddeutsche Raum.

Im Binnenland ist der Herbst, an der Küste und über See der Winter und das Frühjahr die Hauptnebelzeit. Grundsätzlich kann man sagen, daß in einem Gebiet jene Jahreszeit die nebelreichste ist, in der sie kälter ist als eine angrenzende Region, denn Luft, die von dem wärmeren Gebiet zum kälteren geführt wird, kann über der kälteren Unterlage bis zum Taupunkt abgekühlt werden.

6 Luftmassen, Frontalzone und Polarfront

In diesem Kapitel wollen wir beginnen, uns mit den atmosphärischen Erscheinungen zu beschäftigen, die täglich unser Wetter bestimmen, die entscheiden, ob es kalt oder warm, regnerisch oder sonnig, schwachwindig oder stürmisch ist. Erst die Kenntnis der atmosphärischen Grundstrukturen Luftmassen und Fronten, Hoch- und Tiefdruckgebiete läßt uns das augenblickliche Wetter sowie die weitere Wetterentwicklung verstehen, nur über die Diagnose ihrer momentanen Verteilung auf der Erde werden wir in die Lage versetzt, eine Wettervorhersage für mehrere Tage im voraus zu machen.

6.1 Luftmassen

Definition

Wie die täglichen Wetterbeobachtungen zeigen, weist die Luft in großen Gebieten der Erde nahezu einheitliche Verhältnisse in bezug auf ihre Temperatur, Feuchte, Stabilität, Staubkonzentration usw. auf. Eine solche ausgedehnte Ansammlung von Luft mit quasihomogenen Eigenschaften bezeichnen wir als Luftmasse, wenn

a) die horizontale Ausdehnung über 500 km beträgt,
b) sie in der Vertikalen mehr als 1000 m mächtig ist,
c) ihre horizontale Temperaturänderung kleiner als 1 K/100 km ist,

d. h. der Temperaturgradient dient zur Kennzeichnung der Homogenität der Luftmasse, ihre Ausdehnungsparameter grenzen sie von kleinräumigen Luftansammlungen ab.

Die Hauptluftmassen und ihre Entstehungsgebiete

Die Entstehung einheitlicher Luftmassen setzt voraus

a) einheitliche physikalische Einflußfaktoren im Entstehungsgebiet und
b) eine längere Verweildauer der Luft in diesem Raum.

Die eine maßgebliche physikalische Einflußgröße ist der Strahlungshaushalt im Entstehungsgebiet, d. h. in tropischen Breiten werden andere Luftmassen entstehen als in polaren. Eine 2. ist der Untergrund. Luftmassen, die über dem Meer entstehen, sind feuchter als jene über dem Festland. Luftmassen, die sich über schneebedeckter Erdoberfläche bilden, sind kälter als solche über schneefreier Unterlage bei gleichen Einstrahlungsverhältnissen.

Eine längere Verweildauer der Luft im Entstehungsgebiet setzt geringe horizontale und vertikale Luftbewegung, also geringe Luftdruckgegensätze voraus. Diese Bedingung ist sowohl in den ausgedehnten, nahezu ortsfesten Hochdruckgebieten wie in gealterten, gradientschwachen Tiefdruckzonen erfüllt.

Das Abfließen der Luft aus dem Entstehungsgebiet, d. h. das Vordringen der Luftmasse in andere Klimazonen setzt voraus, daß die Luft zuletzt im Bereich eines Hochs war, denn nur dort führt die reibungsbedingte Divergenz zu einem Ausströmen der Luft in Richtung des tieferen Luftdrucks.

Entsprechend den geschilderten Bedingungen lassen sich Hauptentstehungsgebiete der Luftmassen unterscheiden:

a) Die *Tropen* sind gekennzeichnet durch eine große Einstrahlung bei relativ geringer Ausstrahlung und durch große Meeresgebiete mit hohen Wassertemperaturen; die Druckgegensätze sind gering (äquatoriale Tiefdruckrinne).

b) Die *Subtropen* weisen eine hohe Einstrahlung, über dem Festland aber auch eine vergleichsweise hohe Ausstrahlung auf. Große Land- und Ozeanflächen sowie schwache Druckgegensätze im Bereich des subtropischen Hochdruckgürtels sorgen für gute Entstehungsbedingungen.

c) Das *Polargebiet* ist gekennzeichnet durch eine geringe Einstrahlung und eine hohe Ausstrahlung. Der Untergrund ist großflächig schnee- und eisbedeckt und im Mittel herrscht schwacher Hochdruckeinfluß.

d) Das *Subpolargebiet* weist ebenfalls eine negative Strahlungsbilanz auf, doch ist sie weniger ausgeprägt als in höheren Breiten; die großen Wasser- und Landgebiete sind nur jahreszeitlich von Eis oder Schnee bedeckt; schwachwindig ist es im Bereich gealterter Tiefdruckzonen und unter zeitweiligem Hochdruckeinfluß.

e) Zwischen den beiden polaren und den beiden tropischen Entstehungsgebieten befinden sich etwa zwischen 45°N und 60°N die *mittleren Breiten,* die gemäßigte Klimazone. Aufgrund ihres stark wechselhaften Wettercharakters, d. h. ihrer raschen Verlagerung von Hoch- und Tiefdruckgebieten mit ständiger Änderung von Windgeschwindigkeit und Windrichtung ist sie mehr eine Umwandlungszone für in sie von Norden und Süden eindringende Luftmassen als ein Entstehungsgebiet im definierten Sinne.

Aufgrund dieser Überlegungen lassen sich somit 5 Hauptluftmassen unterscheiden:

1. Polarluft (P),
2. Subpolarluft (P_s),
3. gemäßigte Luft (X),
4. Subtropikluft (T_s),
5. Tropikluft (T).

In Abb. 60a, b ist ihre Verteilung im Winter und Sommer dargestellt, wobei die Grenzen durch die Lufttemperatur bzw. über den Ozeanen auch durch die Wassertemperatur festgelegt sind. Für Mitteleuropa sind nur die ersten 4 von Bedeu-

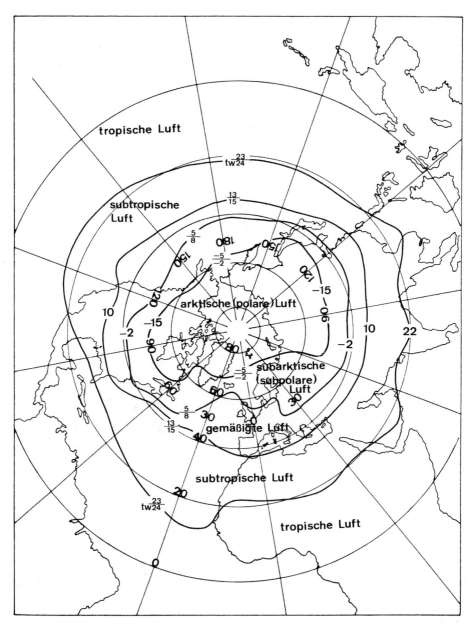

Abb. 60a, b. Luftmassenverteilung **(a)** im Winter, **(b)** im Sommer. (Nach Geb, 1971)

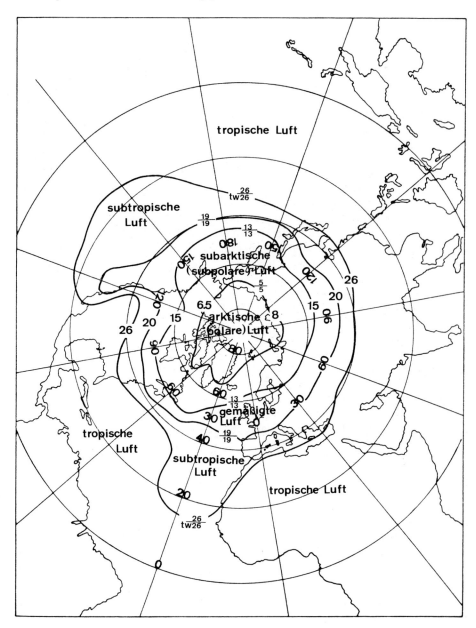

Abb. 60 b

Tabelle 16. Luftmassen in Mitteleuropa

		Weg nach Mitteleuropa
Polarluft (P)	mP	Island, Nordmeer
	cP	Nordeuropa
Subpolarluft (P_s)	mP_s	Island-Grönland
	cP_s	Nordost- und Osteuropa
Gemäßigte Luft (X)	mX	Mittelatlantik
	cX	Mittel- und Osteuropa
Subtropikluft (T_s)	mT_s	Azoren, Mittelmeer
	cT_s	Südosteuropa

tung, da die Tropikluft (T) nicht bis zu uns vorstoßen kann, sondern auf der Südflanke der Subtropenhochs auf die Tropen beschränkt bleibt. Bezeichnen wir maritime Luftmassen mit „m" und kontinentale mit „c", so beeinflussen die in Tabelle 16 aufgeführten Luftmassen bei uns das Wettergeschehen.

Physikalische Prozesse

Fließt eine Luftmasse aus ihrem Entstehungsgebiet ab und gelangt dabei in andere Klimazonen, so wird sie von den dortigen Untergrund- und Strahlungsbedin-
gungen beeinflußt; sie wird mehr oder weniger schnell umgewandelt, d. h. verliert ihre ursprünglichen Eigenschaften. Eine nach Süden vorstoßende Kaltluft
wird erwärmt, eine nach Norden geführte Warmluft abgekühlt, Festlandsluft
wird über den Ozeanen feuchter, Meeresluft über den Kontinenten durch Ausregnen und geringerem Wasserdampfnachschub trockener.

Die Umwandlung sowie die Entstehung der Luftmassen erfolgen durch die
gleichen physikalischen Prozesse, nämlich durch molekulare Transporte und
durch turbulente Flüsse. Wir wollen uns diese Vorgänge anhand der Temperatur
veranschaulichen, doch gelten die Beziehungen in analoger Weise auch für die
Feuchte und andere Luftmasseneigenschaften.

Die Erwärmung der Luft erfolgt, wie wir gesehen haben, im wesentlichen von
der Erdoberfläche aus, wo rund 45% der einfallenden Solarstrahlung absorbiert
und in Wärme umgewandelt wird, ebenso gelangt die Feuchtigkeit von der Erdoberfläche durch Verdunstung in die Atmosphäre.

Besteht zwischen der Erdoberfläche A und der Luft die Temperaturdifferenz
$T_1 - T_2$, so gilt für den molekularen Wärmeübergang

$$Q = \lambda \, A \, (T_1 - T_2) \, t$$

und, da die Verhältnisse innerhalb einer Luftmasse ja horizontal homogen sein
sollen, für den Wärmestrom in z-Richtung/Zeit

$$\frac{dQ}{dt} = \lambda \, A \, \frac{\partial T}{\partial z},$$

d. h. der Wärmetransport ist um so größer, je größer der vertikale Temperaturunterschied zwischen Erdoberfläche und Luft ist. Dabei ist λ die sog. Wärme-

übergangszahl. Mit der Beziehung $\delta Q = m \cdot c \cdot \delta T$ folgt bei Betrachtung des Wärmedurchgangs durch die Grund- und Deckfläche eines Volumens mit der Masse m bzw. Dichte ρ und der spezifischen Wärme c anhand von

$$\frac{\partial T}{\partial t} = \frac{\lambda}{c\rho} \frac{\partial^2 T}{\partial z^2}$$

die durch den Wärmeübergang hervorgerufene zeitliche Änderung der Temperatur der Luftsäule. Da die molekularen Prozesse aber sehr langsam ablaufen, ist der Einfluß der turbulenten Wärme- und Feuchtetransporte erheblich größer.

Für den vertikalen Fluß S_z einer atmosphärischen Größe s gilt aber die Beziehung

$$S_z = -\rho\, K\, \frac{\partial \bar{s}}{\partial z} = -A\, \frac{\partial \bar{s}}{\partial z},$$

d. h. auch er ist um so größer, je stärker die vertikale Änderung der Eigenschaft ist.

Der turbulente Diffusionskoeffizient K bzw. der Austauschkoeffizient $A = \rho\, K$ ist von der Stabilität der Luftmasse abhängig. In stabil geschichteten Luftmassen ist er klein, d. h. sind die vertikal-turbulenten Flüsse von Wärme und Feuchte gering. Labil geschichtete Luftmassen weisen dagegen große turbulente Diffusionskoeffizienten und damit große turbulente Flüsse auf.

Luftmassenumwandlung

Unsere Kenntnisse über die physikalischen Prozesse wollen wir nun auf die Umwandlung von Luftmassen auf ihrem Weg vom Entstehungsgebiet durch andere Klimaregionen anwenden.

Eine über dem grönländischen Eis entstandene Luftmasse ist kalt, feuchtearm und stabil geschichtet. Gelangt die Kaltluft über den warmen Ozean, so wird sie labilisiert. Turbulente und konvektive Flüsse transportieren Wärme und Feuchte bis in die mittlere und obere Troposphäre. Da sich die Flüsse auf einen großen Raum verteilen und für die aufsteigende feuchtwarme Luft ursprüngliche Kaltluft aus der Höhe absinkt, bleibt der Kaltluftcharakter der Luftmasse auch am Boden für längere Zeit deutlich erhalten. Über dem Ozean ist daher eine Polarluftmasse daran zu erkennen, daß ihre Lufttemperatur am Boden unter der Wassertemperatur liegt. Wie groß die Labilisierung von Polarluft sein kann, wird beim „Aprilwetter" deutlich, wenn die frische Kaltluft vom relativ kühlen Atlantik auf das bereits erwärmte mitteleuropäische Festland übertritt. Hochreichende Konvektionswolken sind daher charakteristisch für labilisierte Kaltluft.

Anders ist es, wenn Warmluft über einen kalten Untergrund gelangt. Die Luftmasse wird von der Unterlage abgekühlt und dabei stabilisiert. Die turbulenten Flüsse sind auf die bodennahen Schichten beschränkt und verändern dort den Charakter der Luftmasse rasch, während die Warmluftmasse in den höheren Schichten unbeeinflußt ihren ursprünglichen Charakter beibehält. Über dem Ozean ist Warmluft daher daran zu erkennen, daß ihre Lufttemperatur etwas über der Wassertemperatur liegt.

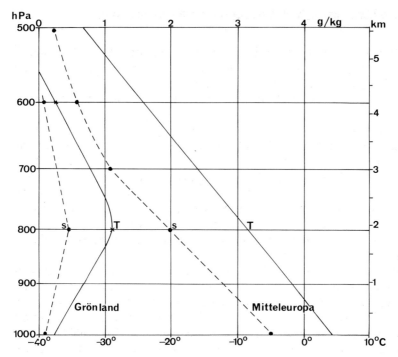

Abb. 61. Änderung von Temperatur (*T*) und spezifischer Feuchte (*s*) in grönländischer Polarluft auf dem Weg nach Mitteleuropa

Stabilisierte Warmluft über kalten Meeresgebieten ist an ausgedehnten Stratus- und Stratokumulusfeldern zu erkennen. In Mitteleuropa stellt sich das neblig-trübe „Novemberwetter" ein, wenn maritime Warmluft über das kalte mitteleuropäische Festland geführt wird. Daß die turbulente Anreicherung von Feuchtigkeit auf die unteren Schichten begrenzt ist, erkennen wir daran, daß schon die Hochlagen der Mittelgebirge oberhalb der Wolken liegen und strahlenden Sonnenschein haben, während im Flachland häufig Sprühregen aus der tiefhängenden Stratusdecke fällt.

Die Umwandlung von grönländischer Polarluft auf ihrem Weg von ihrem Entstehungsgebiet über dem Eis bis nach Mitteleuropa im Winter anhand des vertikalen Temperatur- und Feuchteprofils zeigt Abb. 61. Man beachte die Größe der Veränderungen in den unteren im Vergleich zu den oberen Schichten sowie die Änderung der Stabilität.

Grundsätzlich läßt sich sagen, daß eine Luftmasse Mitteleuropa um so ursprünglicher erreicht, je direkter ihr Weg zu uns vom Ursprungsgebiet ist und um so rascher sie sich verlagert. So führt Polarluft zu einem scharfen Kälteeinbruch, wenn sie vom Polargebiet über das verschneite Skandinavien rasch nach Mitteleuropa vordringt, während grönländische Polarluft durch ihren weiten Weg über den Atlantik bereits in abgeschwächter Form ankommt.

6.2 Grenzgebiete zwischen Luftmassen: Frontalzonen

Die Kerngebiete der Luftmassen zeichnen sich durch ihre quasieinheitlichen horizontalen Verhältnisse hinsichtlich Temperatur und Feuchte aus. Da dort die Druck- und Temperaturflächen nahezu parallel zueinander verlaufen, weist die Atmosphäre im Innern der Luftmassenbereiche eine „barotrope" Schichtung auf.

Ganz anders ist die Situation im äußeren Bereich der Luftmassen, also im Grenzbereich von Warm- und Kaltluft. Haben wir bei den Luftmassen die Druckverteilung außer acht gelassen, so müssen wir uns fragen, wie diese beschaffen sein muß, damit verschiedene Luftmassen einander genähert werden. Die ideale Voraussetzung dazu bildet das „Viererdruckfeld", wie es in Abb. 62 zu erkennen ist. Über dem atlantisch-europäischen Bereich sind es häufig ein Grönlandhoch und Islandtief, zwischen denen Polarluft südwärts geführt wird, sowie ein westatlantisches Tief und das Azorenhoch, zwischen denen Subtropikluft nach Norden strömt.

In der etwa 500 – 1000 km breiten Grenzzone zwischen den Luftmassen entsteht auf diese Weise im 500-hPa-Niveau ein Temperaturgegensatz von 10 – 20 K, der sich in einer etwa 100 – 200 km breiten Zone noch auf rund 5 K/100 km verstärken kann. Das gesamte 500 – 1000 km breite Grenzgebiet zwischen den Luftmassen wird „Frontalzone" genannt, der 100 – 200 km breite Bereich mit dem stärksten Temperaturgradienten ist der „Frontbereich" und gehört zu der „Bodenfront", meist nur kurz „Front" genannt, zwischen den Luftmassen.

Das Zusammenführen der Luft, z. B. durch das Viererdruckfeld, führt zu einer Konvergenz der Strömung und schafft die Frontalzone und den Frontbereich in der freien Atmosphäre. In der bodennahen Schicht wirkt aber, wie wir wissen, zusätzlich die Reibung auf die Strömung, wodurch die Konvergenz noch verstärkt und der Frontbereich auf wenige Zehnerkilometer eingeengt, verschärft wird, d. h. in Bodennähe erscheint der Frontbereich linienhaft ausgeprägt. In den Bodenwetterkarten wird daher der Frontbereich als Linie, als Front, gezeichnet, die die Kalt- und Warmluft voneinander trennt.

In Abb. 63 sind schematisch die Zusammenhänge von Luftmassen, Frontalzone, Frontbereich und Front anhand eines Vertikalschnitts der Temperatur wiedergegeben. Die barotropen Verhältnisse in der Kalt- und Warmluft werden durch den horizontalen Verlauf der Isothermen veranschaulicht. In der Frontal-

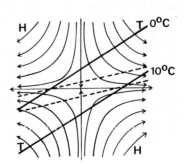

Abb. 62. Viererdruckfeld

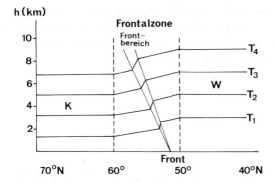

Abb. 63. Zusammenhang von Luftmassen, Frontalzone, Frontbereich und Front

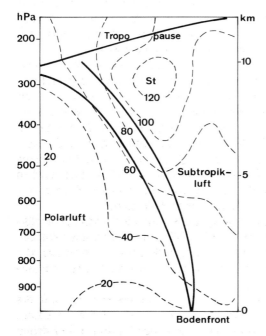

Abb. 64. Zusammenhang von Luftmassen, Kaltfront und Strahlstrom (Orkanwetterlage vom 12. November 1972)

zone, wo eine Isothermenneigung gegen die Höhen- bzw. Druckflächen festzustellen ist, herrschen dagegen „barokline" Verhältnisse, im Frontbereich entsprechend dem starken horizontalen Temperaturgradienten sogar „hyperbarokline".

Je stärker der horizontale Temperaturgradient in der Atmosphäre ist, um so stärker wird der Druckgradient in den Höhenwetterkarten. Frontalzonen müssen daher mit hohen Windgeschwindigkeiten, d. h. mit Starkwindbändern verbunden sein. Dabei erreicht der Wind oberhalb der Schicht sein Maximum, in der der Temperaturgradient am stärksten ist.

In Abb. 64 ist ein Vertikalschnitt wiedergegeben, in dem der charakteristische Zusammenhang von Front bzw. Frontbereich, Luftmassen und Windfeld zu erkennen ist. Das Zentrum des Strahlstroms befindet sich in Tropopausennähe, und zwar in der warmen Luft oberhalb der Stelle, wo der Frontbereich das 500-hPa-Niveau schneidet.

In Abb. 51 haben wir bereits kennengelernt, daß die geographische Lage des Polarfrontstrahlstroms zeitlich stark variiert. Dieser Tatbestand weist somit darauf hin, daß sich die polare Frontalzone, d. h. die Luftmassengrenze zwischen der Warm- und der Kaltluft ständig räumlich verändert.

6.3 Polarfront

Wie wir gesehen haben, lassen sich bei den Luftmassen 2 Grundarten voneinander unterscheiden, polare und tropische. Die polaren entstehen auf unserer Halbkugel in den nördlichen, die tropischen in den südlichen Breiten, dort sind ihre barotropen Kerngebiete. In der gemäßigten Zone, also etwa zwischen 45° und 60°N, grenzen beide Luftmassen aneinander, d. h. hier entsteht eine Frontalzone und dort, wo der Temperaturgradient am stärksten ist, eine Front.

Diese frontale Grenze zwischen der Polarluft einerseits und der (sub-)tropischen Luft andererseits bezeichnen wir nach Bergeron (1928), Bjerknes und Solberg (1922) als „Polarfront". Ihr kommt, wie wir noch sehen werden, für die Entwicklung von Tiefdruckgebieten eine große Bedeutung zu. Man darf nun nicht annehmen, daß die Polarfront wie ein geschlossenes Band die Halbkugel umgibt. Zwar ist stets die Kaltluft im Norden und die Warmluft im Süden vorhanden, doch ist nicht überall das Druckfeld so beschaffen, daß die Luftmassen in einem Ausmaß gegeneinandergeführt werden, daß es zur Bildung eines starken horizontalen Temperaturgradienten, d. h. zur Bildung einer starken Frontalzone mit der entsprechend deutlich ausgeprägten Polarfront kommt.

Insbesondere im Bereiche von Hochdruckgebieten sind die Strömungsverhältnisse so beschaffen, daß sich die Polarfront nicht bilden kann bzw. eine vorhandene auflöst, denn statt der zur Frontbildung erforderlichen Konvergenz der Strömung finden wir in Hochs divergente Strömungsverhältnisse, also eine auseinanderlaufende Luftbewegung.

Außerhalb der Hochdruckgebiete ist die Polarfront dagegen anhand des Temperaturgegensatzes beiderseits der Front gut zu erkennen. Ihre mittlere Lage ändert sich mit der Jahreszeit. Im Winter liegt sie weiter im Süden und dringt über Europa bis ins Mittelmeergebiet vor, während sie im Sommer über Mitteleuropa oder Skandinavien verläuft. Wegen des größeren Temperaturgegensatzes zwischen hohen und niedrigen Breiten im Winter ist die Polarfront in der kalten Jahreszeit besser ausgeprägt als in der warmen.

Neigung der Polarfront

Grenzen verschieden temperierte flüssige oder gasförmige Stoffe aneinander, so steht ihre Grenzfläche keineswegs senkrecht zwischen ihnen. Wie sich im Labor mit einer kälteren und einer wärmeren Flüssigkeit zeigen läßt, schiebt sich der dichtere, also kältere Stoff in den unteren Schichten unter den wärmeren, weniger dichten, so daß sich eine geneigte Grenzfläche einstellt.

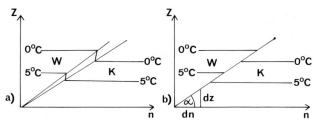

Abb. 65a, b. Neigung und Isothermenverlauf bei realen (a) und idealen Fronten (b)

Für die Verhältnisse an der Polarfront bedeutet das, daß sich die kältere Polarluft in Bodennähe keilförmig unter die Warmluft schiebt. Wovon dabei die Schräglage der Front, also ihre Neigung mit der Höhe abhängig ist, hat Margules (1906) gezeigt. Zur Vereinfachung hat er dabei die reale Front mit ihrem Frontbereich durch eine Frontfläche ersetzt, an der sich die Temperatur zwischen der Warm- und Kaltluft sprunghaft ändert (Abb. 65a, b).

Für den Luftdruck an der Frontfläche muß gelten, wenn K die Kaltluft, W die Warmluft kennzeichnet,

$$p_K - p_W = 0 \, ,$$

d. h. der Luftdruck weist keine sprunghafte Änderung auf. Der Neigungswinkel α der Front ist definiert als

$$\tan \alpha = \frac{dz}{dn} \, ,$$

wobei wir die Frontneigung gegen die Horizontale normal zur Bodenlage betrachten. Unter Berücksichtigung der Verhältnisse in der Kalt- und Warmluft erhalten wir als totales Differential

$$d(p_K - p_W) = \left[\left(\frac{\partial p}{\partial n} \right)_K - \left(\frac{\partial p}{\partial n} \right)_W \right] dn + \left[\left(\frac{\partial p}{\partial z} \right)_K - \left(\frac{\partial p}{\partial z} \right)_W \right] dz = 0$$

und damit für den Anstieg

$$\frac{dz}{dn} = - \frac{(\partial p/\partial n)_K - (\partial p/\partial n)_W}{(\partial p/\partial z)_K - (\partial p/\partial z)_W} \, .$$

Ersetzen wir den horizontalen Druckgradienten $\partial p/\partial n$ durch die Beziehung für den geostrophischen Wind und den vertikalen $\partial p/\partial z$ durch die statische Grundgleichung, also

$$\frac{\partial p}{\partial n} = \rho \cdot f \cdot v_g \quad \text{bzw.} \quad \frac{\partial p}{\partial z} = -g \cdot \rho \, ,$$

so wird

$$\frac{dz}{dn} = \frac{f}{g} \frac{(\rho_K v_{gK} - \rho_W v_{gW})}{(\rho_K - \rho_W)}$$

und bei Substitution der Dichte ρ über die Zustandsgleichung der Gase $\rho = p/R \cdot T$

$$\frac{dz}{dn} = -\frac{f}{g}\ \frac{(T_W v_{gK} - T_K v_{gW})}{T_K - T_W} .$$

Ersetzen wir schließlich im Zähler die Temperaturwerte in der Warm- und Kaltluft durch die Mitteltemperatur T_M, und kehren im Nenner die Temperaturwerte um, so erhalten wir für den Neigungswinkel

$$\tan \alpha = \frac{f}{g}\ \frac{T_M (v_{gK} - v_{gW})}{T_W - T_K} .$$

Somit bestimmen 2 Effekte die Größe der Frontneigung: die Temperatur und der Wind beiderseits der Front. Der Temperatureffekt verursacht ein Aufsteigen in der Warmluft und ein Absteigen in der Kaltluft und versucht durch diese thermisch direkte Zirkulation die Frontfläche in die Waagerechte zu drehen. Diesem Vorgang wirkt der Wind und seine Geschwindigkeitszunahme mit der Höhe beiderseits der Front entgegen. Die stationäre Frontneigung ist dann erreicht, wenn sich beide Kräfte die Waage halten. Außerdem nimmt die Frontneigung wegen $f = 2\,\omega \sin \varphi$ mit zunehmender geographischer Breite zu.

Ein Beispiel soll die Betrachtungen verdeutlichen. Es sei: $T_K = 275$ K, $T_W = 285$ K, $v_{gK} = 35$ m/s, $v_{gW} = 10$ m/s. In 50° Breite ist der Coriolis-Parameter $f = 2\,\omega \sin \varphi = 11{,}2 \cdot 10^{-5} \text{s}^{-1}$. Aus obiger Beziehung folgt dann

$$\tan \alpha = 0{,}008 \text{ , d. h. } \alpha = 0{,}46° .$$

Die Neigung der Front gegen die Horizontale ist somit sehr gering. Der Wert von 0,46° entspricht einem Anstieg von 8 km auf 1000 km Horizontaldistanz, d. h. einem Verhältnis von 1:125.

7 Zyklonen und Antizyklonen

Unter einer Zyklone oder einem Tiefdruckgebiet verstehen wir ein Gebiet tiefen Luftdrucks, in dem der Luftdruck allseitig zum Zentrum hin abnimmt; eine Antizyklone oder ein Hochdruckgebiet ist entsprechend ein Gebiet, in dem der Luftdruck allseitig zum Zentrum hin zunimmt. Beide Drucksysteme sind durch geschlossene, meist kreisförmige bis elliptische Isobaren gekennzeichnet. In Mitteleuropa liegt der Kerndruck der Bodentiefs i. allg. bei 990 – 1000 hPa, in Orkantiefs bei 950 – 970 hPa, während im Zentrum der Hochs in der Regel 1025 – 1030 hPa gemessen werden, gelegentlich aber auch bis 1050 hPa. Der höchste Bodenluftdruck wurde bisher mit 1082 hPa in einem winterlichen Hoch in Sibirien gemessen. Ein Sonderfall sind die intensiven Tiefdruckgebiete der Tropen, d. h. die tropischen Wirbelstürme, in denen mit 880 – 890 hPa die tiefsten Luftdruckwerte auf der Erde aufgetreten sind. Auf der Nordhalbkugel werden die Zyklonen vom Wind im Gegenuhrzeigersinn, die Antizyklonen im Uhrzeigersinn umweht, auf der Südhalbkugel ist die Umströmungsrichtung umgekehrt (Abb. 66). Das bedeutet, daß auf der nördlichen Halbkugel an der Ostseite der Hochs und der Westseite der Tiefs mit einer nördlichen Strömung Kaltluft nach Süden fließt und an der Ostseite der Tiefs und Westseite der Hochs Warmluft nach Norden strömt, ein für den Klimahaushalt der Erde außerordentlich wichtiger Vorgang. Aber auch für unser tägliches Wettergeschehen sind die Hoch- und Tiefdruckgebiete von großer Bedeutung, wie wir wissen; jedoch ist es nur eine Regel, daß Hochs schönes und Tiefs schlechtes Wetter bringen, von der es viele Ausnahmen gibt.

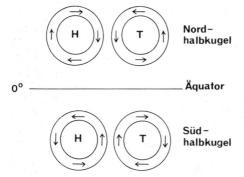

Abb. 66. Grundsätzliche Luftbewegung um Hochs und Tiefs auf der Nord- und Südhalbkugel

7.1 Tiefdruckgebiete

Historisches

In ihren frühesten Ansätzen geht die Vorstellung über Tiefdruckgebiete auf die Zeit um 1800, also die Zeit Goethes, Beethovens, Napoleons, zurück, als Brandes (1777 – 1834) die erste Art einer Bodenwetterkarte zeichnete und die Tiefs als negative Abweichung des Luftdrucks vom durchschnittlichen Luftdruck fand. Dabei stellte er auch den Zusammenhang zwischen barometrischem Minimum und Schlechtwettergebiet fest.

Der Berliner Dove (1803 – 1879) erkannte aufgrund seiner Beobachtungen dann bereits schon den Zusammenhang zwischen tiefem Luftdruck, Windverhältnissen und Luftmasse, auch wenn der Begriff erst viel später geprägt wurde, und sprach in seiner „Theorie der Stürme" vom Kampf einer warmen, südlichen Luftströmung mit einer kalten, nördlichen.

Als erster erkannte der englische Admiral Fitzroy (1805 – 1865) aufgrund seiner Beobachtungen über See die Wirbelstruktur der Tiefdruckgebiete und die zungenförmigen Vorstöße der Kaltluft auf der Westseite und der Warmluft auf der Ostseite (Abb. 67).

Von fundamentaler Bedeutung, auf denen auch unsere heutigen Vorstellungen z. T. noch basieren, waren die Erkenntnisse von Bjerknes, Bergeron und Solberg, der sog. „norwegischen Schule", über die Luftmassen, die Frontalzone und die Polarfront sowie deren Zusammenhang mit der Entwicklung der Tiefdruckgebiete. Bei seiner „Polarfronttheorie" ging V. Bjerknes (1921) davon aus, daß alle außertropischen Zyklonen sich an der Grenze zwischen polarer und (sub-)tropischer Luft bilden, also an der Polarfront. Somit gilt als Voraussetzung für die Entstehung einer Zyklone unserer Breiten das Vorhandensein von 2 Luftmassen, einer kalten und einer warmen. Auch bei ihrer Weiterentwicklung und Verlagerung bleiben die Zyklonen stets an die Polarfront gebunden.

Abb. 67. Historisches Zyklonenmodell nach Fitzroy (1863)

Wir wissen heute, daß es auch noch andere Prozesse in der Atmosphäre gibt, die zur Entwicklung von Tiefdruckgebieten führen, jedoch stellt die Polarfrontzyklone den häufigsten Zyklonentyp der mittleren und höheren Breiten dar.

Lebenslauf der Polarfrontzyklonen

Die Entwicklung der Polarfrontzyklonen am Boden von ihrem Entstehungsstadium über ihr Reife- bis zu ihrem Auflösungsstadium ist in den 20er Jahren zuerst von J. Bjerknes u. Solberg (1922) schematisch beschrieben worden. Nach der Entwicklung der Radiosonde konnten nach 1930 auch die mit dem Bodentief verbundenen Entwicklungen in der Höhe untersucht werden. Schließlich führte der Einsatz der Wettersatelliten in den 60er Jahren zu einer anschaulichen Vorstellung über die großräumige Wolkenverteilung im Zusammenhang mit der Tiefentwicklung am Boden und in der Höhe. Alle Informationen zusammengefaßt führen zu folgendem Schema über den grundsätzlichen Zusammenhang von Boden- und Höhendruckfeld, Bodenfronten, Luftmassen und Bewölkung bei der Entwicklung der Polarfrontzyklonen (Abb. 68a − g):

a) Im Ausgangsstadium verläuft in der Bodenwetterkarte die Grenze zwischen der Kalt- und Warmluft, also die Polarfront, ungestört auf der Vorderseite des Höhentrogs (ausgezogene Linien) und verlagert sich kaum. Ihre häufigste Orientierung ist von West nach Ost, Südwest nach Nordost, oder wie in Abb. 68a von Süd nach Nord. Die Neigung der quasistationären Front, die die Kaltluft im Westen von der Warmluft im Osten trennt, entspricht grundsätzlich dem Gleichgewichtszustand nach der Beziehung von Margules. Gekennzeichnet ist die Polarfront durch ein schmales Wolkenband.

b) Nun beginnt der Luftdruck in einem Gebiet längs der Polarfront stärker zu fallen. Die bodennahe Luft versucht, in das Gebiet etwas tieferen Luftdrucks einzuströmen und deformiert dabei die Polarfront, d. h. in ihrem Erscheinungsbild entsteht eine wellenförmige Ausbuchtung, eine sog. „Welle" (Abb. 68b). Manche zyklonalen Entwicklungen bleiben in diesem Wellenstadium, so daß nur ein kleines, häufig aber regional recht wetterintensives Wellentief an der Polarfront entlang in Richtung der Höhenströmung zieht. Im Satellitenbild ist das Wellenstadium des Tiefs durch eine Verdickung des Wolkenbands oder eine Ausbuchtung gekennzeichnet.

c) In den meisten Fällen intensiviert sich aber der Luftdruckfall und aus der Welle entwickelt sich ein Bodentiefdruckgebiet mit geschlossenen Isobaren (gestrichelte Linien) und zyklonaler Zirkulation der Strömung, das zunehmend größer wird (Abb. 68c). Auf der Rückseite des Tiefdruckwirbels stößt zungenförmig die Kaltluft, auf der Vorderseite die Warmluft vor, d. h. aus der zuvor quasistationären Polarfront entstehen im Strömungsbereich des Tiefs 2 Äste, wobei hinter der „Warmfront" die Warmluft und hinter der „Kaltfront" die Kaltluft vordringt. In diesem Stadium weisen die Zyklonen einen ausgedehnten „Warmsektor", d. h. einen großen, mit Warmluft gefüllten Bereich zwischen der Kaltfront und der Warmfront auf. Kalt- und Warmfront sind durch ein Wolkenband, das Tiefzentrum durch einen ausgedehnten Schichtwolkenkomplex gekennzeichnet.

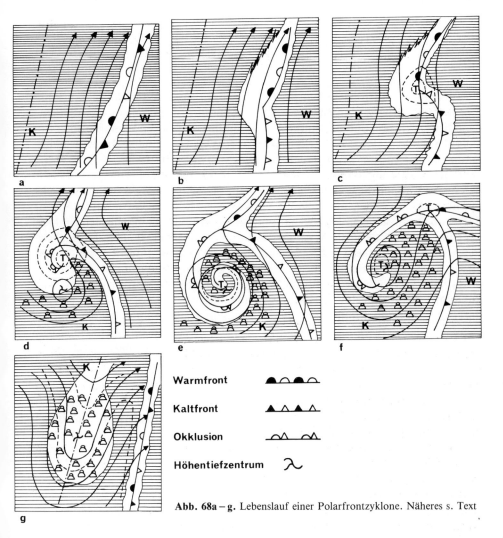

Warmfront

Kaltfront

Okklusion

Höhentiefzentrum

Abb. 68a – g. Lebenslauf einer Polarfrontzyklone. Näheres s. Text

d) Bei der Weiterentwicklung des Tiefs wird der Warmsektor zunehmend eingeengt, verkleinert. Die Ursache dafür ist, daß die Kaltfront rascher zieht als die
Warmfront. Dieses liegt im wesentlichen an der größeren Stabilität der Warmluft
im Vergleich zur Kaltluft. So kann die instabilere Kaltluft aufgrund ihrer größeren Dichte die vorgelagerte Warmluft leicht verdrängen, während die weniger
dichte Warmluft den Platz der vorgelagerten Kaltluft nur schwer einnehmen
kann. An beiden Grenzen, d. h. vor der Kaltfront wie an der Warmfront weicht
dadurch die Warmluft nach oben aus, sie steigt auf.

Die Kaltfront holt die Warmfront zuerst im zentralen Tiefbereich ein. Beide
Fronten vereinigen sich zu einer Front, der Okklusion, und man sagt, das Tief
beginnt zu okkludieren. Zungenförmig schiebt sich dabei die Kaltluft, erkennt-
lich an der Kumulusform der Bewölkung, von der Tiefrückseite in den zentralen
Tiefbereich mit seiner Schichtbewölkung vor (Abb. 68d).

Erstmals ist in diesem Stadium der Entwicklung ein Höhentiefzentrum in rund 5 km Höhe (500 hPa) zu erkennen. Es liegt im Bereich der Kaltluft mehrere hundert Kilometer vom Bodentiefzentrum entfernt. Während das Bodentief in dieser Phase seine größte Intensität zu erreichen beginnt, ist das Höhentief noch schwach entwickelt.

e) Gewissermaßen nach dem Reißverschlußprinzip schreitet der Okklusionsprozeß vom Wirbelzentrum nach außen fort. Spiralförmig erscheint das Wolkenband der Okklusion und die Kaltluftzunge mit ihrer typischen kumuliformen Bewölkung im zentralen Tiefbereich angeordnet. Das Höhentiefzentrum ist näher an das Bodenzentrum herangerückt und hat sich verstärkt (Abb. 68 e).

f) Im Auflösungsstadium ist das Tiefzentrum weitgehend von Kaltluft und damit von Kumulusbewölkung angefüllt. Nur das schmale Wolkenband der Okklusion zeigt noch den in der Höhe vorhandenen Rest an Warmluft an (Abb. 68 f). Am Okklusionspunkt, also am Endpunkt der Okklusion kann sich ein kleines „Randtief" bilden. Dieses ist aber nicht immer der Fall. Boden- und Höhentief liegen nahezu senkrecht übereinander, wobei das Bodentief nur noch schwach, das Höhentief dagegen stark entwickelt ist.

g) Im Endstadium ist das Bodentief, d. h. die geschlossene Isobaren- und Zirkulationsform aus der Wetterkarte verschwunden. Nur noch ein Isobarentrog, der vollständig mit Kaltluft bzw. Quellbewölkung ausgefüllt ist, weist auf die ehemalige Tiefentwicklung hin. Vorhanden ist dagegen noch der Höhenwirbel. Die Polarfront hat sich während des Lebenslaufs der Zyklone nach Osten verlagert; eine neue Welle kann zu einer neuen Tiefentwicklung führen (Abb. 68 g).

Wie wir gesehen haben, bleiben die Wellenzyklonen während ihres gesamten Lebenslaufs an die Polarfront gebunden. Daher finden sich in den Wetterkarten längs eines Frontenzugs häufig mehrere Zyklonen, d. h. ganze „Zyklonenfamilien" (s. Abb. 74a). Dabei ist das vordere (nordöstliche) Tief das älteste, das hinterste (südwestliche) das jüngste (vgl. auch Abb. 112). Höhentröge und -keile, die mit den einzelnen Bodentiefs bzw. Hochs verbunden sind, heißen „kurze Wellen", jene, die mit den Zyklonenfamilien gekoppelt sind, heißen „lange Wellen".

Eindrucksvoll belegt wird der schematisch dargestellte Lebenslauf der Polarfrontzyklonen durch die Satellitenaufnahmen der Tiefentwicklung vom 9. bis 14. April 1968 über der westlichen Sowjetunion. Jede Phase im Leben einer Polarfrontzyklone ist in den Wolkenaufnahmen anschaulich wiederzufinden (vgl. Abb. 111 a – f).

7.2 Fronten der Zyklonen

Unter einer „idealen" Front verstehen wir im Sinne von Marguéles (1906) eine räumlich geneigte Grenzfläche zwischen 2 Luftmassen, an der sich die Temperatur und Feuchte in der Horizontalebene sprunghaft, also übergangslos ändert. Mathematisch gesprochen, tritt im Temperatur- und Feuchtefeld an der idealen Front eine Diskontinuität (0. Ordnung) auf.

Wie wir bei der Diskussion der Polarfront schon gesehen haben, sind die „realen" Fronten dagegen schmale, räumlich geneigte Grenzbereiche zwischen 2 Luftmassen, in denen starke horizontale Temperatur- und Feuchtegradienten auftreten, d. h. reale Fronten sind durch starke horizontale Temperatur- und Feuchteänderungen im Frontbereich gekennzeichnet, sie sind hyperbarokline atmosphärische Zonen. Als atmosphärische Strukturen verlagern sich die Fronten im allgemeinen Strömungsfeld, wobei sie jedoch nicht einfach mitdriften, sondern ihre Bewegung das Ergebnis komplexer horizontaler und vertikaler Prozesse ist.

Zu unterscheiden haben wir, wie wir gesehen haben, als ursprünglichen Frontentyp die Warmfront und die Kaltfront und als Kombinationstyp die Okklusion. Im Bodendruckfeld sind die Fronten durch eine Rinne tiefen Luftdrucks charakterisiert, im Strömungsfeld der Reibungsschicht entsprechend durch konvergente Winde beiderseits der Front, d. h. durch Winde, die eine Komponente zur Tiefdruckrinne und damit zur Front aufweisen. Diese Erscheinung verdeutlicht, daß Fronten mit einer aufsteigenden Luftbewegung verbunden sind.

Warmfront

Sie trennt die Warmluft eines Tiefs von der vorgelagerten Kaltluft. Da sich die warme Luft über die kalte schiebt, ist die Atmosphäre in ihrem Bereich in der Regel stabil geschichtet. Mit einer Neigung von etwa 1 : 150, d. h. einem Anstieg von nur 1 km auf 150 km Entfernung liegt sie recht flach im Raum.

Typisch für die stabile Warmfront ist das Aufgleiten der Warmluft längs der Front und damit die Aufgleitbewölkung. Der Bewölkungsaufzug beginnt bereits 500 – 800 km vor der Bodenlage der Warmfront mit Zirrus und Zirrostratus, in dessen Eiskristallen sich häufig als optisches Phänomen ein farbiger Ring um die Sonne, ein „Halo", bildet. Mit Annäherung der Bodenfront geht die Bewölkung in Altostratus über, der sich zu Nimbostratus verdichtet und aus dem anhaltender Niederschlag in Form von Landregen im Sommer und stundenlanger Schneefall im Winter auftritt.

Mit dem Durchzug der Bodenwarmfront nimmt die vertikale Wolkenmächtigkeit rasch ab, und der Dauerregen hört auf.

Im Warmsektor herrschen relativ einheitliche Temperaturverhältnisse. In der Nähe des Tiefzentrums bleibt die Wolkendecke aus Stratus oder Stratokumulus geschlossen und vereinzelt kann noch etwas Regen oder Sprühregen fallen. In größerer Entfernung vom Tiefzentrum, also dort, wo sich schon Hochdruckeinfluß auswirkt, ist die Warmfront nur noch mit Wolkenfeldern verbunden. Im Warmsektor kann dort der Himmel aufheitern und die Mittagstemperatur kräftig ansteigen.

Kaltfront

Sie bildet die Grenze zwischen der rückseitigen Kaltluft des Tiefs und der vorgelagerten Warmluft des Warmsektors. Mit ihrem Durchgang an einem Ort setzt der Temperaturrückgang ein, der sich fortsetzt, bis das Zentrum der Polarluft den Ort überquert hat. In der Bodenwetterkarte finden wir daher die Kaltfront dort, wo die Abkühlung beginnt.

Die im Vergleich zur Warmfront ausgeprägteren Temperatur- und Windgeschwindigkeitsgegensätze führen dazu, daß die Kaltfronten mit einer Neigung

von etwa 1:100 steiler sind als Warmfronten. Dadurch finden die Hebungspro-
zesse der Warmluft unmittelbar vor und an der Kaltfront intensiver statt, was
auch zu intensiveren Wettererscheinungen führt.

Dabei haben wir grundsätzlich zu unterscheiden zwischen schnell ziehenden
und langsam ziehenden Kaltfronten. An den schnellziehenden Kaltfronten ist das
Aufsteigen der feuchtwarmen Luft sehr intensiv, und es bilden sich hochreichende Kumulonimbuswolken. Schauer, Gewitter und ein in Form von Fallböen kräftig auffrischender Wind sind die Folge. Altocumulus castellanus deuten häufig
auf das Nahen der Kaltfront, auf den labilen Wettercharakter hin. Charakteristisch ist ferner das kräftige Absinken der Kaltluft im Frontbereich und hinter
der Front, was zu einer (postfrontalen) Aufheiterung nach Durchzug der Kaltfront führt, bevor es in der meist labil geschichteten Kaltluft zur Bildung von
Konvektionswolken kommt, die mit Schauern verbunden sind, solange der zyklonale Einfluß vorhanden ist. Dieser Kaltfronttyp wird bei uns am häufigsten
angetroffen.

Anders liegen die Verhältnisse bei langsam ziehenden Kaltfronten. Sie sind in
der Regel mit schwachen Druckgegensätzen und flachen Wellen längs des Frontenzugs verbunden. An die Stelle intensiver Hebung tritt bei ihnen eine mehr auf-
gleitende Bewegung der Warmluft längs des Kaltfrontbereichs, d. h. an den langsamen Kaltfronten entsteht ein Wettertyp in der Art einer umgekehrten Warmfront.

Im Bodenfrontbereich treten dabei im Sommer v. a. Kumulonimbuswolken
mit Gewitterschauern, im Winter Nimbostratusbewölkung mit Dauernieder-
schlag auf. In den mittleren und höheren Schichten ist der langsame Kaltfronttyp
mit Altostratus und Zirrus verbunden, die sich weit über den bodennahen Kaltluftbereich schieben.

In Abb. 69a, b sind die grundsätzlichen Strömungs-, Bewölkungs- und Niederschlagsverhältnisse an der Warmfront, an einer schnellziehenden Kaltfront

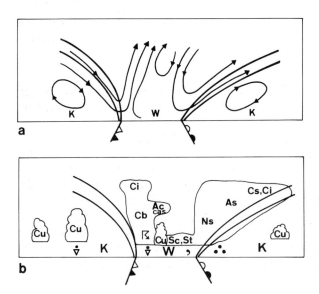

Abb. 69a, b. Vertikale Strömungsverhältnisse (a) und
Wettererscheinungen (b) in
einer vollentwickelten Zyklone mit schnellziehender Kaltfront

Abb. 70a, b. Vertikale Strömungsverhältnisse (**a**) und Wettererscheinungen (**b**) an einer langsam ziehenden Kaltfront

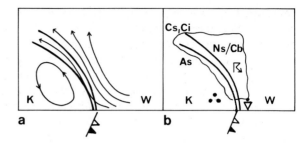

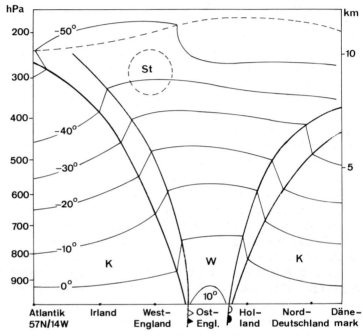

Abb. 71. Thermische Struktur einer vollentwickelten Zyklone im Vertikalschnitt (Orkanwetterlage vom 12. November 1972)

sowie innerhalb der Warm- und Kaltluftmasse dargestellt. In Abb. 70a, b sind die Strömungs- und Wolkenanordnung für langsam ziehende Kaltfronten wiedergegeben.

Die vertikale thermische Struktur einer vollentwickelten Zyklone sei am Beispiel des schweren Orkantiefs vom 12./13. November 1972 (Abb. 71) veranschaulicht. Die am Boden über dem Englischen Kanal liegende Warmfront ist in der Höhe bereits über Norddeutschland und Dänemark angekommen. Die steilere Kaltfront befindet sich am Boden über Mittelengland und weist in der Höhe eine Neigung zum Atlantik auf. Entsprechend den höheren Lufttemperaturen im Warmsektor liegen dort die Isothermen und die Tropopause am höchsten. Starke horizontale Temperaturänderungen kennzeichnen den Warmfront- und Kaltfrontbereich. Außerdem ist die typische Lage des Starkwindmaximums in der Warmluft oberhalb der Kaltfront zu erkennen.

Okklusion

Die Vereinigung der schneller ziehenden Kaltfront mit der Warmfront des Tiefs führt zur Okklusion, wobei dann die Warmluft und damit auch die Warmfront nur noch in der Höhe vorhanden ist, während am Boden 2 Kaltluftmassen, die der Vorderseite und der Rückseite des Tiefs, aneinandergrenzen.

Weisen die beiden Kaltluftmassen beiderseits ihrer Grenze nahezu die gleiche Temperatur auf, so bezeichnen wir die Front kurz als Okklusion. Ist dagegen die nachfolgende Kaltluft kälter als die vorlaufende, so daß an einem Ort mit dem Durchgang der Okklusionsfront ein Temperaturrückgang einsetzt, so sprechen wir von einer „Kaltfrontokklusion". Diese Form tritt bei uns häufig im Sommer auf. Bei einer „Warmfrontokklusion", wie sie als Folge des im Vergleich zum Festland warmen Atlantiks bei uns im Winter öfter auftritt, weist dagegen die nachfolgende Kaltluft etwas höhere Temperaturen auf als die vorlaufende, so daß es nach dem Frontdurchzug etwas wärmer wird.

In Abb. 72a,b sind die grundsätzlichen Strömungs-, Niederschlags- und Bewölkungsverhältnisse an einer Okklusion dargestellt. Bewölkung und Niederschläge stellen i. allg. eine starke räumliche Drängung von Warmfront- und Kaltfrontwetter dar. Während dabei im Winter der stratiforme Wolkencharakter mit länger anhaltendem Niederschlag der Normalfall ist, sind die sommerlichen Okklusionen z. T. mit labiler Schichtung, d. h. mit Kumulonimben, Schauern und Gewittern verbunden.

In Abb. 73 ist die grundsätzliche thermische Struktur einer Okklusion anhand der pseudopotentiellen Temperatur, d. h. anhand des Gesamtwärmeinhalts der Luft wiedergegeben. Deutlich sind die beiden Kaltluftmassen sowie die abgehobene Warmluft zu erkennen. Die Tatsache, daß sich von der Warmluftschale in der Höhe eine Warmluftzunge bis zum Boden erstreckt, erklärt sich aus den Bewölkungs-, Strahlungs- und Konvergenzverhältnissen, wodurch die Luft in der Bodenwetterkarte unmittelbar an der Okklusion am wärmsten und am feuchte-

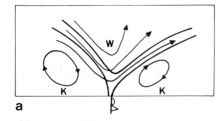

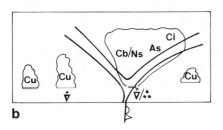

Abb. 72a,b. Vertikale Strömungsverhältnisse **(a)** und Wettererscheinungen **(b)** an einer Okklusion

Abb. 73. Thermische Struktur einer Okklusion anhand der pseudopotentiellen Temperatur. (Nach Geb, 1971)

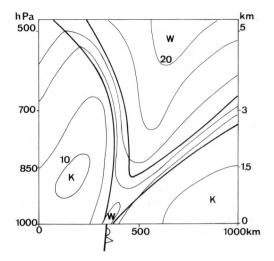

sten erscheint. Zu beachten ist auch die Neigung der Warmluftachse mit der Höhe. Dieser Umstand ist im Einzelfall von Bedeutung für das Auftreten des stabilen oder labilen Okklusionstyps. Ganz allgemein läßt sich zur Unterscheidung von stabiler und latent labiler Wettersituation sagen:

Nimmt über einem Ort die pseudopotentielle Temperatur mit der Höhe zu, so liegt – vom Gesamtwärmeinhalt gesehen – wärmere, also spezifisch leichtere über kälterer Luft, und die Schichtung ist stabil. Nimmt dagegen die pseudopotentielle Temperatur mit der Höhe ab, so bedeutet das, daß spezifisch kältere Luft über wärmerer liegt, und die Schichtung ist labil, genauer latent labil, denn erst mit der Wolkenbildung, d. h. dem Freisetzen latenter Energie des Wasserdampfs bei der Kondensation erscheinen die unteren, wasserdampfreicheren Schichten wärmer als die höheren, und der Labilitätsprozeß beginnt. Die vertikale Änderung der pseudopotentiellen Temperatur ist daher ein wichtiger Indikator bei der Erkennung latent labiler Schichtung in der Atmosphäre und damit bei der Gewittervorhersage.

7.3 Zusammenhang von Bodenfronten und Höhenwetterkarte

Bei den bisherigen Ausführungen über das Verhältnis der Bodenfronten zu den Erscheinungen in der Höhe haben wir uns die atmosphärischen Strukturen mit Hilfe von Vertikalschnitten veranschaulicht. Nachzuholen ist noch die horizontale Zuordnung der Erscheinungen zwischen der Boden- und der Höhenwetterkarte.

In Abb. 74a erkennen wir im Bodendruckfeld vom 23. Juli 1981, 06z ein Tiefdrucksystem über West- und Nordeuropa, wobei es sich bei den Tiefs um Polarfrontzyklonen handelt. Das nördliche Tief ist bereits weitgehend okkludiert und daher das älteste, während über Spanien ein sehr junges Tief zu erkennen ist, d. h. die 3 Wirbel bilden eine Zyklonenfamilie.

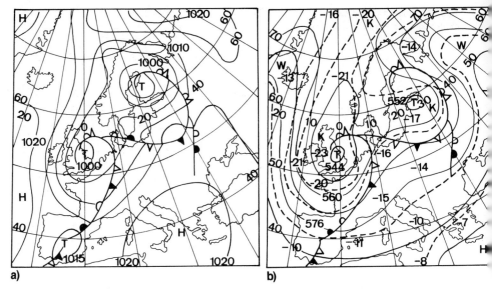

a)   **b)**

Abb. 74a, b. Wetterkarten vom 23. Juli 1981. **a** Bodenwetterkarte; **b** Höhenwetterkarte von 500 hPa
mit Isogeopotentialen (————), Isothermen (– – –) und Bodenfronten

In Abb. 74b ist das korrespondierende Höhendruckfeld von 500 hPa wiedergegeben. Im Bereich der Höhentiefs bzw. Höhentröge ist die Luft stets kalt, im
Bereich der Höhenhochs bzw. der Höhenkeile ist sie stets vergleichsweise warm.
Die Bodenkaltfront mit dem Wellentief über Spanien liegt auf der Trogvordersei-
te, während die Warmfront über der Ostsee durch einen schwachen Hochkeil gekennzeichnet ist. Auch das Okklusionssystem verläuft auf der Vorderseite der
höhenkalten Luft. Dieses Beispiel ist typisch für die Kopplung von Bodensyste-
men und Höhenwetterkarte.

Besonders deutlich werden die Zusammenhänge von Bodenfronten und Hö-
hentemperaturfeld, wenn wir anstelle der Temperaturen in einem Niveau, wie wir
es oben getan haben, die Mitteltemperatur einer größeren Schicht betrachten. In
der Regel benutzt man dazu die Schicht 500 hPa über 1000 hPa und drückt die
Mitteltemperatur durch den Abstand der beiden Druckflächen, d. h. durch die
Schichtdicke aus. Dort, wo die Schichtdicke groß ist, muß die Luftdichte gering
und somit die Mitteltemperatur hoch sein, dort, wo die Schichtdicke gering ist,
muß die Luftsäule kalt sein.

Derartige Schichtdickenkarten bezeichnen wir als relative Topographie. Ihre
Isolinien stellen relative Isothermen dar, so daß sich in ihnen sowohl die barotro-
pen Zentren der Luftmassen als auch ihre Grenzbereiche, d. h. die baroklinen
Zonen deutlich erkennen lassen.

In Abb. 75 sind die Schichtdickenlinien der Schicht 500/1000 hPa wiedergegeben, in der die Bodenfronten eingezeichnet sind. Die Isothermendrängung
liegt, wie wir sehen, hinter der Kaltfront und vor der Warmfront, d. h. beide
Fronten liegen auf der warmen Seite der durch die Isothermendrängung gekennzeichneten Frontalzone. Typisch für Okklusionen ist die Warmluftzunge, die sich

Abb. 75. Zusammenhang von Bodenfronten und relativer Topographie 500/1000 hPa

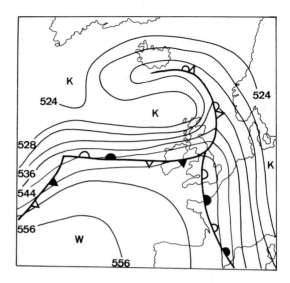

im vorliegenden Beispiel nach Island erstreckt. Über dem westlichen Atlantik ist die Welle mit der typischen Ausbuchtung im Temperaturfeld gekoppelt.

7.4 Kaltlufttropfen

Unter einem Kaltlufttropfen verstehen wir ein Tief, das in der Höhenwetterkarte als deutlicher Wirbel ausgeprägt ist, während es am Boden gar nicht oder kaum zu erkennen ist. In der Regel treten Kaltlufttropfen am Rande von Hochdruckgebieten, d. h. bei relativ hohem Bodenluftdruck auf, so daß die starke Bewölkung, Schauer, Gewitter und Böen für den sehr überraschend auftreten, dessen Barometer entsprechend dem hohen Luftdruck auf „Schön" steht.

Kaltlufttropfen sind, wie ihr Name es sagt, die Folge kalter Luft in ihrem Bereich; in ihrer Mitteltemperatur unterscheiden sich die im Durchmesser 200 – 500 km betragenden Wirbel von ihrer Umgebung um 5 – 10 °C, gelegentlich auch um mehr. Damit erklärt sich auch der niedrige Druck in der Höhe bei vergleichsweise hohem Bodendruck, denn nach der statischen Grundgleichung in der Form

$$\frac{\delta p}{\delta z} = -g\rho(T)$$

nimmt der Luftdruck mit der Höhe in der kalten Luftsäule rasch ab.

Abb. 76. Cut-off-Effekt eines Kaltluftgebiets

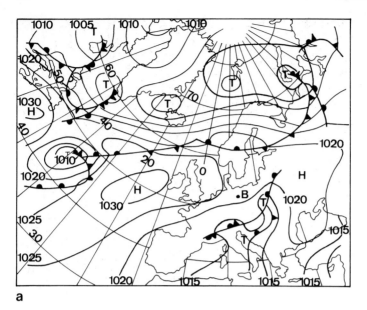

a

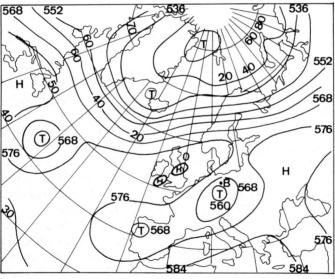

b

Abb. 77a – c. Karten vom 7. Juni 1983. **a** Bodenwetterkarte; **b** 500-hPa-Höhenkarte; **c** relative Topographie 500/1000 hPa

Im Sommer führen die niedrigen Höhentemperaturen zu einer labilen Schichtung, wenn der Kaltlufttropfen sich über dem erwärmten Festland befindet. Starke Konvektionsvorgänge mit den obengenannten Wettererscheinungen sind die Folge. Im Winter ist die Gegenstrahlung der trockenkalten Höhenluft sehr gering, so daß in ihrem zentralen Bereich sehr niedrige Tiefsttemperaturen am Boden auftreten. An die Stelle von Schauern treten ausgedehnte Schneefallgebiete,

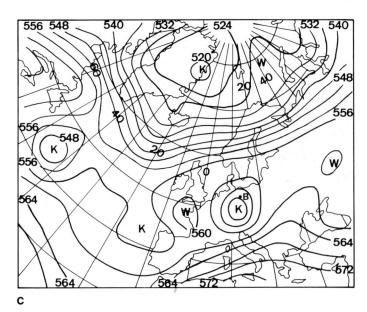

c

die durch das Aufgleiten der wärmeren Umgebungsluft auf die Kaltluft verursacht werden.

Die Entstehung der Kaltlufttropfen erfolgt abseits der Polarfront am Boden in der baroklinen Frontalzone in der Höhe, wenn es zu einer regionalen Abschnürung eines Kaltluftgebiets von der ausgedehnten Polarluftmasse kommt, zu einem sog. Cut-off-Effekt (Abb. 76).

Kaltlufttropfen weisen daher im Gegensatz zu Polarfrontzyklonen primär keine Bodenfronten auf; allerdings können sie gelegentlich im Laufe der Zeit eine sekundäre Kaltfront in ihren Zirkulationsbereich einbeziehen, wenn sich ihre zyklonale Rotation, wenn auch in abgeschwächter Form, bis zum Boden durchsetzt. Ihre Lebensdauer reicht von einigen Tagen bis zu etwa 2 Wochen, wobei sie in ihrer Zugrichtung grundsätzlich der Luftströmung am Boden folgen.

In Abb. 77 sind die Bodenwetterkarte, die Höhenkarte von 500 hPa und die relative Topographie 500/1000 hPa für einen Kaltlufttropfen wiedergegeben, der sich am 4. Juni im Seegebiet von Schottland gebildet hat und über Südskandinavien, den Berliner Raum und die Alpen in 7 Tagen bis zum Schwarzen Meer gezogen ist. Den Höhepunkt seiner Entwicklung erreichte er am 7. Juni über der Bundesrepublik Deutschland. In der Bodenkarte befindet sich Mitteleuropa im Bereich einer Hochdruckbrücke, die sich vom Azorenhoch ostwärts erstreckt (s. Abb. 77a). Im 500-hPa-Niveau bietet sich jedoch ein gänzlich anderes Bild (s. Abb. 77b). Dort liegt südlich von Berlin ein kräftiges Höhentief, dessen Ursache, wie die relativen Isothermen der Schichtdickenkarte 500/1000 hPa (s. Abb. 77c) zeigen, ein intensives Kältezentrum ist.

In Abb. 78 ist die vertikale thermische Struktur des Kaltlufttropfens dargestellt. Deutlich ist die tiefe Lage der Isothermen und die niedrige Tropopausenhöhe in seinem Zentrum zu erkennen. Seine Temperaturdifferenz zur Umgebung

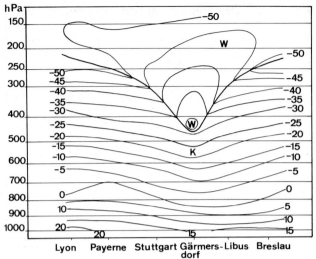

Abb. 78. Thermische Struktur eines Kaltlufttropfens im Vertikalschnitt (7. Juni 1973)

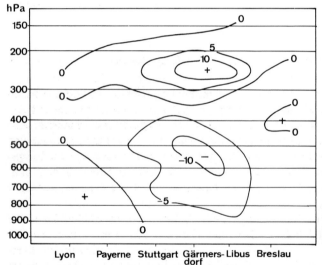

Abb. 79. Temperaturdifferenz eines Kaltlufttropfens zur Umgebung (7. Juni 1973)

beträgt, wie aus Abb. 79 folgt, bis zu 10 K. Auffällig ist, daß die Atmosphäre oberhalb des Kaltlufttropfens dafür bis zu 10 K wärmer ist als die Umgebung, was eine Folge des Absinkens der Luft über ihm ist.

Daß die Luft in seinem Bereich aufsteigt, folgt indirekt aus dem Vertikalschnitt der relativen Feuchte. Die in seinem Zentrum über Gärmersdorf sich aufwölbenden Feuchtelinien zeigen die hochreichende Quellbewölkung an, die mit Schauern und Gewittern verbunden ist. An seinen Flanken weist dagegen die niedrige relative Feuchte auf Absinken in der Höhe hin, wodurch die Vertikalentwicklung der Wolken gebremst wird (Abb. 80).

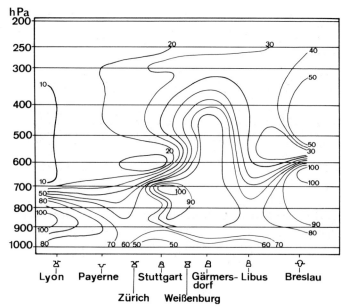

Abb. 80. Vertikalschnitt der relativen Feuchte durch einen Kaltlufttropfen (7. Juni 1973)

7.5 Tropische Zyklonen – tropische Wirbelstürme

In den Tropen nimmt der Luftdruck von den Subtropenhochs auf beiden Halb-kugeln zum Äquator hin ab, so daß parallel zum Äquator ein Gürtel tiefen Luft-drucks anzutreffen ist. Im Gegensatz zum Tiefdruckgürtel der mittleren und nördlichen Breiten ist er jedoch nur mit einer einzigen Luftmasse, nämlich mit Tropikluft, erfüllt. Damit entfällt für die tropischen Zyklonen ein Entstehungs-mechanismus, wie wir ihn für die Polarfrontzyklonen kennengelernt haben, d. h. weder die Entstehung noch die Weiterentwicklung tropischer Tiefs ist mit einer Luftmassengrenze gekoppelt.

Regionaler Luftdruckfall in der äquatorialen Tiefdruckrinne führt dazu, daß sich flache tropische Wellen im Strömungsfeld bilden. Ihr rückwärtiger Bereich ist in der Regel durch konvergente Strömung, ihr vorderer Bereich durch diver-gente Strömung gekennzeichnet. Bei instabiler Schichtung entwickeln sich im konvergenten Wellenteil hochreichende Kumulonimbuskomplexe, sog. Cluster, und intensive Gewitterschauer, während im divergenten Bereich aufgelockerte Quellbewölkung ohne Niederschlag anzutreffen ist (Abb. 81). Entsprechend der Generalströmung in den Tropen von Ost nach West ziehen die tropischen Wellen – im Gegensatz zu den Tiefs unserer Breiten – in der Regel von Osten nach We-sten.

Durch weiteren Luftdruckfall können aus den Wellen tropische Zyklonen entstehen, die sich wiederum gelegentlich bis zu tropischen Orkantiefs, den tropi-schen Wirbelstürmen, weiterentwickeln. Sie werden in den USA als Hurrikan, in Japan als Taifun bezeichnet. Auch wenn der Entstehungsmechanismus tropi-

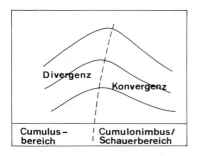

Abb. 81. Tropische Wellen

scher Wirbelstürme noch nicht in allen Einzelheiten geklärt ist, so lassen sich doch eine Reihe von Grundtatsachen aufzeigen, die die Voraussetzung für ihre Bildung sind.

Tropische Wirbelstürme entstehen nur über dem Meer und nur dort, wo die Wassertemperatur mindestens 27 °C beträgt. Außerdem bilden sie sich nicht zwischen 4°N und 4°S, d. h. in unmittelbarer Nähe des Äquators.

Diese Tatsachen weisen auf folgende physikalische Zusammenhänge hin: Tropische Wirbelstürme entstehen nur dort, wo die Reibung und damit das Einströmen der bodennahen Luft in das Gebiet tiefen Luftdrucks gering ist; erst durch diesen Umstand vermag sich ein starker Luftdruckunterschied aufzubauen. Die hohen Wassertemperaturen verdeutlichen, daß sie ihre Energie aus dem Wärmespeicher Ozean beziehen, und zwar über die latente Energie des Wasserdampfs, d. h. über die Wärmeaufnahme beim Verdunstungsprozeß und die Wärmeabgabe an die Atmosphäre bei der Kondensation. Die mächtigen Wolkenkomplexe der tropischen Orkantiefs sind ein deutlicher Beleg dafür, welche ungeheuren Mengen latenter Wärmeenergie der Atmosphäre zugeführt werden.

Der Einfluß der Coriolis-Kraft bei der Wirbelsturmentstehung wird schließlich daran sichtbar, daß sie nicht in Äquatornähe entstehen. Dort weht nämlich der Wind durch das Fehlen der ablenkenden Kraft der Erdrotation praktisch senkrecht vom höheren zum tieferen Luftdruck − wir sprechen vom sog. Euler-Wind −, so daß in der Äquatorregion entstehende Druckunterschiede sofort wieder abgebaut werden.

Tropische Wirbelstürme haben in der Regel nur einen Durchmesser von etwa 500 km und sind damit erheblich kleiner als die Tiefs unserer Breiten. In ihrem Zentrum weisen sie eine 10 − 30 km breite Zone auf, in der der Wind nur schwach ist, der Regen nachläßt oder aufhört und die Wolkendecke lichter wird oder aufreißt. Dieses ist das „Auge des Orkans".

In einer etwa 300 km breiten Zone um das Auge herum konzentriert sich die ungeheure Energie des Wirbelsturms. Verheerende Windgeschwindigkeiten von 150 − 300 km/h sind dort anzutreffen, sintflutartige Niederschläge treten auf; dabei kann die Jahresniederschlagsmenge Mitteleuropas von 600 − 700 mm in wenigen Stunden fallen. An den Küsten drohen als zusätzliche Gefahr die meterhohen Flutwellen der aufgepeitschten See, die schon ganze Dörfer und Landstriche fortgeschwemmt haben.

Um eine Vorstellung zu bekommen, wie groß die Wucht des Winds bei senkrechtem Aufprall auf eine Fläche ist, verwenden wir die vereinfachte Formel für den Staudruck p_{St}, d. h.

$$p_{St} = \left(\frac{v}{4}\right)^2,$$

wobei die Windgeschwindigkeit v in m/s eingeht und der Staudruck als anschauliches Maß in kp/m^2 angegeben wird. Bei einem Wind von 20 m/s (Stärke 8) beträgt der Staudruck 25 kp/m^2, bei 30 m/s (Stärke 11) erreicht er 56 kp/m^2, bei 40 m/s (Stärke 12) sind es 100 kp/m^2 und in einem tropischen Orkan mit 83 m/s, also rund 300 km/h, wirkt ein Staudruck von über 400 kp/m^2, d. h. von mehr als 8 Zentnern auf die angeströmten Flächen.

Gleichzeitig wird durch das Pulsieren der Windstöße jedes Hindernis in starke Schwingungen versetzt, so daß sich die zerstörende Kraft voll entfalten kann. Über die Katastrophensituation meldete am 18. August 1983 eine Nachrichtenagentur: „Galveston (AP). Der Hurrikan „Alicia" hat am Donnerstag mit Windgeschwindigkeiten bis zu 185 Stundenkilometern, Sturmfluten und heftigem Regen die Südküste der USA erreicht und schwere Schäden angerichtet. In Galveston an der texanischen Küste setzten Flutwellen von 3,6 m Höhe hunderte Häuser unter Wasser. Der Sturm riß Dachziegel und Hausverkleidungen ab, warf Schilder, Bäume und Autos um und riß Boote los. Die Stromversorgung der 60 000 Einwohner zählenden Stadt brach zusammen. Tausende von Einwohnern Galvestons, wo im Jahr 1900 die bisher schlimmste Hurrikankatastrophe der USA 6000 Todesopfer gefordert hat, sowie die Einwohner anderer Orte flüchteten ins Landesinnere, wo bereits zuvor Evakuierungszentren eingerichtet worden waren."

Der Sachschaden betrug in diesem Fall wie auch bei vielen anderen Wirbelstürmen hunderte von Millionen Dollar.

In Abb. 82a sind die Strömungs- und Bewölkungsverhältnisse in einem tropischen Wirbelsturm schematisch wiedergegeben. Dabei wird deutlich, daß es in den unteren Schichten zu einem starken Einströmen der Luft kommt, während in der Höhe ein antizyklonales Ausströmen erfolgt. Intensives Aufsteigen kennzeichnet die Gebiete mit hochreichenden Wolken, hingegen tritt im Auge des Or-

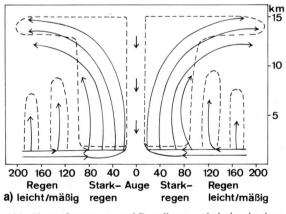

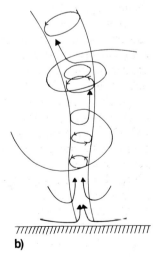

Abb. 82a, b. Strömungs- und Bewölkungsverhältnisse in einem tropischen Wirbelsturm (**a**), Strömungsverhältnisse in einem Tornado (**b**)

kans schwaches Absinken auf. Die höchste Windgeschwindigkeit tritt in einem Ring in etwa 30 – 60 km Entfernung vom Tiefzentrum auf, im Auge selber ist es dagegen relativ windschwach. Von den Wirbelstürmen betroffene Gebiete sind Japan und die Philippinen, der Golf von Bengalen, die westindischen Inseln und die südlichen Küstengebiete der USA. Hauptwirbelsturmzeit ist der Spätsommer, wenn die Meerestemperaturen ihre Höchstwerte erreichen.

Flugzeuge, Wettersatelliten und Radar werden eingesetzt, um die tropischen Wirbelstürme rechtzeitig zu erkennen, ihre Bahn zu verfolgen und Daten für den Computer zu sammeln, mit dem ihre voraussichtliche Zugbahn und Intensität berechnet wird. Nur über ein derartiges Frühwarnsystem lassen sich die Schäden in Grenzen halten, kann die Bevölkerung rechtzeitig gewarnt und evakuiert werden.

Tropische Wirbelstürme ziehen in den nordhemisphärischen Tropen an der Südflanke des Subtropenhochs von Osten nach Westen und biegen z. B. vor der nordamerikanischen Ostküste nach Norden um. Dabei gelangen sie über kältere Meeresgebiete und beginnen sich abzuschwächen, da ihre Energiezufuhr nachläßt. Treten sie auf das Festland über, so kommt dazu noch die hohe Reibung, und der Wirbelsturm löst sich innerhalb weniger Stunden auf. Einige bleiben über dem Meer und gelangen in die Westwindzone, wo sie in stark abgeschwächter Form wie die Tiefs mittlerer Breiten nach Osten ziehen.

7.6 Tornados, Tromben und Staubteufelchen

Als Tornado bezeichnen wir einen kleinräumigen Wirbelsturm, dessen Durchmesser nur wenige Zehner- bis Hektometer beträgt. Tornados entstehen im Westen der USA im Zusammenhang mit Kumulonimbusbewölkung, und zwar bevorzugt an Kaltfronten, an denen trockenkalte Luft von den Rocky Mountains mit feuchtwarmer Luft aus dem Golf von Mexiko zusammenstößt. Dabei entstehen außerordentlich große Temperatur- und Feuchtegegensätze auf engstem Raum.

Gekennzeichnet sind Tornados durch einen extremen Luftdruckfall mit Werten von 50 – 100 hPa und durch entsprechend hohe Windgeschwindigkeiten, die mehrere hundert Kilometer pro Stunde erreichen können. Ihr sichtbares Zeichen ist ein „Rüssel", der mit Wassertropfen als Folge der Kondensationsvorgänge bei starkem Druckfall und mit aufgewirbeltem Staub gefüllt ist und sich von der Gewitterwolke in Richtung Erdboden erstreckt. In seinem Bereich treten außerordentlich hohe Vertikal- und Rotationsgeschwindigkeiten auf (Abb. 82b). Längs der Zugbahn von Tornados bleibt eine Schneise der Verwüstung zurück, da Häuser bersten, Bäume entwurzelt und Autos und sonstige Gegenstände durch die Luft gewirbelt werden.

Auch in Mitteleuropa treten gelegentlich derartige kleinräumige Wirbelstürme auf, so z. B. im August 1968 in Pforzheim. Bei uns werden sie als Tromben oder Windhosen bezeichnet und erreichen, von einigen Ausnahmen abgesehen, nicht die vernichtende Wucht amerikanischer Tornados.

Erwähnt seien in diesem Zusammenhang noch die sog. Staubteufelchen, die über großen Sandflächen, also v. a. über den Wüstengebieten entstehen. Dabei

ist zu beobachten, daß eine Staubsäule vom Boden bis zu wenigen Metern empor-
wächst, unter rotierender Bewegung eine kurze Strecke „läuft", und dann wieder
zusammenbricht. Diese Erscheinung ist darauf zurückzuführen, daß sich durch
starke lokale Überhitzung plötzlich Konvektionsblasen vom Erdboden ablösen
und stark beschleunigt aufsteigen. Die zum Ausgleich erforderliche Umgebungsluft stürzt dabei so heftig in das entstandene kleine Druckfallgebiet, daß sie in
Rotation gerät und Staub aufwirbelt. Staubteufelchen sind also Erscheinungen,
die als Miniaturwirbel unter Hochdruckeinfluß auftreten.

7.7 Hochdruckgebiete

Als weiteres großräumiges Drucksystem finden wir in der Atmosphäre die Gebiete hohen Luftdrucks, die Hochs oder Antizyklonen. Wie wir bereits gesehen haben, werden sie auf der Nordhalbkugel im Uhrzeigersinn umströmt, auf der Südhalbkugel im Gegenuhrzeigersinn. In der Reibungsschicht kommt es zu einem all-
seitigen Ausströmen der Luft aus den Hochdruckgebieten. Diese zum tieferen
Druck abströmende Luft kann nur durch absinkende Luft aus der Höhe ersetzt
werden. Absinken führt aber zu einer adiabatischen Erwärmung, und die Temperaturerhöhung zu einer Abnahme der relativen Feuchte. Hochdruckgebiete weisen daher in ihrem vertikalen Aufbau eine grundsätzliche Tendenz zu warmer
und trockener Luft im Vergleich zur Umgebung auf.

Warme Hochs

Aus den physikalischen Überlegungen über die Strömungsverhältnisse folgt somit, daß die Atmosphäre im Bereich der Hochs in der Regel warm ist. Dieser
Sachverhalt wird besonders in den Höhenwetterkarten deutlich, denn nur in einer
warmen Luftsäule nimmt der Luftdruck mit der Höhe so langsam ab, daß ein
Hoch vom Boden bis in die obere Troposphäre ausgeprägt erscheint. Zu den warmen Hochs gehören v. a. die Subtropenhochs, z. B. das Azorenhoch. Sie zeichnen sich durch eine große Beständigkeit und ein großes Verharrungsvermögen
aus, d. h. die hochreichenden, warmen Hochs sind quasistationäre Druckgebilde
in der Atmosphäre.

Die mit ihnen verbundenen Wettererscheinungen hängen stark von der Jahreszeit und vom Untergrund ab. Über dem Festland herrscht im Sommer allgemein heiteres und sehr warmes Wetter. Tagsüber können sich als Folge der hohen
Einstrahlung flache Kumuluswolken bilden, die sich abends wieder auflösen.
Entsprechend ist der Tagesgang des Winds. Nachts, wenn nur der großräumige
Druckgradient wirkt, ist er schwach; tagsüber führt die Konvektion zu einem leb-
haften Böenspiel, so daß auch umlaufender Wind, d. h. ein ständiger Wechsel
der Windrichtung auftreten kann. Erst gegen Ende einer solchen Schönwetterperiode, wenn die Luft durch die Verdunstung feuchtereicher geworden ist und der
Hochdruckeinfluß sich abschwächt, kommt es zur Bildung von Wärmegewittern
in der schwülwarmen Luft. Von besonderer Heftigkeit können die Gewitter sein,

wenn sie mit einer Kaltfront auftreten, die rasch gegen die subtropische Luft vordringt.

Ganz anders ist das Wetter in sommerlichen Hochdruckgebieten über dem relativ kühlen Meer. Einerseits wird die Luft dort von der Unterlage abgekühlt, und andererseits kommt es durch die Turbulenz zu einem ständigen Wasserdampftransport aufwärts innerhalb der Reibungsschicht. Ausgedehnte Nebel-, Stratus- oder Stratokumulusfelder kennzeichnen daher die Hochs über kühlen Meeresgebieten bzw. zu Jahreszeiten, wenn die Wassertemperaturen noch recht niedrig sind, z. B. die Nord- und Ostsee im Frühjahr und Frühsommer. Über wärmeren Meeresgebieten ist dagegen die Konvektion stärker ausgeprägt. An die Stelle einer gleichförmigen Wolkendecke treten flache Kumuluswolken. Dieser Wettercharakter kennzeichnet z. B. die Passatregionen der Erde, wo das Himmelsbild von den zahlreichen „Passatkumuli" geprägt wird.

Während über See die Wettererscheinungen im Winter die gleichen sind wie im Sommer, sind sie in der kalten Jahreszeit über dem Festland in den warmen Hochs gänzlich anders als im Sommer. Verlagert sich ein solches Hoch vom Kanal ostwärts, so gelangt auf seiner Ostflanke feuchte Luft von der Nord- und Ostsee über das ausgekühlte mitteleuropäische Festland. Die Abkühlung der Luft läßt ausgedehnte Nebel- und Hochnebelfelder entstehen; da sie in der Regel nur einige hundert Meter mächtig sind, herrscht dabei auf den höheren Lagen der Mittelgebirge und der Alpen strahlender Sonnenschein, während es im Flachland neblig-trüb ist und vielfach Sprühregen auftritt. Diese Situation ist in den Satellitenaufnahmen sehr gut zu erkennen.

Erst wenn die Hochdruckachse durchgezogen ist und auf der Rückseite des Hochs mit der östlichen Strömung trockenere Luft nach Mitteleuropa geführt wird, klart der Himmel im Flachland auf. Dabei gehen die Temperaturen nachts stark zurück, und es gibt starken, über einer Schneedecke sogar sehr starken Frost.

Blockierende Hochs und Steuerung

Dringt ein Keil der Subtropenhochs, z. B. des Azorenhochs in die mittleren Breiten vor, und kommt es dort zur Entstehung eines eigenständigen Hochzentrums, so hat dieses die Eigenschaften aller warmen Hochs und ist somit auch quasistationär. Die über dem Atlantik von Westen heranziehenden Tiefausläufer finden ihren Weg nach Osten versperrt, durch das Hoch blockiert, und müssen nach Norden oder Süden ausweichen, oder anders ausgedrückt, sie werden um das blockierende Hoch „herumgesteuert". Ebenso ergeht es den Wellen, jungen Tiefs sowie den Fall- und Steiggebieten des Luftdrucks. Sie alle verlagern sich in der Regel in Richtung der Höhenströmung in 500 hPa und werden, da die warmen Hochs auch in der Höhe vorhanden sind, um diese herumgeführt. Wir sprechen von einer Steuerung der obengenannten Gebilde durch die Höhenströmung, wobei die hochreichenden, quasiortsfesten Hochs wie Tiefs die „Steuerungszentren" sind.

Da in den Bereich des Hochs die Tiefausläufer nicht eindringen können, und es selber sich nur langsam verlagert, tritt bei uns eine mehrtägige meist

4 – 10tägige Schönwetterperiode auf, wenn es über Mitteleuropa zu einer Blockierung – der Westströmung – kommt.

In Abb. 83 a, b und 84 a, b sind die typischen Merkmale eines blockierenden Hochs in der Boden- und Höhenwetterkarte wiedergegeben. Am 9. Juli baut sich im Höhendruckfeld ein Hochkeil über Frankreich auf, in welchem sich am 10. Juli über Dänemark das blockierende, auf Tage wetterbestimmende Hochzentrum entwickelt. Ohne Blockierung würden die in der Bodenwetterkarte vom 9. Juli vorhandenen Tiefs P und Q mit ihren Fronten rasch nach Mitteleuropa vordringen. Statt dessen wird deutlich, daß das Tief P an den Folgetagen um den Block nach Norden gesteuert wird, während das Tief Q mit Annäherung an das blockierende Hoch immer langsamer und schließlich im Seegebiet vor Frankreich ortsfest wird. Da die Fronten der Tiefs ebenfalls kaum nach Osten vorankommen, bleibt das Wetter bei uns auf Tage ungestört.

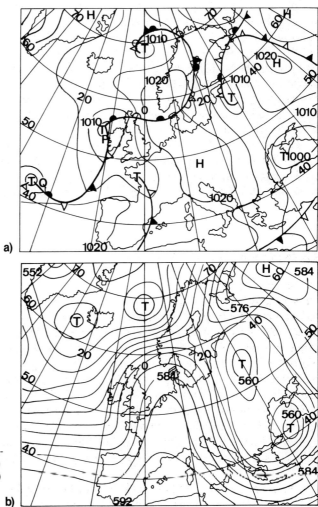

Abb. 83 a, b. Entwicklung eines blockierenden Hochs (**a**) in der Bodenwetterkarte, (**b**) in der 500-hPa-Höhenkarte (9. Juli 1982)

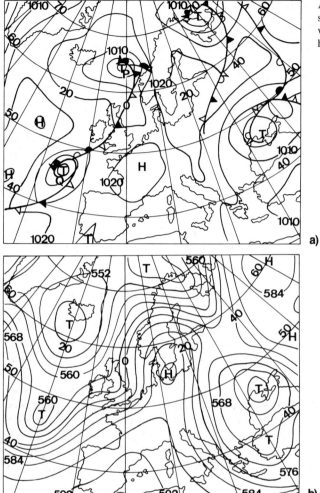

Abb. 84a, b. Blockierungssituation in der (**a**) Bodenwetterkarte; (**b**) 500-hPa-Höhenkarte (10. Juli 1982)

In den zugehörigen Höhenkarten wird deutlich, daß blockierende Hochs zu beiden Seiten von tiefem Luftdruck flankiert sind. Aufgrund der Ähnlichkeit des Höhenströmungsfelds mit dem griechischen Buchstaben Omega (Ω) sprechen wir von einer Omegasituation.

Außerdem wird in den Abbildungen der grundsätzliche Zusammenhang zwischen der Lage des Höhenhochzentrums und des Bodenhochzentrums deutlich. Bezogen auf das Höhenzentrum liegt der Kern des zugehörigen Bodenhochs nach Ost, also zur kälteren Seite verschoben. Bezogen auf das Bodenhochzentrum können wir daher sagen, daß sich das Höhenhoch dort befindet, wo die wärmere Luft anzutreffen ist, in der Regel folglich westlich des Bodenhochs. Die vertikale Achse in Antizyklonen weist somit mit der Höhe eine Neigung zur Warmluft auf, was nach dem früher Gesagten über die Druckabnahme mit der Höhe in warmer Luft im Vergleich zu kälterer leicht erklärlich ist.

Kalte Hochs und Zwischenhochs

Eine kalte Luftsäule muß aufgrund ihrer großen Dichte an ihrer Untergrenze einen hohen Luftdruck erzeugen, d. h. kalte Hochs werden überall dort auftreten, wo die Kaltluft eine größere vertikale Mächtigkeit erreicht. Bei den kalten Hochs lassen sich 2 Typen unterscheiden, und zwar die rasch wandernden und die quasistationären.

Der Typ des rasch wandernden kalten Hochs entsteht bei kräftigen Polarluftausbrüchen hinter der Kaltfront. Infolge des geringen Wasserdampfgehalts und der starken Absinkbewegung in der Kaltluft tritt heiteres Wetter bei tiefblauem Himmel auf. Die Schönwetterphase ist jedoch von kurzer, meist nur 1- oder 2tägiger Dauer, da das kalte Hoch sich mit der Kaltluft rasch weiterverlagert, so daß der nächste Tiefausläufer bald nachfolgen kann. Kalte Hochs treten bevorzugt im Winter und im Frühjahr auf, im Sommer führt die hohe Einstrahlung, verbunden mit der Absinkbewegung, zu einer Erwärmung der Luft und damit zu einer baldigen Umwandlung in ein warmes Hoch. Über warmen Meeresgebieten, z. B. in den Subtropen ist dieser Umwandlungsprozeß in allen Jahreszeiten zu beobachten.

Quasiortsfeste kalte Hochs entstehen im Winter durch die starke Auskühlung des Festlands. Auf diese Weise entsteht das kräftigste Hoch der Erde, das sibirische Hoch, dessen Kerndruck in der Regel zwischen 1040 und 1065 hPa, im Extremfall bei 1080 hPa liegt. In seinem Bereich werden mit Werten bis $-70\,°C$ außerhalb der Antarktis die tiefsten Lufttemperaturen der Erde in Bodennähe angetroffen. Auch über Kanada kommt es im Winter zur Bildung dieses kalten Hochtyps (vgl. Abb. 127 a).

Da in einer kalten Luftsäule der Luftdruck mit der Höhe bekanntlich rasch abnimmt, wird verständlich, daß kalte Hochs mit der Höhe rasch an Intensität verlieren. Selbst das kräftige sibirische Festlandhoch ist bereits in wenigen Kilometern Höhe aus dem Bild der Wetterkarten vollständig verschwunden. So tritt in den Mittelkarten schon ab 700 hPa, d. h. ab rund 3 km Höhe, an die Stelle des antizyklonalen Wirbels eine durchgehende westliche Luftströmung (vgl. Abb. 129 a).

Als Zwischenhoch (geschlossene Isobaren) oder Zwischenhochkeil (offene Isobaren) bezeichnen wir das Gebiet relativ höheren Luftdrucks zwischen 2 Zyklonen. Beide wandern mit der gleichen Zuggeschwindigkeit wie die korrespondierenden Tiefs und führen daher stets nur zu einer kurzzeitigen Wetterberuhigung. Quellbewölkung kennzeichnet ihren Bereich; die vorherige Schaueraktivität klingt ab und der u. U. sehr böige Wind läßt mit Annäherung des Hochzentrums bzw. der Hochkeilachse nach (Abb. 85 a, b).

Abb. 85 a, b. Hochkeil (a) und Zwischenhoch (b) am Boden sowie Mitteltemperatur der Luft bis 500 hPa (– – –)

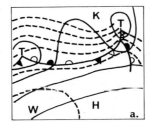
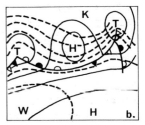

Entsprechend ihrer Lage zwischen der Rückseitenkaltluft der vorlaufenden Tiefs und der wärmeren Luft auf der Vorderseite des nachfolgenden Tiefs sind die Zwischenhochkeile bzw. Zwischenhochs eine Mischung von warmem und kaltem Hoch. Dieser Umstand kommt darin zum Ausdruck, daß sie am Boden im Bereich der kälteren, in der Höhe im Bereich der wärmeren Luft auftreten, d. h. sie weisen in der Regel mit der Höhe eine von Osten nach Westen geneigte vertikale Achse auf.

7.8 Inversionen

Wie wir wissen, nimmt in der Troposphäre die Temperatur mit der Höhe in der Regel ab. Betrachtet man aber die vertikalen Temperaturprofile von Tag zu Tag, so stellt man fest, daß besonders an Tagen mit Hochdruckeinfluß die Temperatur nicht durchgehend abnimmt, sondern in bestimmten Höhenbereichen gleichbleibt oder sogar zunimmt. Im ersten Fall sprechen wir von einer Isothermie, im Falle zunehmender Temperatur von einer Inversion, d. h. das Temperaturverhalten mit der Höhe ist dann invers zum Normalfall. Wie kommt es zur Entstehung von Inversionen? Entsprechend ihrer physikalischen Ursachen lassen sich unterscheiden: Absink-, Strahlungs- und Turbulenzinversionen, je nach Höhenlage der Inversionsuntergrenze sprechen wir von einer Boden- oder Höheninversion.

Absinkinversion

Hochdruckgebiete sind gekennzeichnet durch großräumiges Absinken der Luft. Betrachten wir einen Ausgangszustand mit einem vertikalen Temperaturgradienten von 0,7 K/100 m, wobei die Luft zunächst ruhen soll (Abb. 86).

Mit dem Einsetzen einer Absinkbewegung oberhalb der Höhe H, erwärmt sich die absinkende und in der Höhe H ausströmende Luft trockenadiabatisch um 1 K/100 m, d. h. nach einem Absinkvorgang von 1000 m kommt die Luft in der Höhe H um 3 K wärmer an als die dort angrenzende, vom Absinkvorgang nicht mehr erfaßte Luft. Der Absinkprozeß hat eine atmosphärische Struktur gebildet, die wir Inversion nennen.

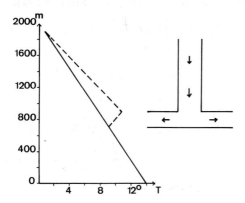

Abb. 86. Entstehung einer Absinkinversion

Natürlich sind die Verhältnisse in der Atmosphäre nicht so einfach, denn in den unteren Schichten ruht die Luft ja keineswegs, sondern sinkt auch ab und strömt aus. Aber wir können uns leicht klarmachen, daß eine Absinkinversion auch dann entsteht, wenn die Luft in einer Schicht stärker absinkt als in der darunterliegenden. Auf diese Weise wird verständlich, warum in Hochdruckgebieten mehrere Absinkinversionen übereinander auftreten können.

Strahlungsinversion

Die nächtliche Ausstrahlung führt zu einer Abkühlung des Erdbodens, wodurch wiederum die aufliegende Luft abgekühlt wird. Dieser Effekt ist besonders ausgeprägt bei wolkenarmen und windschwachen Situationen, also bei Hochdruckwetterlagen. Da aber die Luftsäule zuerst an ihrer Unterseite abgekühlt wird und sich die Abkühlung nur allmählich und nur bis zu einer bestimmten Höhe nach oben durchsetzt, nimmt die Temperatur vom Erdboden bis zur Höhe H zu.

In Abb. 87 ist die nächtliche Entstehung und vormittägliche Auflösung einer Strahlungsinversion schematisch dargestellt. Mittags hat sich das durchgezogene Temperaturprofil eingestellt. Durch die abendliche und nächtliche Ausstrahlung wird es dann in Bodennähe in die Profile zu den Zeiten $t_1 - t_4$ überführt (Abb. 87a).

Nach Sonnenaufgang wird der Erdboden durch die absorbierte Strahlung erwärmt. Diese Erwärmung wird an die aufliegende Luft unmittelbar weitergegeben, während sie sich mit der Höhe nur langsam fortsetzt. Das nächtliche Temperaturprofil wird im Verlauf von Stunden über die Zustände zur Zeit $t_1 - t_3$ in den mittäglichen Zustand t_4 überführt. Die Inversionsuntergrenze, d. h. die Höhe, wo der Temperaturanstieg mit der Höhe beginnt, liegt somit zunächst am Erdboden und verlagert sich mit zunehmender Erwärmung aufwärts (Abb. 87b). Strahlungsinversionen sind in der Regel Bodeninversionen. Bei angehobener Inversionsuntergrenze sprechen wir von abgehobenen Bodeninversionen.

Wie Tabelle 17 zeigt, sind die besten Voraussetzungen für die Bildung von Bodeninversionen im Herbst vorhanden. Die starke bodennahe Abkühlung verbunden mit einem hohen Feuchtegehalt der Luft führen zu der großen Häufigkeit von Nebel, insbesondere von Frühnebel. In allen Jahreszeiten führt die Sonneneinstrahlung zu einer Auflösung von Bodeninversionen von den Früh- zu den

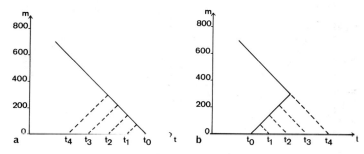

Abb. 87a, b. Entstehung (**a**) und Auflösung (**b**) einer Strahlungsinversion

Tabelle 17. Mittlere Eigenschaften von Bodeninversionen (in Berlin)

	Anzahl		Dicke	Temperaturzunahme
	7 h	12 h	[m]	[K]
Frühjahr	23	1	250	2,7
Sommer	20	0	250	2,5
Herbst	37	3	300	3,8
Winter	21	12	360	3,9

Mittagsstunden. Während dabei im Sommer alle aufgelöst werden, erweisen sich die winterlichen Bodeninversionen als zählebiger. Die Inversionsmächtigkeit ist mit 300 – 360 m in der kalten Jahreszeit größer als in der warmen, auch die Temperaturzunahme ist dann mit fast 4 K größer als im Frühjahr und Sommer.

Erwähnt sei noch, daß Strahlungsinversionen auch an der Obergrenze von Wolken- oder Dunstschichten entstehen können, da dort die Abkühlungsrate infolge Ausstrahlung bis zu 0,5 K/h betragen kann. Auf diese Weise entwickelt sich dort analog zu den Bodeninversionen eine strahlungsbedingte Höheninversion.

Turbulenzinversion

Im Gegensatz zu den Strahlungsinversionen entstehen Turbulenzinversionen bei kräftiger Durchmischung der Reibungsschicht, d. h. bei lebhaftem Wind. Gehen wir von einem Anfangszustand mit schwachem Wind und einem vertikalen Temperaturgradienten von 0,6 K/100 m aus. Frischt der Wind z. B. innerhalb der unteren 800 m auf, so kommt es zu einem turbulenten Auf- und Absteigen der Luftpakete, wobei sich ihre Temperatur trockenadiabatisch, also um 1 K/100 m ändert.

Da sich der Gesamtwärmeinhalt der durchmischten Schicht durch diese Vorgänge nicht ändert, d. h. ihre Mitteltemperatur gleich bleibt, ist mit dem sich einstellenden vertikalen Temperaturgradienten von 1 K/100 m an der Obergrenze der Durchmischungszone eine Abnahme, in Bodennähe eine Zunahme der Temperatur verbunden. Als Folge der turbulenten Durchmischung bildet sich in der Höhe eine Inversion (Abb. 88).

Turbulenzinversionen kennzeichnen v. a. die Hochdruckzonen über den Meeresgebieten; so gehört z. B. die Passatinversion zu diesem Inversionstyp. Häufig wirken aber auch Absinkvorgänge in der Höhe und Turbulenz in der Reibungsschicht gleichzeitig an der Bildung und Aufrechterhaltung der Höheninversionen.

Da mit der Durchmischung der Luft ein ständiger Wasserdampftransport nach oben verbunden ist, kommt es unterhalb der Inversion vielfach zu Wolkenbildung, und zwar zu Stratus- und Stratokumulusfeldern bei schwacher und zu Kumuluswolken, wie den Passatkumuli, bei stärkerer Turbulenz.

Abb. 88. Entstehung einer Turbulenzinversion

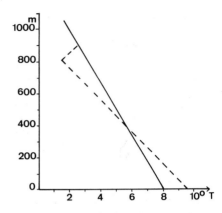

In den Großstädten und industriellen Ballungsgebieten macht sich die Tatsache, daß Inversionen infolge der durch sie hervorgerufenen großen atmosphärischen Stabilität als Sperrschichten wirken, negativ bemerkbar. Da sie den vertikalen Luftaustausch unterbinden, kommt es unter ihnen zu einer Ansammlung von Luftbeimengungen (Abgase, Rauch, Staub) und die Luft wird immer schlechter. Durch die gleichzeitige Anreicherung von Wasserdampf und die Bildung kleiner Tröpfchen weisen die herbstlichen und winterlichen Inversionswetterlagen vielfach einen neblig-trüben Wettercharakter auf.

7.9 Strömungseigenschaften: Zirkulation, Vorticity, Divergenz

Der aus dem Englischen übernommene Begriff „Vorticity" bedeutet Wirbelgröße und ist eine Größe zur Beschreibung für die Art und Intensität von atmosphärischen Wirbeln. Bei zyklonalen Wirbeln, also bei Tiefs, ist das Vorzeichen positiv, bei antizyklonalen Wirbeln, also bei Hochs, ist es negativ.

Zur Ableitung dieser Größe betrachten wir eine geschlossene Stromlinie (Isobare) der Länge L, längs der die Luft um ein Hoch oder Tief mit der Geschwindigkeit v zirkuliert (Abb. 89). Als Zirkulation C erhalten wir dann betragsmäßig bei stationärer Strömung

$$C = v \, L \, .$$

Betrachten wir nun der Einfachheit halber ein rechteckiges Flächenelement in einem Koordinatensystem, das die Seitenlängen δx, δy, $-\delta x$, $-\delta y$ hat und an

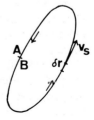

Abb. 89. Zirkulation

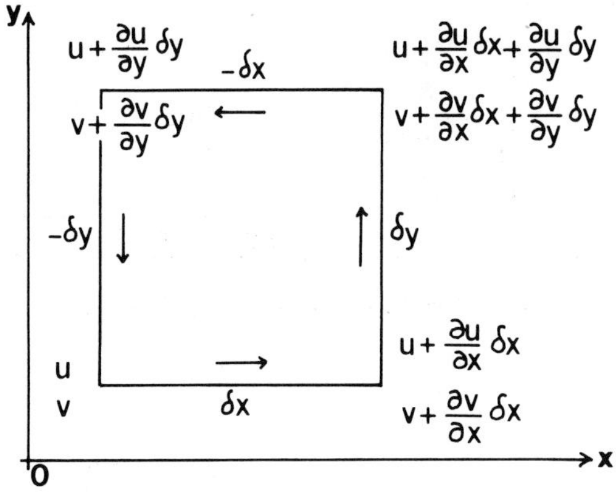

Abb. 90. Ableitung der Vorticity

dessen Eckpunkten die in Abb. 90 angegebenen Geschwindigkeitswerte auftreten. Für die Zirkulation um diese Fläche ergibt sich dann, wenn für die Geschwindigkeit längs jeder Seite der Mittelwert aus den Eckpunktswerten gebildet wird

$$\delta C = \frac{1}{2}\left(u+u+\frac{\partial u}{\partial x}\delta x\right)\delta x + \frac{1}{2}\left(v+\frac{\partial v}{\partial x}\delta x+v+\frac{\partial v}{\partial x}\delta x+\frac{\partial v}{\partial y}\delta y\right)\delta y$$

$$+\frac{1}{2}\left(v+\frac{\partial v}{\partial y}\delta y+v\right)(-\delta y)+\frac{1}{2}\left(u+\frac{\partial u}{\partial x}\delta x+\frac{\partial u}{\partial y}\delta y+u\frac{\partial u}{\partial y}\delta y\right)(-\delta x)$$

oder ausgerechnet

$$\delta C = \left(\frac{\partial v}{\partial x}-\frac{\partial u}{\partial y}\right)\delta x\,\delta y\,.$$

Der Ausdruck $\delta x\,\delta y$ ist gleich der Fläche A unseres betrachteten Rechtecks. Setzen wir außerdem

$$\frac{\partial v}{\partial x}-\frac{\partial u}{\partial y}=\zeta,$$

so erhalten wir schließlich für die Zirkulation

$$C = \zeta A\,.$$

Dabei ist ζ die relative Vorticity, also die Wirbelgröße eines zyklonalen oder antizyklonalen Strömungssystems. Wie Abb. 91a, b veranschaulicht, ist $\partial v/\partial x$ die Änderung der Nord-Süd-Komponente des Winds in West-Ost-Richtung, $\partial u/\partial y$ die Änderung der West-Ost-Komponente des Winds in Nord-Süd-Richtung, also die seitliche Windscherung.

Zum Verständnis ist es wichtig, sich zu erinnern, daß der Wind ein Vektor ist und sich somit in seine Komponenten zerlegen läßt. In Abb. 92 wird am Ort P ein Südwestwind v_h in seine West-Ost- und Nord-Süd-Komponente, d. h. in u und v zerlegt. Ist α der Winkel zwischen dem Windvektor und der x-Achse, so gilt mathematisch

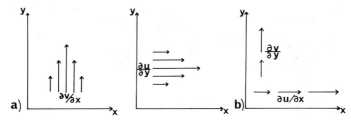

Abb. 91a, b. Windscherung (a) seitlich (Vorticity) und (b) in Strömungsrichtung (Divergenz)

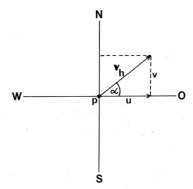

Abb. 92. Zerlegung des horizontalen Windvektors v_h in seine Komponenten

$$u = v_h \cdot \cos \alpha \quad \text{und} \quad v = v_h \cdot \sin \alpha .$$

Bei reinem West- und Ostwind ist folglich die Nord-Süd-Komponente $v = 0$, bei reinem Süd- und Nordwind ist die West-Ost-Komponente $u = 0$. Ein positives Vorzeichen erhalten dabei West- und Süd-Komponente, ein negatives Ost- und Nord-Komponente.

Als Definition der relativen Vorticity einer zyklonalen oder antizyklonalen Strömung erhalten wir somit

$$\zeta = \frac{C}{A},$$

d. h. die Wirbelgröße ist definiert als die Zirkulation pro Flächeneinheit. Je stärker ein Hoch oder Tief ist, um so größer ist seine Wirbelzirkulation, um so größer ist seine Vorticity. Physikalisch sehr anschaulich ist die Vorticity-Beziehung

$$\zeta = \frac{v_h}{r} + \frac{\partial v_h}{\partial r} .$$

Wie wir erkennen, setzt sich bei den Strömungssystemen der Wetterkarte ζ aus einem Krümmungs- und einem Scherungsterm zusammen, wobei r der Stromlinienradius ist und der 2. Term die radiale Windscherung im Punkt P angibt.

Da auch die Erde um ihre Achse rotiert, hat auch sie eine Vorticity. Dabei ist die Bahngeschwindigkeit eines Punkts $v = \omega r$, der Umfang des Breitenkreises $L = 2 \pi r$ und seine Fläche $A = r^2 \pi$. Folglich wird

$$\zeta = \frac{C}{A} = \frac{v L}{A} = 2 \omega$$

bzw., da wir nur die Vertikalkomponente f der Winkelgeschwindigkeit ω der Erde zu betrachten haben (Abb. 37),

$$f = 2\,\omega \sin \varphi\,.$$

Dabei ist f der Coriolis-Parameter.

Die Gesamtvorticity einer zyklonalen oder antizyklonalen Strömung, d. h. die absolute Vorticity ζ_a setzt sich somit aus ihrer relativen und ihrer Erdvorticity zu

$$\zeta_a = \zeta + f$$

zusammen.

Eine weitere wichtige Größe zur Beschreibung der atmosphärischen Strömung ist die Divergenz. Betrachten wir in Abb. 93 die von 2 Stromlinien eingerahmte Fläche A = ABCD, deren Abstand auf der einen Seite H_1, auf der anderen Seite H_2 ist. Der Zufluß erfolgt mit der Geschwindigkeit v_1, der Ausfluß aus dem Areal mit v_2. Für den räumlichen Massenfluß/Zeit gilt allgemein $m/t = \rho V/t = \rho q s/t = \rho\, q\, v$. Bei einheitlicher Dichte folgt somit für den Zufluß $q_1\,v_1$ und für den Ausfluß $q_2\,v_2$. Bei Betrachtung flächenhafter Verhältnisse gilt dann für den Zufluß $H_1 v_1$, für den Ausfluß $H_2 v_2$.

Als horizontale Divergenz bezeichnen wir die Differenz von flächenhaftem Massenabfluß und Massenzufluß dividiert durch die gesamte betrachtete Fläche A = ABCD, also pro Flächeneinheit.

$$\operatorname{div}\vec{v}_h = \frac{H_2 v_2 - H_1 v_1}{A} = \frac{H_2(s_2/t) - H_1(s_1/t)}{A} = \frac{A_2 - A_1}{A}.$$

H v ist die von der Strömung in der Zeit t überstrichene Fläche bzw. $A_2 - A_1$ die Differenz der beim Zufluß und Abfluß überstrichenen Flächen.

Ist die Flächenänderung, d. h. der Ausdruck $\operatorname{div} v_h$ größer Null, also positiv, so sprechen wir von Divergenz, ist er negativ, sprechen wir von Konvergenz.

Bei Divergenz überwiegt folglich der Massenabfluß, bei Konvergenz der Zufluß. Im Falle $q_1 = q_2$ bzw. $H_1 = H_2$ muß bei der Divergenz die Geschwindigkeit in Strömungsrichtung zunehmen, bei Konvergenz abnehmen, d. h. wir können die horizontale Divergenz gemäß $H(v_2 - v_1)/A = (v_2 - v_1)/l$ allein durch die Horizontalkomponenten des Winds beschreiben. Dann ist

$$\vec{\nabla}_h \cdot \vec{v}_h = \operatorname{div}\vec{v}_h = \frac{\partial u}{\partial x} + \frac{\partial v}{\partial y}\,,$$

wobei mathematisch das Skalarprodukt aus dem Nabla-Operator $\vec{\nabla}_h$ und dem Windvektor $\vec{v}_h$ der (horizontalen) Divergenz des Windfelds entspricht.

$\partial u / \partial x$ ist dabei die Änderung des zonalen Winds (u-Komponente) in West-Ost-Richtung (x-Richtung), $\partial v / \partial y$ die Änderung des meridionalen Winds

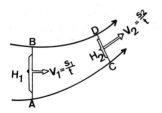

Abb. 93. Zur Ableitung der Divergenz des Windfelds

Abb. 94. Gitterverfahren zur Bestimmung von Vorticity und Divergenz

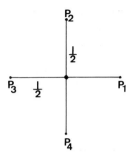

(v-Komponente) in Nord-Süd-Richtung (y-Richtung). Diese Scherung des Winds in Windrichtung ist in Abb. 91b veranschaulicht.

Betrachten wir als Sonderfälle reinen West- bzw. reinen Ostwind. Dann entfällt die Meridionalkomponente v, und es ist $\partial v/\partial y = 0$. Nimmt die zonale Komponente (u) in Strömungsrichtung zu, so herrscht folglich Divergenz, nimmt sie ab, so herrscht Konvergenz, denn im 1. Fall fließt in ein Volumen mehr Masse heraus als hinein, im 2. mehr herein als hinaus. Analoges gilt bei reinem Süd- bzw. Nordwind, also wenn die u-Komponente des Winds null ist.

In der Praxis lassen sich Divergenz und Vorticity auf einfache Weise aus den Windmessungen an den 4 Eckpunkten eines Gitters bestimmen. Bei Zerlegung der gemessenen Winde in ihre u- und v-Komponente gilt dann nach Abb. 94, wenn l der Gitterabstand der Punkte P_n ist:

$$\operatorname{div} v_h = \frac{u_1 - u_3}{l} + \frac{v_2 - v_4}{l} \quad \text{bzw.} \quad \xi = \frac{v_1 - v_3}{l} + \frac{u_2 - u_4}{l}.$$

7.10 Ursache von Druckänderungen

Um die Ursache von Druckänderungen zu verstehen, müssen wir uns näher mit der sog. Drucktendenzgleichung beschäftigen. Ausgehend von der Definition des Luftdrucks p als das Gewicht der Luftsäule pro Flächeneinheit über einem Niveau, d. h. von

$$p = \int_h^\infty g\,\rho\,dz,$$

folgt für die lokale Druckänderung, wenn wir g = const. setzen,

$$\frac{\partial p}{\partial t} = g \int_h^\infty \frac{\partial \rho}{\partial t}\,dz.$$

Für die lokale Änderung der Luftdichte gilt es, die Kontinuitätsgleichung, also den Satz von der Massenerhaltung in der Atmosphäre, zu betrachten. Aus $\int_v \delta m = \int_v \rho\,\delta x\,\delta y\,\delta z = \text{const.}$ folgt, daß die individuelle Änderung der Masse null sein muß, d. h.

$$\frac{d}{dt}(\rho\,\delta V) = 0.$$

Damit wird

$$\frac{1}{\delta V} \frac{d(\delta V)}{dt} = -\frac{1}{\rho} \frac{d\rho}{dt} = \vec{\nabla} \cdot \vec{v} = \frac{\partial u}{\partial x} + \frac{\partial v}{\partial y} + \frac{\partial w}{\partial z}.$$

Da $\rho = \rho(x, y, z, t)$ ist, gilt für das totale Differential von ρ, wenn u, v und w die Windgeschwindigkeitskomponenten in x-, y- und z-Richtung sind,

$$\frac{d\rho}{dt} = \frac{\partial \rho}{\partial t} + \vec{v} \cdot \vec{\nabla}\rho = \frac{\partial \rho}{\partial t} + u \frac{\partial \rho}{\partial x} + v \frac{\partial \rho}{\partial y} + w \frac{\partial \rho}{\partial z}.$$

Allgemein besagt dieser Ausdruck, daß die individuelle Änderung einer Größe, in unserem Fall dρ/dt sich zusammensetzt aus der lokalen Änderung dieser Größe, hier $\partial\rho/\partial t$, und der Advektion der Größe, hier $\vec{v} \cdot \vec{\nabla}\rho$. Diese Aussage wird leicht verständlich, wenn wir z. B. die lokale Änderung der Temperatur betrachten, d. h.

$$\frac{\partial T}{\partial t} = \frac{dT}{dt} - \vec{v} \cdot \vec{\nabla}T.$$

Dabei sind im Term der individuellen Änderung dT/dt die Ein- und Ausstrahlungsvorgänge erfaßt, im Advektionsterm $\vec{v} \cdot \vec{\nabla}T$ der Herantransport von warmer oder kalter Luft.

Kehren wir zur Dichteänderung zurück. Da $\vec{\nabla} \cdot (\rho\vec{v}) = \rho\vec{\nabla} \cdot \vec{v} + \vec{v} \cdot \vec{\nabla}\rho$ ist, folgt schließlich

$$-\frac{\partial \rho}{\partial t} = \frac{\partial(\rho u)}{\partial x} + \frac{\partial(\rho v)}{\partial y} + \frac{\partial(\rho w)}{\partial z} = \vec{\nabla} \cdot (\rho\vec{v}).$$

In dieser Form besagt somit die Kontinuitätsgleichung, daß die lokale Massenänderung eines Einheitsvolumens gleich der Divergenz des Massentransports $\vec{\nabla} \cdot (\rho\vec{v})$ durch die Grenzflächen des Volumens ist, d. h. sich aus dem Verhältnis der pro Zeiteinheit hinein- und herausfließenden Masse erklärt.

Für die lokale Druckänderung folgt dann mit der Kontinuitätsgleichung

$$\frac{\partial p}{\partial t} = -g \int\limits_{h}^{\infty} \vec{\nabla}_h \cdot (\rho\vec{v}_h)\,dz - g \int\limits_{h}^{\infty} \frac{\partial(\rho w)}{\partial z}\,dz$$

und da die Dichte an der Grenze der Atmosphäre null ist

$$\frac{\partial p}{\partial t} = -g \int\limits_{h}^{\infty} \vec{\nabla} \cdot (\rho\vec{v}_h)\,dz + g(\rho w)_h.$$

Die Druckänderung in einer Höhe h setzt sich somit zusammen aus der Divergenz des horizontalen Massentransports über dem Niveau (1. Term) und dem vertikalen Massentransport durch das Niveau (2. Term).

An der Erdoberfläche ist aber die Vertikalbewegung null (w = 0), so daß wir für die Bodendruckänderung erhalten

$$\frac{\partial p_0}{\partial t} = -g \int\limits_{0}^{\infty} \vec{\nabla}_h \cdot (\rho\vec{v}_h)\,dz$$

bzw., wenn wir die Divergenz des Massentransports in 2 Terme aufspalten,

$$\frac{\partial p_0}{\partial t} = -g \int_0^\infty \left(u\,\frac{\partial \rho}{\partial x} + v\,\frac{\partial \rho}{\partial y} \right) dz - g \int_0^\infty \rho \left(\frac{\partial u}{\partial x} + \frac{\partial v}{\partial y} \right) dz\,.$$

Physikalisch bedeutet das: Die lokale Bodendruckänderung resultiert zum einen aus der Advektion unterschiedlich dichter Luft, also von Warm- und Kaltluft (1. Term) und zum anderen aus der horizontalen Divergenz des Geschwindigkeitsfelds (2. Term) über einem Ort.

7.11 Strömungsschema in Zyklonen und Antizyklonen

Um uns eine Vorstellung von der relativen Vorticity und der Divergenz sowie den Strömungsvorgängen in Hoch- und Tiefdruckgebieten zu machen, wollen wir die Wetterlage vom 17. und 18. Oktober 1969 über Osteuropa betrachten. Am 17. liegt das Gebiet im Einflußbereich eines Hochkeils, am 18. bestimmt ein Tief das Wettergeschehen (Abb. 95a, b).

Die vertikalen Vorticity-Profile vom Boden bis in 300 hPa, also in rund 9 km Höhe, sind in Abb. 96a, b dargestellt. Wie wir erkennen, ist die antizyklonale Wirbeleigenschaft am 17. nur vom Boden bis etwa 800 hPa und oberhalb 400 hPa vorhanden, dazwischen weist die Strömung eine zyklonale (positive) Vorticity auf. Am Folgetag beschreibt positive Vorticity bis 300 hPa den wetterbestimmenden Tiefdruckwirbel. Ein Wechsel von zyklonaler und antizyklonaler Vorticity (Größenordnung $10^{-5}\,\mathrm{s}^{-1}$) in der Vertikalen deutet auf die Achsenneigung der Systeme mit der Höhe hin.

Übertragen auf die Boden- und Höhenwetterkarte bedeutet das Ergebnis: Das Maximum zyklonaler Vorticity tritt in den Tiefs und den Tiefdrucktrögen auf, und zwar wegen der Fronten meist etwas zur Vorderseite verschoben; das Maximum antizyklonaler (negativer) Vorticity liegt folglich im Bereich der Hochs und der Hochdruckkeile.

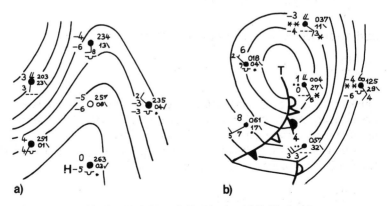

a)   b)

Abb. 95a, b. Wetterlage vom 17. Oktober 1969 (a) und 18. Oktober 1969 (b) über Osteuropa

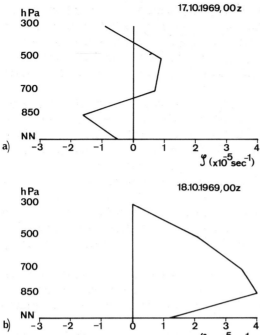

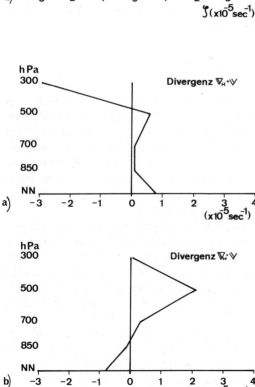

Abb. 96 a, b. Vertikale Vorticitypro-
file für die Wetterlage vom 17. Oktober (**a**) und 18. Oktober (**b**)

Abb. 97 a, b. Vertikale Divergenz-
profile für die Wetterlage vom 17.
Oktober (**a**) und 18. Oktober (**b**)

In Abb. 97 a, b sind für die beiden Wetterlagen die Vertikalprofile der Divergenz wiedergegeben. Am 17. ist bei dem Hochkeil die Schicht vom Boden bis 500 hPa (5,5 km Höhe) durch Divergenz, der Bereich darüber durch Konvergenz (negative Divergenz) gekennzeichnet. Am 18. erhalten wir ein umgekehrtes Bild; mit dem Tief tritt in den unteren Schichten Konvergenz, in den höheren Divergenz auf.

Da Konvergenz Massenzufluß und Divergenz Massenabfluß bedeuten, erhalten wir folgende grundsätzliche Aussage über die horizontalen Strömungsverhältnisse: Hochdruckgebiete weisen in den unteren Schichten Divergenz und damit ein Ausströmen auf, in den oberen Schichten sind sie dagegen von Konvergenz und damit von einem Zuströmen der Luft gekennzeichnet.

Dieses Ergebnis steht in Übereinstimmung mit den Berechnungen von Shaw (1931), wonach die Luft in Antizyklonen täglich um 80 m absinkt und der entsprechende Betrag ausströmt. Dieses würde einer täglichen Druckabnahme von 10 hPa entsprechen, so daß selbst die kräftigsten Hochs bereits nach wenigen Tagen abgebaut wären, wenn sie nicht der Luftmassenzustrom in der Höhe ständig regenerierte.

Analoges gilt für die Tiefdruckgebiete. In ihnen kommt es in den unteren Schichten zu einer Konvergenz der Strömung und somit zu einem Einströmen; in der Höhe weisen Zyklonen dagegen Divergenz und damit einen Luftmassenabfluß, ein Ausströmen, auf.

Wie sind nun die vertikalen Strömungsverhältnisse in Hoch- und Tiefdruckgebieten? Dazu betrachten wir die Gleichung

$$\operatorname{div} v_h + \frac{\partial \omega}{\partial p} = 0 \quad \text{bzw.} \quad \Delta \omega = \int_{P_u}^{P_h} - \operatorname{div} v_h \, dp \,,$$

die die horizontale Divergenz mit der generalisierten Vertikalbewegung ω verknüpft, wobei $\partial \omega / \partial p$ also die Änderung der Vertikalbewegung mit der Höhe ist. Bei (positiver) Divergenz muß der Vertikalgeschwindigkeitsterm ein negatives Vorzeichen aufweisen, d. h. Divergenz ist mit Absinken verbunden. Bei Konvergenz muß dagegen der Vertikalbewegungsterm ein positives Vorzeichen aufweisen, d. h. Konvergenz ist mit einem Aufsteigen der Luft verbunden. Dort, wo in der Höhe die Divergenz null ist, im sog. divergenzfreien Niveau, ist auch die Vertikalbewegung null (vgl. Abb. 97), d. h. $\omega = dp/dt = 0$.

Mit den Ergebnissen über die Divergenz/Konvergenz und die Vertikalbewegung erhalten wir das in Abb. 98 dargestellte allgemeine Strömungsschema in Hoch- und Tiefdruckgebieten. Dabei liegt die Tropopause im Hoch am höchsten und ist (wie auch die untere Stratosphäre) vergleichsweise kalt, während sie im Tief niedriger liegt und relativ warm ist. Die aufsteigende Luftbewegung im Tropopausenniveau von Hochdruckgebieten wird häufig an der Bildung von Zirren sichtbar.

Erwähnt sei noch, daß das Ausströmen und Zuströmen von Luft bei den Druckgebilden keineswegs senkrecht erfolgt. Wie wir wissen, führt am Boden die Reibung zu einer Ablenkung des Winds von der geostrophischen Strömung. In der Höhe herrscht zwar grundsätzlich geostrophischer, also isohypsenparalleler Wind, doch kommt es dort aus strömungsdynamischen Gründen gebietsweise zu

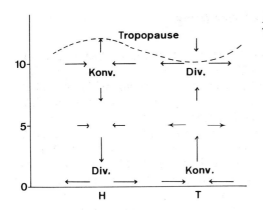

Abb. 98. Strömungsschema in Hoch- und Tiefdruckgebieten

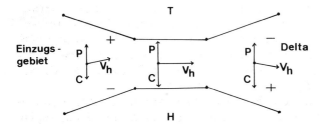

Abb. 99. Ryd-Effekt

kleinen ageostrophischen Abweichungen von einigen Grad von der geostrophischen Windrichtung, wodurch, bedenkt man die großen Strömungsräume, ein insgesamt recht großer Fluß quer zu den Isohypsen auftritt.

Diese Vorgänge können wir uns anhand des Ryd-Effekts veranschaulichen. In Abb. 99 nimmt im linken Teil der Frontalzone, im Einzugsgebiet, der Druckgradient zu. Dort wird die Strömung beschleunigt. Da die Coriolis-Kraft eine geschwindigkeitsabhängige Kraft ist und die träge Masse einige Zeit braucht, um sich der geänderten Situation anzupassen, überwiegt bei der Beschleunigung der Luft die Druckkraft zeitweise die Coriolis-Kraft, und es erfolgt ein Massenfluß quer zu den Isohypsen zum tiefen Druck.

Im Mittelteil der Frontalzone herrschen geostrophische Windverhältnisse, Druck- und Coriolis-Kraft balancieren sich aus.

Im Vorderteil der Frontalzone, dem Delta, verringert sich der Druckgradient, und die Strömung wird verlangsamt (negative Beschleunigung). Infolge der träge reagierenden Masse überwiegt dort die Coriolis-Kraft die Druckkraft, und die Luft wird nach rechts abgelenkt, d. h. es erfolgt ein Massenfluß zum höheren Druck.

Mit dieser Rechtsablenkung ist im rechten Teil des Deltas der Frontalzone Druckanstieg am Boden verbunden, während es im linken Teil des Deltas zu kräftigem Druckfall kommen kann. Nach Scherhag (1948) kommt es daher im Delta von Frontalzonen bevorzugt zur Entwicklung von Sturm- und Orkantiefs.

7.12 Gebirgseinfluß auf die Luftströmung

Eine orographisch bedingte Form der Polarfrontzyklone ist die Genua-Zyklone, die südlich der Alpen als Folge des Gebirgseinflusses auf die Luftströmung entsteht. Daß sie sich dabei bevorzugt über dem Golf von Genua bildet, ist auf die geringere Reibung über dem Meer und seine Energieabgabe an die Atmosphäre sowie auf die Bogenform der Alpen zurückzuführen.

In der Ausgangssituation finden wir ein Tief, das vom Atlantik ostwärts zieht und das auf seiner Rückseite Kaltluft von Nordwesten gegen die Alpen führt. Erreicht die Kaltfront die Gebirgsbarriere, so kann die Kaltluft nur durch das Rhônetal ungehindert ins Mittelmeer gelangen, ansonsten ist sie gezwungen, die Alpen zu überqueren.

Wie unterschiedlich sich bei Kaltlufteinbrüchen der Luftdruck nördlich und südlich der Alpen verhält, zeigen die Untersuchungen für München und Mailand. So steigt bei einer Abkühlung der Luftsäule bis 5 km Höhe um 5°C in München der Luftdruck durchschnittlich um 2 hPa an, während er in Mailand trotz der Advektion kälterer und damit spezifisch schwererer Luft um 1 hPa fällt. Abkühlungen von 8,5°C sind in München sogar mit einem mittleren Druckanstieg von 5 hPa verbunden, während der fehlende Druckanstieg in Mailand anzeigt, daß von den Alpen ausgehende Einflüsse auf die Nordströmung, also dynamische Effekte, den thermischen Druckanstieg kompensieren. Wie ist dieses unterschiedliche Verhalten im Luv und Lee des Gebirges zu erklären?

Wie in Abb. 100a, b veranschaulicht, wird eine Luftsäule der Dicke δp zwischen 2 Flächen, deren Differenz in der potentiellen Temperatur $\delta\theta = \theta_2 - \theta_1$ beträgt, beim Überströmen des Gebirges gestaucht. Hinter dem Gebirge tritt dann wieder eine Streckung der Luftsäule ein. Nach dem Erhaltungssatz der potentiellen Vorticity, den wir in diesem Rahmen ohne Ableitung als gegeben betrachten wollen, gilt

$$(\zeta + f)\,\frac{\delta\theta}{\delta p} = \text{const}.$$

Dabei gibt der Klammerausdruck über die relative Vorticity und die Erdvorticity $f = 2\,\Omega \sin\varphi$ die Wirbeleigenschaft der Luftströmung an, während der Term $\delta\theta/\delta p$ die Stabilität der Luftsäule beschreibt.

Beim Schrumpfen der Luftsäule, d.h. beim Überströmen des Gebirges wird δp kleiner, d.h. die Stabilität wird größer und somit die Vorticity kleiner. Da

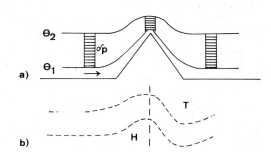

Abb. 100a, b. Strömungsverhältnisse am Gebirge im Vertikalschnitt (a) und in der Aufsicht (b)

sich die geographische Breite im Alpenbereich nur wenig ändert, ist die Erdvorticity f angenähert konstant, so daß sich die Vorticityänderung im wesentlichen auf die relative Vorticity auswirkt. Eine Abnahme an zyklonaler Vorticity bedeutet aber eine Zunahme an antizyklonaler Eigenschaft der Strömung.

Beim Strecken der Luftsäule hinter dem Gebirge nimmt dagegen δp zu, d. h. die Stabilität ab. Damit muß die Vorticity der Strömung nach dem Erhaltungssatz größer werden und somit die zyklonale Eigenschaft der Strömung zunehmen.

Zusammenfassend erhalten wir somit: Als Folge des Gebirgseinflusses auf die Luftströmung bildet sich bei Nordwetterlagen im Luv der Alpen ein Hochkeil, im Lee dagegen ein Tiefdrucktrog bzw. unter besonders günstigen Bedingungen ein Tief, die Genua-Zyklone.

In Abb. 101a, b ist die Wetterlage vom 3. August 1983 wiedergegeben. Das Bodentief über dem Nordmeer hat auf seiner Rückseite Kaltluft nach Mitteleuropa gelenkt, wo es unter dem Gebirgseinfluß zur Entstehung des Hochkeils nördlich der Alpen und von tiefem Luftdruck und Wellentiefs südlich der Alpen gekommen ist. Vielfach ziehen, wie im vorliegenden Fall, diese orographisch erzeugten Wellentiefs vom Alpenraum über Österreich und das östliche Mitteleuropa nach Norden und führen dabei zu anhaltenden Niederschlägen durch das Aufgleiten von Warmluft aus dem Osten auf die nach Mitteleuropa eingedrungene Kaltluft. Im Berliner Raum sind bei der Wetterlage vom 3. August 1983 innerhalb von 3 Tagen rund 70 mm Niederschlag gefallen, im Mittelgebirgsraum der DDR sogar mehr als 100 mm. Da diese Tiefzugbahn vor 100 Jahren von v. Bebber als Vb-Zugbahn (fünf-b-Zugbahn) klassifiziert wurde, bezeichnen wir diese vom Alpenraum auf der Vorderseite eines Höhentrogs nordwärts wandernden Wellenzyklonen als Vb-Tiefs.

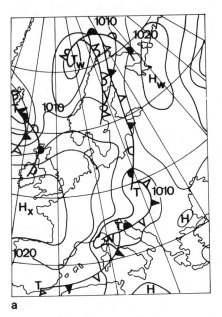 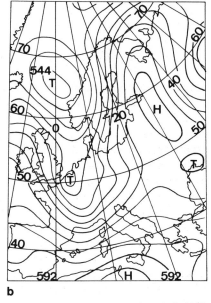

a   b

Abb. 101a, b. Bodenwetterkarte (**a**) und 500-hPa-Höhenkarte (**b**) bei einer Vb-Wetterlage (3. 8. 1983)

8 Wetter- und Klimabeobachtung

In seinen Anfängen geht das Interesse des Menschen an einer regelmäßigen Wetterbeobachtung bis ins Altertum zurück. Bereits im 4. Jahrhundert v. Chr. wurden in Indien im Hinblick auf die Ernte Regenmessungen durchgeführt, bereits im 1. Jahrhundert v. Chr. wird von Windmessungen in Griechenland berichtet. In Athen entstand sogar auf dem Marktplatz, was die Bedeutung des Winds für die Segelschiffahrt und damit für den Handel unterstreicht, ein „Turm der Winde".

Die ältesten tagebuchartigen Aufzeichnungen des Wetterablaufs sind aus den Jahren 1337 – 1344 von dem Engländer W. Merle bekannt. Von besonderer Bedeutung wurden die Wetterbeobachtungen des Bamberger Abts M. Knauer aus den Jahren 1652 – 1658. Anhand dieser Beobachtungsreihe wollte er eine Hilfe für die Landwirtschaft erarbeiten, wobei er davon ausging, daß die Wetterabläufe in den einzelnen Jahren von der Planetenkonstellation abhängen und sich damit periodisch wiederholen. Ohne sein Wissen wurden seine Beobachtungen später von geschäftstüchtigen Leuten als „Hundertjähriger Kalender" vermarktet, mit dem eine Wettervorhersage für das ganze Jahr im voraus möglich sein sollte.

Das Zeitalter der instrumentellen Beobachtung begann mit der Erfindung des Barometers durch Torricelli (1643) und des Thermometers durch Galilei und Drebbel (1592). In Deutschland stammt die älteste Meßreihe von dem Kieler Professor S. Reyher, der von 1679 – 1714 4mal täglich Luftdruck, Temperatur, Feuchte, Wind und Himmelsansicht bestimmte. In Berlin läßt sich die Temperatur- und Niederschlagsreihe von heute bis ins Jahrzehnt 1720 – 1730 zurückverfolgen, so daß dort die Klimaentwicklung Mitteleuropas in den vergangenen 250 Jahren detailliert nachvollzogen werden kann.

Klima und Wetter sind orts- und landesübergreifende Erscheinungen, so daß eine internationale Zusammenarbeit unumgänglich ist. 1780 organisierte die Societas Meteorologica Palatina in Mannheim ein Beobachtungsnetz, das Teile Europas, Asiens, Nordamerikas und Grönlands umfaßte. Einheitliche Beobachtungsvorschriften, einheitliche Beobachtungstermine und verglichene Instrumente sind die Voraussetzungen für eine sinnvolle Klimaforschung. Die von der Societas festgelegten Beobachtungszeiten 7 h, 14 h und 21 h Ortszeit, die sog. Mannheimer Stunden, sind auch heute noch die Klimatermine.

Während die Klimaforschung die Beobachtungsdaten auch später auswerten kann, setzt die Wetterdiagnose und Wettervorhersage einen unmittelbaren Datenaustausch voraus. Ein Meilenstein für die synoptische Meteorologie, die sich mit den aktuellen räumlichen Wettervorgängen befaßt, war daher die Erfindung des Telegraphen. So hingen die ersten aktuellen Wetterkarten, die anhand der

Meldungen von 22 Wetterstationen gezeichnet wurden, auf der Weltausstellung in London im Jahre 1851.

Anläßlich der Weltausstellung 1873 in Wien wurde von 17 Staaten die Internationale Meteorologische Organisation (IMO) ins Leben gerufen. Ihre Aufgabe war es, durch Entschließungen und Empfehlungen die meteorologischen Beobachtungen zu vereinheitlichen und ihren Austausch zu koordinieren. 1950 wurde diese Organisation durch die Weltorganisation für Meteorologie (WMO), einer Unterorganisation der UNO, ersetzt, der praktisch alle Staaten der Erde angehören.

8.1 Bodenbeobachtung

Lufttemperatur

Zur Messung der Lufttemperatur wird im normalen Beobachtungsdienst ein Quecksilberthermometer benutzt, das in einer Wetterhütte rund 2 m über dem Erdboden angebracht ist. Die Höhe ist so gewählt, daß sich der unmittelbare Untergrund (Gras, Sand, Stein) nicht mehr auf die Messung auswirkt, so daß sie für einen größeren Bereich als repräsentativ angesehen werden kann.

Die Wetterhütte ist weiß gestrichen und hat ihre Tür nach Norden, um den Strahlungseinfluß auf die Messung der Lufttemperatur auszuschalten bzw. so gering wie möglich zu halten, sie weist Schlitze auf, um ein Stagnieren der Luft zu verhindern.

Das Quecksilberthermometer arbeitet nach dem Prinzip der Volumenänderung der Stoffe bei einer Änderung der Temperatur. Bei Erwärmung dehnt sich das Quecksilber des Vorratsgefäßes aus, bei Abkühlung zieht es sich zusammen. Die Ablesung erfolgt auf 0,1 K genau.

Zur Messung der Höchst- und Tiefsttemperatur werden Thermometer besonderer Konstruktion benutzt. Das Maximumthermometer ist ein Quecksilberthermometer, das nach dem Prinzip des Fieberthermometers funktioniert. Bei Erwärmung dehnt sich das Quecksilber ungehindert aus, bei Abkühlung sorgt eine Verengung im Glasröhrchen dafür, daß sich die Quecksilbersäule nicht zurückziehen kann, sondern abreißt. So zeigt ihre Oberkante die höchste Temperatur des Tags an. Um das Maximumthermometer neu einzustellen, muß der Quecksilberfaden durch Schleudern des Thermometers mit einem Ruck durch die Verengung bis auf die herrschende Temperatur gebracht werden.

Als Minimumthermometer wird dagegen ein liegendes Alkoholthermometer benutzt, in dessen Flüssigkeit sich ein kleines, verschiebbares Metallstäbchen befindet. Bei Abkühlung zieht sich der Alkoholfaden zusammen und nimmt dabei infolge der Oberflächenspannung mit seiner Kuppe das Stäbchen mit bis zum niedrigsten Temperaturwert. Bei Erwärmung strömt der Alkohol am Stäbchen vorbei, d. h. läßt es in seiner Lage, so daß die Obergrenze des Stäbchens die Tiefsttemperatur anzeigt. Nach der Ablesung wird das Thermometer neu eingestellt. Dazu wird es so geneigt, daß das Stäbchen sich bis zur Alkoholkuppe bewegt, also die herrschende Temperatur anzeigt.

Neben der Messung zu festen Zeitpunkten wird eine fortlaufende Temperaturregistrierung mit Thermographen durchgeführt. Dazu verwendet man sog. Bimetallthermometer, die aus 2 aufeinandergeschweißten Metallplättchen mit verschiedenen Ausdehnungskoeffizienten (z. B. Kupfer und Konstantan) bestehen. Dadurch krümmt sich der Streifen bei Temperaturänderung. Über ein Hebelsystem wird die Krümmung auf die Registriertrommel, die durch ein Uhrwerk gedreht wird, übertragen.

Für Messungen außerhalb der Wetterhütte ist stets ein Aspirationsthermometer zu benutzen. Dabei handelt es sich um ein Quecksilberthermometer, das in einem doppelwandigen, hochglanzpolierten Nickelrohr steckt, um so den Einfluß der Sonnenstrahlung auszuschalten. Durch einen Ventilator wird das Thermometer aspiriert, d. h. wird ein ständiger Luftstrom bei der Messung an ihm vorbeigesaugt. In diesem Zusammenhang sei betont, daß nur Temperaturmessungen ohne Strahlungseinfluß, also im Schatten, einen Sinn haben. Ein Thermometer „in der Sonne" zeigt in keinem Fall die Lufttemperatur an. Dieses läßt sich leicht feststellen, indem wir ein weißes und ein schwarzes Thermometer „in die Sonne" hängen. Das schwarze wird eine erheblich höhere Temperatur anzeigen als das weiße, d. h. Temperaturmessungen „in der Sonne" hängen von Farbe und Material des Thermometers ab, ihr Aussagewert für die tatsächliche Lufttemperatur ist gleich null.

Für Untersuchungen, bei denen die Lufttemperatur auf hundertstel °C genau oder kurzzeitige Temperaturfluktuationen erfaßt werden sollen, verwendet man Widerstandsthermometer. Dabei macht man von der physikalischen Eigenschaft Gebrauch, daß stromdurchflossene Leiter ihren Widerstand mit der Temperatur ändern. Die damit verbundenen Änderungen der Stromstärke lassen sich auf einer entsprechend geeichten Skala als Temperaturwerte ablesen.

Luftfeuchtigkeit

Der Wasserdampfgehalt der Luft wird mit einem doppelten Aspirationsthermometer, einem sog. Aspirationspsychrometer bestimmt. Dabei wird das Quecksilbergefäß des 2. Thermometers mit einem Tuch umwickelt, das vor der Messung angefeuchtet wird. Bei der Aspiration wird dem „feuchten Thermometer" infolge der Verdunstung Wärme entzogen, und es kühlt sich ab, und zwar um so mehr, je ungesättigter die Luft ist. Abgelesen werden somit die Lufttemperatur t und die sog. Feuchttemperatur t_F. Über eine Beziehung der Form

$$e = E_F - A\,p\,(t - t_F)$$

läßt sich dann leicht der Dampfdruck und mit ihm alle anderen Feuchtemaße wie Taupunkt, spezifische, absolute und relative Feuchte berechnen. In der Gleichung ist E_F der Sättigungsdampfdruck bei der Feuchttemperatur, p der Luftdruck und A die Aspirationskonstante, die so lange konstant ist, solange der Ventilationsstrom eine bestimmte, vom Hersteller angegebene Mindestgeschwindigkeit, z. B. 2 m/s, nicht unterschreitet.

In der Praxis verwendet man Tabellen, sog. Psychrometertafeln, um aus der Luft- und Feuchttemperatur die Feuchtemaße zu ermitteln. Ist $t = t_F$, so ist die Luft vollständig gesättigt, in der Beziehung wird $e = E_F$.

Die relative Feuchte wird direkt mit einem Haarhygrometer gemessen. Dabei benutzt man die Eigenschaft dünner, flachgewalzter Haare oder Kunststoffäden, sich mit zunehmender Luftsättigung auszudehnen. Über ein Hebelsystem wird die Ausdehnung oder Verkürzung auf eine entsprechend geeichte Skala übertragen. Wichtig ist dabei, daß die Haare vor Verschmutzung bewahrt werden, da dadurch die Meßgenauigkeit beeinträchtigt wird. Auch sollten sie regelmäßig gesättigter Luft ausgesetzt werden, um ihre Elastizitätseigenschaften zu regenerieren.

Bei Hygrographen zur fortlaufenden Aufzeichnung der relativen Feuchte wird der Zeigerausschlag auf eine Registriertrommel übertragen. Diese wird von einem Uhrwerk angetrieben, das die Trommel − wie beim Thermographen − in 24 h oder 7 Tagen einmal dreht und damit eine Aufzeichnung bis zu 1 Woche ermöglicht. Welche Zeitspanne man wählt, hängt davon ab, ob man an jeder Detailänderung oder mehr am generellen Gang der relativen Feuchte interessiert ist.

Luftdruck

Die Luftdruckmessung erfolgt i. allg. mit einem Quecksilber-oder einem Dosenbarometer. Wie bereits früher erwähnt wurde, übt die Atmosphäre infolge ihres Gewichts eine Kraft pro Flächeneinheit, also einen Druck, aus. Diesen Druck vergleichen wir mit dem Druck, den eine Quecksilbersäule durch ihr Gewicht pro Flächeneinheit ausübt. Früher wurde daher der Luftdruck in mm-Quecksilbersäule, also durch ein Längenmaß, angegeben. Danach wurde als Meßgröße das Millibar (mbar) eingeführt.

Seit dem 1. Januar 1984 wird für den Luftdruck die Einheit Pascal $(Pa) = Newton/m^2$ benutzt. Dabei ist 1 mbar = 100 Pa = 1 hPa (Hektopascal). Für die Umrechnung gilt

$$1 \text{ mm} = 1{,}33 \text{ mbar} = 1{,}33 \text{ hPa} ,$$

$$1 \text{ mbar} = 1 \text{ hPa} = 0{,}75 \text{ mm} .$$

Das vom Prinzip her sehr einfache Barometer nach Torricelli hat die Form eines U-Rohrs, dessen einer Schenkel offen, d. h. dem Luftdruck ausgesetzt ist, während der andere Schenkel geschlossen und der Raum oberhalb des Quecksilbers (chemisches Zeichen: Hg) evakuiert ist. Beim Stationsbarometer ragt dagegen das im Oberteil ebenfalls luftleere Rohr in ein mit Quecksilber gefülltes offenes Gefäß. Erhöht sich der Luftdruck, also die Kraft auf die offene Quecksilberfläche, so steigt nach dem Gleichgewichtsprinzip einer Waage die Quecksilbersäule im geschlossenen Rohr. Ihre Länge entspricht dem herrschenden Luftdruck.

Einige wichtige Einflußfaktoren sind bei der Druckmessung mit Quecksilberbarometern zu beachten: 1. dehnt sich die Quecksilbersäule mit zunehmender Temperatur wie jeder Stoff aus, d. h. die Messung muß auf eine Temperatur von 0 °C „reduziert" werden. 2. ist das Gewicht der Quecksilber-Säule gemäß $F_g = m\,g$ von der Erdbeschleunigung g und damit von der geographischen Breite abhängig. Um vergleichbare Werte zu bekommen, wird daher die Messung p_φ in der geographischen Breite φ gemäß

$$p_{45} = p_{\varphi} \frac{g_{\varphi}}{g_{45}}$$

auf 45° geographischer Breite (Normalbreite) reduziert. 3. gibt die Messung den Luftdruck in Stationshöhe an. Da aber die Stationen unterschiedlich hoch über dem Meeresniveau (NN) liegen, z. B. Berlin 50 m und München 530 m, und der Luftdruck mit der Höhe abnimmt, lassen sich die Druckwerte in der abgelesenen Form nicht miteinander vergleichen. Dazu müssen alle Druckbeobachtungen auf ein einheitliches Niveau bezogen werden, d. h. die Stationswerte werden auf Meeresniveau reduziert. Der Druckzuschlag hängt dabei von der Höhe und der Mitteltemperatur, die aus der Stationstemperatur ermittelt wird, der „fiktiven" Luftsäule, ab. Er liegt z. B. für Berlin je nach Temperatur um 6,5 hPa.

Ein Dosenbarometer besteht im Grundsatz aus einer weitgehend luftleeren metallischen Dose, die vor dem Zusammenklappen unter dem Gewicht der Luftsäule durch eine Feder bewahrt wird. Erhöht sich der Luftdruck, so wird die Feder etwas zusammengedrückt, fällt er, so entspannt sich die Feder. Dieses Zusammendrücken und Ausdehnen der Druckdose wird über ein Hebelsystem auf eine geeichte Skala übertragen.

Präzisionsdosenbarometer bestehen aus mehreren solchen hochempfindlichen Druckdosen. Auch die Geräte zur fortlaufenden Druckaufzeichnung, die Barographen, arbeiten nach dem Mehrdosenprinzip. Dabei wird der Hebelausschlag auf eine rotierende Registriertrommel übertragen, die sich in 24 h oder in 7 Tagen einmal um ihre Achse dreht.

Dosenbarometer sind Relativinstrumente, d. h. sie müssen an einem Quecksilberbarometer geeicht werden. Dafür entfällt bei ihnen eine Reduktion des Meßwerts auf Normaltemperatur und Normalschwere. Die Reduktion auf NN läßt sich bei vorgegebener Stationshöhe bei der Skaleneichung mitberücksichtigen. Dieses erfolgt bei den normalen Dosenbarometern dadurch, daß mittels einer Regulierschraube ein mittlerer Reduktionswert entsprechend der Stationshöhe zum Stationsdruck addiert wird.

In bestimmten Fällen wird zur Druckmessung auch ein Hypsometer benutzt. Dieses beruht auf der physikalischen Tatsache, daß der Siedepunkt des Wassers vom Luftdruck abhängt. So siedet Wasser nur bei einem Luftdruck von 1013 hPa bei 100 °C. Bei einem Druck von 700 hPa, d. h. auf der Zugspitze, siedet Wasser schon bei 90 °C, bei einem Druck von 600 hPa (4200 m Höhe) bei 86 °C usw. Mit Hilfe eines hochempfindlichen, auf tausendstel °C genau messenden (Widerstands-)Thermometers läßt sich somit aus der Siedepunktänderung auf die Druckänderung bzw. auf den Luftdruck schließen.

Wind

Im Gegensatz zu allen anderen meteorologischen Größen, die nur durch ihren Beitrag gekennzeichnet sind, ist der Wind ein Vektor, d. h. der Wind besitzt einen Betrag und eine Richtung. Für die Angaben der Windgeschwindigkeit werden verschiedene, teils historisch geprägte Einheiten verwendet.

Bei der „Windstärke" nach der Beaufort-Skala, die von Windstärke 0 (Windstille) bis Windstärke 12 (Orkan) reicht, wird die Windgeschwindigkeit anhand

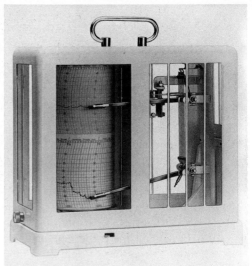

Thermohygrograph

Thermometerhütte

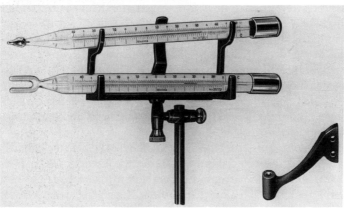

Maximum- und Minimumthermometer

Hygrometer

Abb. 102. Legende s. Seite 154

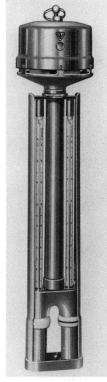

Aspirations-Psychrometer
(nach Aßmann)

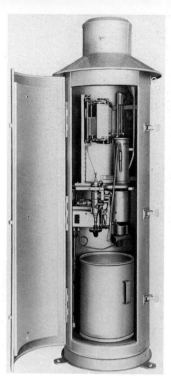

Tauwaage

Registrierender Regenmesser
(nach Hellmann)

Stationsbarometer

Schalenkreuzanemometer
und Windfahne

Barograph

Sonnenscheinautograph
(nach Campbell-Stokes)

Pyranometer mit Abblendring zur Messung der diffusen Himmelsstrahlung

Sternpyranometer zur Messung der sichtbaren Sonnen-, Himmels- und Reflexionsstrahlung (nach Dirmhirn)

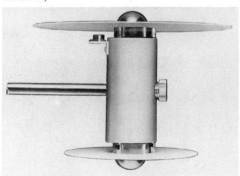

Strahlungsbilanzmesser zur Differenzmessung zwischen einfallender und reflektierter Sonnenstrahlung

Radiosonde mit Ballon unmittelbar vor dem Start

Abb. 102. Meteorologische Instrumente. Die Abbildungen wurden (bis auf die oberen beiden) freundlicherweise von der Fa. Wilh. Lambrecht GmbH – Göttingen zur Verfügung gestellt

der Windwirkung auf die Umgebung, d. h. auf Blätter, Zweige, Äste, Flaggen
bzw. über See auf die Wasseroberfläche geschätzt. Die Geschwindigkeitsangabe
„Knoten" (kn) geht auf die Seefahrt zurück, wobei

$$1 \text{ Knoten} = 1 \text{ Seemeile/h} = 1,852 \text{ km/h}$$

ist. Die Seemeile wiederum ist definiert als eine Bogenminute auf einem geographischen Großkreis, d. h. als 1/60 von 111,1 km.

Die Angabe „Meter pro Sekunde" (m/s) entspricht den Vorschriften in der
Physik und wird bei allen meteorologischen Berechnungen zugrunde gelegt. Für
die Praxis ist diese Geschwindigkeitsangabe jedoch etwas unanschaulich, und es
wäre zu überlegen, ob bei der Wettervorhersage nicht die Einheit „Kilometer pro
Stunde" (km/h) am sinnvollsten wäre, da wir den Umgang mit dieser Einheit im
täglichen Leben gewöhnt sind. Über den Zusammenhang von Windstärke, m/s,
kn und km/h gibt Tabelle 18 Aufschluß.

Tabelle 18. Windstärke und ihre Wirkung

Bezeichnung	Bft	m/s	kn	km/h	Wirkung Land	Wirkung See
Windstille	0	0 – 0,2	<1	1	Rauch steigt senk- recht empor	Glattes Wasser
Leichter Zug	1	0,3 – 1,5	1 – 3	1 – 5	Rauch steigt fast senkrecht empor	Gekräuseltes Wasser
Leichte Brise	2	1,6 – 3,3	4 – 6	6 – 11	Bewegt Blätter und Wimpel	Aufgerauhtes Wasser
Schwacher Wind	3	3,5 – 5,4	7 – 10	12 – 19	Bewegt kleine Zweige und Fah- nen	Mäßige Wellen ohne Schaum- kronen
Mäßiger Wind	4	5,5 – 7,9	11 – 15	20 – 28	Bewegt dünne Äste	Erste Schaum- kronen
Frischer Wind	5	8,0 – 11,7	16 – 21	29 – 38	Bewegt mittlere Äste, streckt Fah- nen	Voll entwickel- te Schaum- kronen
Starker Wind	6	10,8 – 13,8	22 – 27	39 – 49	Bewegt dicke Äste, läßt Fahnen knattern	Wellenkämme brechen
Steifer Wind	7	13,9 – 17,1	28 – 33	50 – 61	Schüttelt Bäume, peitscht Fahnen	Schaumstreifen in Windrich- tung
Stürmischer Wind	8	17,2 – 20,7	34 – 40	62 – 74	Bricht Zweige	Fliegendes Wasser beginnt
Sturm	9	20,8 – 24,4	41 – 47	75 – 88	Bricht Äste, hebt Dachziegel ab	Lange Wellen- kämme, flie- gendes Wasser
Schwerer Sturm	10	24,5 – 28,4	48 – 55	89 – 102	Bricht Bäume, be- schädigt Häuser	Hoher See- gang, weiße Gischt
Orkanartiger Sturm	11	28,5 – 32,6	56 – 63	103 – 117	Entwurzelt Bäu- me, beschädigt Häuser schwer	Hohe Wogen, fliegendes Wasser
Orkan	12	$\geqslant$32,7	$\geqslant$64	$\geqslant$118	Verwüstung bei Häusern und Wäl- dern	Hohe, bre- chende Wogen, kaum Sicht

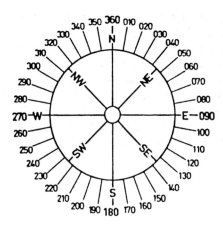

Abb. 103. Windrose

Die Windrichtung wird in der Meteorologie durch die Himmelsrichtung ange-geben, aus der die Luft kommt, d. h. ein Nordwind weht aus Norden, ein West-wind aus Westen usw. Die Angabe der Windrichtung erfolgt dabei entweder nach einer 360°-Skala, wobei Ostwind 90°, Südwind 180°, Westwind 270° und Nord-wind 360° bzw. 0° entspricht oder nach einer 8teiligen Skala als Nordwind, Nordostwind, Ostwind, Südostwind, Südwind, Südwestwind, Westwind und Nordwestwind. Der Zusammenhang von 360°-Einteilung und der Angabe der 8 Himmelsrichtungen im Abstand von 45° ist in Form einer „Windrose" in Abb. 103 dargestellt.

Zur Messung der Windrichtung dient eine Windfahne, deren Stellung über ein Hebelsystem übertragen und auf einer Skala abgelesen oder einem Wind-schreiber registriert werden kann. Die Windgeschwindigkeit wird in der Regel durch ein Schalenkreuzanemometer gemessen. Dabei werden 3 Halbkugelschalen vom Wind in Bewegung gesetzt und drehen sich um so schneller, je stärker der Wind weht. Über ein elektromagnetisches System wird die Rotationsbewegung in eine Spannung umgesetzt und aufgezeichnet. Dabei werden sowohl die Einzelbö-en wie das 10-min-Mittel des Winds, dem eine größere räumliche Repräsentativi-tät als den Böen zukommt, registriert. Da die Windmessung durch Bäume, Häu-ser und andere Hindernisse „verfälscht" wird, werden die Instrumente in 10 m Höhe über freiem Gelände oder 10 m über den Dächern und Bäumen der Umge-bung, der sog. Normalhöhe, angebracht.

Niederschlag

Zur Messung des Niederschlags dienen vielfach Regenmesser mit einer Auffang-fläche von 200 cm^2, die 1 m hoch über dem Erdboden angebracht sind, damit kein Spritzwasser in das Meßgerät gelangt. Der Niederschlag gelangt in ein Sam-melgefäß, dessen schmaler Hals einer Verdunstung weitgehend entgegenwirkt. Im Winter tragen viele Regenmesser ein Schneekreuz, das verhindern soll, daß der Wind den Schnee von der Auffangfläche wieder fortbläst. Fester Nieder-schlag wird vor der Messung aufgeschmolzen, und zwar bei Temperaturen wenig über 0°C, damit der Verdunstungseffekt gering bleibt.

Die Angabe des gefallenen Niederschlags erfolgt in mm, wobei einer Wasser-säule von 1 mm eine Niederschlagsmenge von $1\,l/m^2$ entspricht.

Will man die Regenmenge fortlaufend aufzeichnen, so kann man sich z. B. der Horner-Wippe bedienen. Diese trägt 2 Sammelgefäße mit einem Fassungsver-mögen von je 0,1 mm. Ist ein Gefäß voll, so bekommt es Übergewicht und kippt seinen Inhalt aus. Dabei wird ein Stromimpuls ausgelöst, der über eine Schreib-vorrichtung auf einer Registrierung eine Zacke hinterläßt. Eine verbreitete Mög-lichkeit der Registrierung ist, einen Schwimmer im Sammelgefäß anzubringen; seine Stellung wird über ein Hebelsystem auf einem Registrierstreifen fortlaufend aufgezeichnet.

Sicht

Die Angabe der Sichtweite ist eine wichtige Größe für den Verkehr, und zwar auch für den Flugverkehr und die Schiffahrt. Die Sicht wird in der Regel ge-schätzt, wobei feste Zielmarken wie Hochhäuser, Türme, Kirchen, Gebirgszüge zur Festlegung der Entfernung dienen, bis zu der man sehen kann. Während der Nacht bedient man sich beleuchteter Ziele und spricht daher von der „Feuersicht-weite".

Die Messung der Sichtweite erfolgt mit einem Gerät, das in kurzen Abständen Lichtimpulse ausschickt. Das Licht wird an den trübenden Teilchen in der Luft, d. h. an Staub und Wassertröpfchen zurückgestreut, und zwar um so mehr, je ge-trübter die Luft, also je schlechter die Sicht ist. Die Intensität des Rückstreulichts wird von einer Empfangszelle gemessen. Auf einer geeichten Skala läßt sich auf diese Weise die Sichtweite ablesen bzw. registrieren.

Bewölkung und Sonnenscheindauer

Die Menge der am Himmel befindlichen Bewölkung wird geschätzt, wobei die Angabe in Achteln erfolgt: 0/8 ist wolkenlos, 8/8 ist bedeckt. Bei aufgelockerter Bewölkung denkt man sich die Wolken zusammengeschoben, um auf diese Weise den Bewölkungsgrad zu ermitteln. Außerdem werden die Wolkenarten festge-stellt.

Die Höhe der Wolkenuntergrenze der tiefsten Wolken wird entweder ge-schätzt, wozu es einiger Erfahrung bedarf, oder gemessen. Ein Wolkenhöhen-messer arbeitet dabei nach dem Reflexionsprinzip der Echolotung. Ausgesandte Lichtimpulse werden von den Wassertropfen oder Eiskristallen an der Wolken-untergrenze reflektiert. Aus der (halben) Laufzeit des Lichtsignals zwischen Be-obachter und Wolke läßt sich die Höhe der Wolkenbasis bestimmen.

Zur Messung der Sonnenscheindauer verwendet man eine ca. 10 cm starke Glaskugel, die das auffallende Sonnenlicht so im Brennpunkt konzentriert, daß dort auf einem Spezialpapier eine Brennspur entsteht. Scheint dagegen die Sonne nicht, weil sie von einer Wolkenschicht oder einer isolierten Wolke verdeckt wird, weist der Registrierstreifen keine Brennspur auf. Auf diese Weise läßt sich aus den Aufzeichnungen dieser Sonnenscheinautographen bestimmen, wieviel

Beobachtungen vom ....^{ten}... 19 ......   Station ....

	Barometer (Luftdruck in hPa)				Trock. Thermometer °C		Feucht. Thermometer °C (unter 0° Angabe e oder w)		Dampf-druck hPa	Relative Feuchtig-keit %	¹) H hygro Hy grap
	Therm. a. Barom. °C	Ablesung	um-gerechnet auf 0°C	korrigiert	Ablesung	korrigiert	Ablesung	korrigiert			
I											
II											
III											
Summe	I + II + III				I + II + 2 × III		I + II + III				>
Mittel	⅓ Summe				¼ Summe		⅓ Summe				>

Beobachtungen der Extremthermometer zum Abendtermin	Ablesung °C	korrigiert °C	Niederschlagshöhe von heute 7 Uhr bis morgen 7 Uhr (Summe der Messungen II und III von heute und I von morgen)	Schneedeckenbeobachtung zum Morgentermin		Gesamt-schneedecke	Neus
Maximum-Thermometer				Höhe insgesamt (cm)			
Minimum-Thermometer				Höhe a. Schneeausstecher (cm)			
Tagesschwankung (Max. − Min.)	×			Wasser-äquivalent (mm)	des ausgestochenen Schnees insgesamt		
Min.-Thermometer am Erdboden (Ablesung zum Morgentermin)		✳ ²)	= .... mm		von 1 cm im Durchschnitt		

Als Beobachter hat immer derjenige seinen Namen einzutragen, der die Ablesung an dem betreffenden Termin tatsächlich gemacht hat.

¹) Nichtzutreffendes streichen.
²) Höhe des Schnees über Min.-Thermometer am Erdboden in cm.

Abb. 104. Klimatagebuch

Minuten und Stunden und zu welcher Zeit die Sonne geschienen hat. Setzt man den gemessenen Wert zu der an diesem Tag maximal möglichen astronomischen Sonnenscheindauer in Relation, so erhält man die relative Sonnenscheindauer.

8.2 Klimabeobachtung

Klimabeobachtungen werden täglich weltweit an 3 Terminen durchgeführt, und zwar um 7, 14 und 21 Uhr Ortszeit. Die Festlegung auf die Ortszeit eines Orts ist außerordentlich wichtig, da sie genau dem Sonnenstand entspricht. So wird z. B. in Berlin nicht um 14 Uhr MEZ (Mitteleuropäische Zeit) oder gar um 14 Uhr MESZ (Mitteleuropäische Sommerzeit) die Beobachtung durchgeführt, sondern um 14.07 MEZ bzw. um 15.07 MESZ, da die MEZ anhand des Sonnendurchgangs am 15.° östlicher Länge definiert ist und sich je nach geographischer Lage des Orts eine davon abweichende Ortszeit von 4 min/Längengrad ergibt.

Bei der synoptischen Wetterbeobachtung wird, wie wir noch näher sehen werden, gleichzeitig auf der ganzen Erde die Beobachtung durchgeführt, d. h. wenn es z. B. in Mitteleuropa Tagbeobachtungen sind, sind es im Pazifik Nachtbeobachtungen und umgekehrt. Bei den Klimabeobachtungen werden nur längs des gleichen Längengrads gleichzeitige Beobachtungen gemacht, in Ost-West-Richtung erfolgen die Beobachtungen im zeitlichen Nacheinander.

achtungen vom ....ten........................... 19 .... Station ....

| Wind | | Bewölkung Menge in Achtel | Dichte | Wolkengattung | Sicht- weite unter km | Feuer- sicht- weite unter km | Zustand des Erdbodens | Nieder- schlags- höhe mm | Wetter zum Termin | Wind- spitze des Tages | Sonnen- schein- dauer in Std. |
Rich- tung	Stär- ke										
											⊙
						✕					

I + II + III	✕	**Bemerkungen** über die zwischen den Terminen auftretenden Wettererscheinungen aller Art mit Stärke und möglichst genauer Zeitangabe, besonders über Anfang und Ende. — Einzelheiten zu den Gewitterbeobachtungen am Schluß des Buches anbringen.
¹/₃ Summe	✕	

Alle Angaben nach gesetzlicher Zeit.

achter: I .... II .... III ....

Eine vollständige Klimabeobachtung umfaßt zu allen 3 Terminen: Luftdruck, Temperatur, Feuchte, Windrichtung (in den 8 Hauptwindrichtungen), Windgeschwindigkeit (in Beaufort), Bewölkungsmenge (in Achteln), Wolkenarten (nur die 10 Hauptgattungen), Sichtweite, Erdbodenzustand und Niederschlagsmenge. Außerdem werden Höchst- und Tiefsttemperatur, das Erdbodentemperaturminimum, die 24stündige Niederschlagsmenge und Angaben zur Schneehöhe erfaßt. Stationen, an denen alle diese Klimaelemente gemessen bzw. beobachtet werden, heißen Klimahauptstationen. Fehlen einige Messungen oder Beobachtungen, z. B. Angaben über den Wind, die Sichtweite, das Erdbodenminimum, so handelt es sich um Klimanebenstationen. An Klimahauptstationen sind in der Regel ausgebildete Wetterdienstfachkräfte tätig, an Klimanebenstationen dagegen vielfach wetterbegeisterte Laienbeobachter. Außerdem gibt es noch eine große Anzahl von Niederschlagsmeßstellen, an denen die 24stündige Niederschlagsmenge gemessen wird.

In Abb. 104 ist ein sog. Klimatagebuch wiedergegeben. In ihm wird deutlich, daß aus den 3 Terminbeobachtungen von Luftdruck, Temperatur, Feuchte, Wind und Bewölkungsmenge Tagesmittelwerte gebildet werden. Diese werden zu Monatsmitteln und Jahresmitteln zusammengefaßt. Auf diese Weise entstehen die langen Klimareihen, die sowohl die Grundlage für die Aussage über das Klima eines Orts oder einer Region sind als auch zur Abschätzung von Klimatrends und Klimaänderungen dienen.

Auffällig bei der Mittelbildung ist, daß bei der Temperatur im Gegensatz zu den anderen Elementen die Formel

$$T_M = \frac{T_7 + T_{14} + 2 \times T_{21}}{4}$$

benutzt wird. Auf diese Weise lassen sich die Nachttemperaturen, für die es ja keine Messung gibt, besser berücksichtigen. Vergleiche haben gezeigt, daß diese Klimatagesmitteltemperatur dem wahren, aus 24 Stundenwerten gebildeten Temperaturmittel nahezu entspricht.

8.3 Von der synoptischen Beobachtung zur Wetterkarte

Synoptische Wetterbeobachtungen finden weltweit alle 3 h statt, und zwar gleichzeitig um 00, 03, 06, 09, 12, 15, 18 und 21 Uhr GMT (Greenwich Mean Time), wobei die Termine 00, 06, 12 und 18 GMT als Haupttermine, die übrigen als Zwischentermine bezeichnet werden. Die Gleichzeitigkeit der Beobachtung und der unmittelbare Austausch der Daten über Fernschreibsysteme ermöglicht erst, die aktuellen atmosphärischen Strukturen mit ihren Bewegungsvorgängen und Wetterabläufen zu einem festen Zeitpunkt zu diagnostizieren, d. h. synoptisch zu arbeiten.

Die Standardbeobachtung für Landstationen umfaßt: Windrichtung und Windgeschwindigkeit (10-min-Mittel), Sichtweite, Art, Menge und Untergrenze der Wolken, Luftdruck und Luftdruckänderung während der letzten 3 h, Temperatur und Feuchtigkeit (Taupunkt) sowie die aktuellen Wettererscheinungen wie Regen, Nebel, Schneefall, Gewitter usw. Dazu kommen zu bestimmten Terminen Höchsttemperatur (18 GMT) und Tiefsttemperatur (06 GMT), Niederschlagsmenge, Sonnenscheindauer, Erdbodenzustand und Erdbodentemperaturminimum, Angaben über Schneehöhe und Neuschnee sowie ggf. über Starkwindböen.

Um diese Vielzahl von Beobachtungsdaten so schnell wie möglich austauschen zu können, wurde ein „Wetterschlüssel" entwickelt, eine Kodeform für den Fernschreiber. Dieser hat seit dem 1. Januar 1982 folgende computergerechte Form für die synoptische Standardbeobachtung:

IIiii $i_R i_x hVV$ Nddff $1sTTT$ $2sT_d T_d T_d$

4pppp   5appp $7wwW_1 W_2$ $8N_h C_L C_M C_H$

Dabei ist:

II:	Land, iii = Beobachtungsstation
$i_R i_x$:	Computerkennung, ob Gruppe 6RRRt$_R$ (Niederschlag) bzw. Gruppe 7wwW$_1$W$_2$ (besondere Wettererscheinungen) vorhanden oder nicht
h:	Höhe der Wolkenuntergrenze, VV: Sicht
N:	Gesamtbedeckung, dd: Windrichtung, ff: Windgeschwindigkeit
1, 2 ...:	Kennung der einzelnen Gruppen
s:	Vorzeichen für Temperatur und Taupunkt (0 = positiv, 1 = negativ)
TTT:	Temperatur in zehntel °C
$T_d T_d T_d$:	Taupunkt in zehntel °C
pppp:	Luftdruck in Meeresniveau auf zehntel hPa (bei Werten über 1000 hPa wird die 1. Ziffer fortgelassen)
a:	3stündige Drucktendenz (fallend, steigend, gleichbleibend)

ppp: Druckänderungsbetrag in zehntel hPa
ww: Besondere Wettererscheinungen zum Beobachtungstermin bzw.
W_1W_2 in den Stunden bis zum letzten Haupttermin
N_h: Menge der tiefen Wolken
C_L, C_M, C_H Art der tiefen, der mittelhohen bzw. der hohen Wolken.

Ein Beispiel soll diesen kompliziert erscheinenden Wetterschlüssel veranschaulichen. Es zeigt, in welcher Form der tägliche Beobachtungsdatenaustausch über den Fernschreiber erfolgt:

10381   41560   62715   10154   20111   40158   52010   72586   83231

An der Station Berlin-Dahlem (10381) wurden beobachtet: Wolkenuntergrenze 600 – 1000 m (h = 5), Sicht 10 km (VV = 60), Bedeckungsgrad 6/8 (N = 6), Windrichtung 270° (dd = 27), Windgeschwindigkeit 15 kn (ff = 15), Temperatur 15,4° (TTT = 154), Taupunkt 11,1° ($T_dT_dT_d$ = 111), Luftdruck 1015,8 hPa (pppp = 0158), Tendenz steigend (a = 2) um 1,0 hPa (ppp = 010), Wetter zum Beobachtungstermin: nach Regenschauer (ww = 25), Wetter in den letzten Stunden: Schauer (W_1 = 8) und Regen (W_2 = 6), Menge der tiefen Wolken 3/8, Wolkenarten: Kumulus (C_L = 2), Altokumulus (C_M = 3) und Zirrus (C_H = 1).

In Mitteleuropa gibt es weit über 100 synoptische Beobachtungsstationen, auf der ganzen Erde sind es rund 7000. Diese befinden sich überwiegend auf dem Festland. Bedenken wir, daß die Erdoberfläche aber nur zu 29% von Festland und zu 71% von Ozeanen bedeckt ist, so wird verständlich, wie wichtig Wetterbeobachtungen von den Meeresgebieten sind. Da auch die Seefahrt ein unmittelbares Interesse an Wetterbeobachtungen und Wettervorhersagen hat, werden auch auf rund 5000 ausgewählten Handelsschiffen zu den Hauptterminen Wetterbeobachtungen durchgeführt. Außerdem gibt es einige spezielle, ortsfeste Wetterschiffe, die mit meteorologischem Fachpersonal besetzt sind und die neben den Bodenbeobachtungen auch Messungen mittels Ballonen bis in große Höhen durchführen. (Einzelheiten darüber werden wir in Kap. 8.4 behandeln). Da der Unterhalt der Wetterschiffe äußerst kostspielig ist, hat ihre Zahl leider in den letzten Jahren zunehmend abgenommen, z. B. über dem Atlantik von 9 auf 4. Bedenken wir, daß die Handelsschiffe nur festen Routen folgen, wird verständlich, daß über den Meeren große Beobachtungslücken bestehen. Entgegen den Erwartungen konnten sie auch durch den Einsatz von Wettersatelliten nicht im erforderlichen Maße geschlossen werden.

Alle in einem Land durchgeführten synoptischen Wetterbeobachtungen gehen zuerst per Fernschreiber an die nationale Zentralstelle, z. B. in der Bundesrepublik Deutschland zum Zentralamt des Deutschen Wetterdienstes in Offenbach. Von dort werden sie in das internationale, von der Weltorganisation für Meteorologie aufgebaute Netz eingespeist und weltweit verbreitet. Hochleistungsrechner steuern dabei den Datenaustausch, steuern Abgabe und Empfang der verschlüsselten Wetterbeobachtungen. Die an einem Standort für die wissenschaftliche Arbeit der dort tätigen Meteorologen benötigten Informationen werden aus dem Gesamtprogramm ausgewählt und in der Regel in Wetterkarten eingetragen. Dabei muß die Fülle von Zahlen in eine solche Form gebracht werden, daß ein Höchstmaß an Übersichtlichkeit und Deutlichkeit über das großräumige Wettergeschehen gegeben ist.

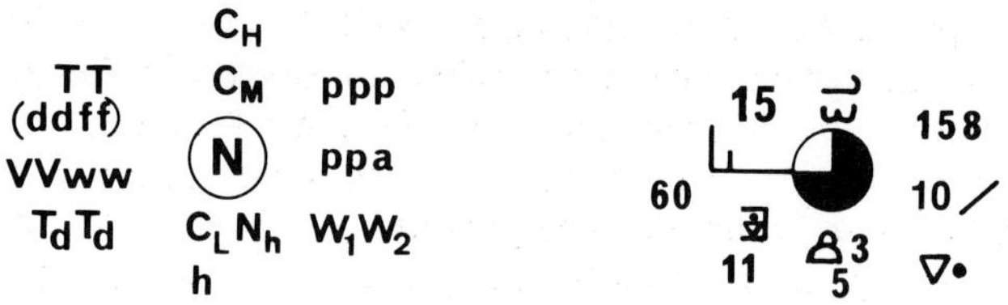

$$
\begin{array}{ccc}
 & C_H & \\
TT & C_M & ppp \\
(ddff) & & \\
VVww & (N) & ppa \\
T_d T_d & C_L N_h & W_1 W_2 \\
 & h &
\end{array}
$$

Abb. 105. Stations- und Verschlüsselungsschema mit Beispiel

IIiii $i_R i_x$hVV Nddff 1sTTT 2s$T_d T_d T_d$ 4pppp 5appp 7ww$W_1 W_2$ 8$N_h C_L C_M C_H$

10381   4 1 560   6 2715   1 0154   20 1 1 1   40158   52010   72 5 8 6   8 3 2 3 1

Aus diesem Grunde wurde ein „Stationsschema" entwickelt, nach dem einheitlich für jede Station die übermittelten Beobachtungen teils als Zahlenwerte, teils als Symbole in die Wetterkarte eingetragen werden. Die Abb. 105 zeigt links die allgemeine, rechts die auf die obige Beobachtung angewandte Form.

Zum besseren Verständnis von Wetterkarten, die bei den meteorologischen Institutionen abonniert werden können, seien die wichtigsten Symbole kurz dargestellt:

Wettererscheinungen		Wolken		Bedeckungsgrad	
≡	Nebel	⌒	Flacher bzw.	○	: 0/8
		△	hoher Kumulus	◐	: 1/8
،	Sprühregen	⊠	Kumulonimbus	◑	: 2/8
•	Regen	⌣	Stratokumulus	◑	: 3/8
*	Schnee	—	Stratus	◑	: 4/8
~	Glatteis	∟	Altostratus	◑	: 5/8
*	Schneeregen	∠	Nimbostratus	●	: 6/8
▽	Schauer	---	Stratusfetzen	●	: 7/8
⟦	Gewitter	ω	Altokumulus	●	: 8/8
⏋	nach ≡, ,, usw.	⌐	Zirrus		
⊡	z. B. nach Regen	²⁻	Zirrostratus		

Beim Wind zeigt die symbolische Windfahne die Richtung auf 10° genau an, aus der der Wind weht. Ein langer Querstrich bedeutet eine Geschwindigkeit von 10 kn, ein kurzer von 5 kn; bei 50 kn wird anstelle von 5 langen Querstrichen ein Dreieck auf den Windrichtungspfeil gezeichnet. Auch die Intensität der Wettererscheinungen läßt sich zum Ausdruck bringen. So wird z. B. starker Regen durch mehr Punkte, starker Schneefall durch mehr Sternchen dargestellt als leichter Niederschlag.

In Abb. 106a ist als Beispiel die eingetragene Bodenwetterkarte vom 27. Februar 1984 wiedergegeben.

In diese Beobachtungsdatenfülle bringt der Meteorologe eine Systematik hinein, indem er die räumliche Wettersituation analysiert. Am gebräuchlichsten ist dabei die Analyse des Druckfelds, und zwar bei regionalen Wetterkarten von 1 hPa zu 1 hPa, wie z. B. bei der „Deutschlandkarte", oder von 5 hPa zu 5 hPa, wie z. B. bei der „Europa- und der Nordhemisphärenkarte". Aus dem Isobarenbild folgen die Aussagen über die Lage und Intensität der Hoch- und Tiefdruckzentren, von Hochkeilen und Tiefdrucktrögen sowie über die großräumigen Windverhältnisse. Zur Analyse der Fronten, also von Kalt- und Warmfronten sowie von Okklusionen dient ihm primär das Temperatur-, Feuchte- und Windfeld, aber auch die Berücksichtigung der Bewölkungs-, Niederschlags-, Sicht- und Drucktendenzverhältnisse ist wichtig. Wettererscheinungen wie Niederschlagsgebiete, Schauer, Gewitter und Nebel werden gesondert, meist farbig gekennzeichnet.

Die Abb. 106 b zeigt die analysierte Bodenwetterkarte vom 27. Februar 1984. Mit den Höhenwetterkarten stellt sie die Grundinformation des Meteorologen über die ablaufenden physikalischen Prozesse in der Atmosphäre dar.

8.4 Radiosondenbeobachtung

Unter einer Radiosonde verstehen wir ein Instrumentensystem, das von einem Ballon bis in große Höhen getragen wird und von dem Luftdruck, Temperatur und Feuchte gemessen wird. Über einen eingebauten kleinen Kurzwellensender werden die Meßdaten zur Bodenstation übermittelt. Seit der Erfindung der Radiosonde im Jahre 1929 steht damit der Meteorologie ein einfaches und relativ preiswertes Hilfsmittel zur Vermessung der freien Atmosphäre zur Verfügung. Im Normalfall werden Höhen von 25 bis 30 km erreicht. Den inoffiziellen „Radiosondenhöhenweltrekord" hält mit mehr als 51 km das Institut für Meteorologie der Freien Universität Berlin.

Die Messung des Luftdrucks erfolgt in der Regel mit einem Dosenbarometer. Für sehr genaue Messungen in Höhen oberhalb 30 km, d. h. ab 10 hPa findet vereinzelt zusätzlich das Hypsometer Anwendung. Die Temperatur wird mit einem Widerstands- oder Bimetallthermometer gemessen, wobei besonders beachtet werden muß, daß keine Sonnenstrahlung auf das Thermometer fällt und so die Lufttemperaturmessung verfälscht. Aus diesem Grund steckt das Thermometer in einer glänzenden, strahlungsreflektierenden Röhre. Zur Feuchtemessung werden je nach Radiosondentyp verschiedene Instrumente verwendet. Viele Länder benutzen Haarhygrometer und messen die relative Feuchte, manche umgeben ein 2. Bimetallthermometer mit einem feuchten Läppchen und messen die Feuchttemperatur. Besonders genau sind jene Feuchteelemente, die auf dem elektrischen Widerstandsprinzip beruhen, wie z. B. das Lithiumchloridelement oder das Karbonelement. Ändert sich die Luftfeuchte, so ändert sich der Widerstand des Feuchteelements, das an eine kleine Batterie angeschlossen ist. Da die Batteriespannung U konstant ist, führt nach dem Ohm-Gesetz $U = R \, J$ die Änderung des Widerstands R zu einer Änderung der Stromstärke J. Diese wird gemessen und aus ihr über eine Eichung die Feuchteänderung bestimmt.

Der Ballon wird aus Sicherheitsgründen mit Helium (nicht brennbar) gefüllt und hat einen Durchmesser von einigen Metern. Für besonders hochreichende Forschungsaufstiege werden Ballone von 5 bis 10 m Größe verwendet. Die ganze Meß- und Sendeanordnung ist an einer 15 m langen Leine unter dem Ballon befe-

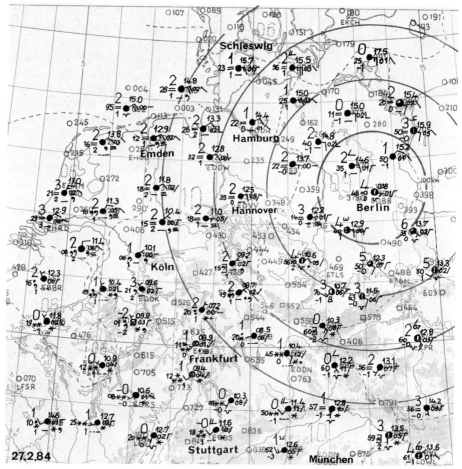

Abb. 106a,b. Eingetragene (**a**) und analysierte Bodenwetterkarte (**b**) vom 27. Februar 1984, 13 h (MEZ)

stigt, der mit einer konstanten Geschwindigkeit von etwa 300 m/min aufsteigt. Bei den meisten Radiosonden ist an der Leine noch ein Reflektor aus einer dünnen Metallfolie befestigt. Diese wird während des Aufstiegs von einem Radargerät angepeilt; aus der Abdrift des Ballons lassen sich Windrichtung und Windgeschwindigkeit fortlaufend bestimmen, während die zugeordneten Höhen aus der Druckmessung über die barometrische Höhenformel folgen. Mit zunehmender Höhe dehnt sich der Gummiballon infolge des abnehmenden Außendrucks immer mehr aus und platzt schließlich. Instrumente und Sender gelangen an einem kleinen Fallschirm zu Boden, sind aber in der Regel nicht wiederverwendbar. Radiosondenaufstiege werden auf der Nordhalbkugel an etwa 700 Stationen in der Regel 2mal am Tag durchgeführt, und zwar um 00 GMT und 12 GMT. In der Bundesrepublik Deutschland einschließlich Berlin-West gibt es 6 Radiosondenstationen: Schleswig, Hannover, Berlin, Essen, Stuttgart und München. In der

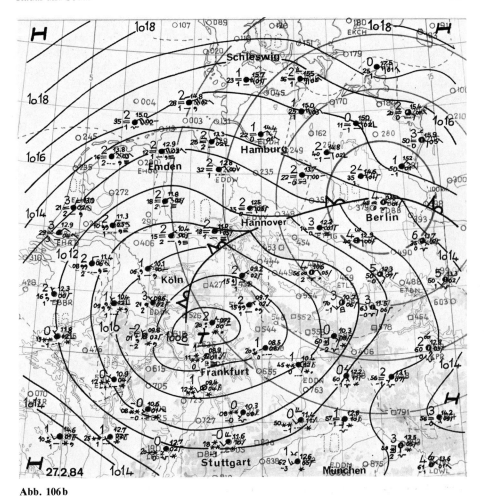

Abb. 106 b

Höhenwetterkarte werden Wind ddff, Temperatur T, Taupunktsdifferenz $\delta T_d = T - T_d$ und Höhe hhh nach folgendem Schema dargestellt:

$$
\begin{array}{c}
T \\
ddff \ \bullet \ hhh \\
\delta T_d
\end{array}
$$

wobei sich die Anordnung der Zahlenkolonne nach links vom Stationspunkt verschiebt, wenn Ostwind weht.

8.5 Radar und Sodar

Das Radar („radio detection and ranging") hat sich in der Meteorologie zur Erfassung und Kurzfristvorhersage von Niederschlagsgebieten ausgezeichnet bewährt. Es beruht auf dem Prinzip, daß ein vom Gerät ausgesandter elektromagnetischer Impuls von den fallenden Niederschlagsteilchen, d. h. von Regentropfen, Schneeflocken, Graupel- oder Hagelkörnern zurückgestreut wird und ein Teil der abgestrahlten Energie vom Empfangsteil des Radars wieder aufgenommen und gemessen wird (s. Abb. 108a). Die Theorie zeigt, daß die Echointensität P_E mit der Niederschlagsintensität J (mm/h) und der Entfernung der Niederschlagsgebiete R in folgender Form verknüpft ist

$$P_E = k \frac{J^n}{R^2}.$$

Dabei ist k eine Gerätekonstante, in der z. B. die Stärke des ausgeschickten Impulses P_A und die verwendete Wellenlänge λ (zwischen 3 und 10 cm) eingeht, und n ein Wert, der von der mittleren Rückstreueigenschaft der Regentropfen, Schneekristalle, Eiskörner in der Klimaregion abhängt. Da sich die Entfernung R aus der (halben) Laufzeit der Impulse zwischen Aussendung und Empfang ergibt und die Echointensität P_E vom Gerät gemessen wird, läßt sich somit die Niederschlagsintensität mit der Radargleichung abschätzen. Außerdem kann die Zugbahn der Regengebiete und Schauerzellen auf dem Radarschirm laufend verfolgt und aus ihr die weitere Verlagerungsrichtung und Verlagerungsgeschwindigkeit, d. h. ihr Bewegungsvektor, bestimmt und für die Kurzfristprognose verwendet werden.

In Abb. 107a ist das ausgedehnte Regenband einer Kaltfront auf dem Radarbildschirm, in Abb. 107b eine Vielzahl isolierter, kleinräumiger Niederschläge einer Schauerwetterlage zu sehen.

Das Sodar („sounding radar") ist ein im akustischen Bereich arbeitendes Radar, ein sog. Schallradar. Es besteht aus einer Schallantenne, die die gebündelten Schallimpulse eines Lautsprechers ausstrahlt, und einem Empfangsteil, das den von der Luft zurückgestreuten Teil des Schallimpulses mißt (Abb. 108b).

Je nachdem, welcher physikalische Vorgang gemessen wird, haben wir 2 Typen von Sodargeräten zu unterscheiden. Mit Hilfe des 1. Sodartyps wird die Energie des Rückstreusignals gemessen. Ihr Betrag hängt von den Unterschieden in der Dichte und damit der Temperatur der benachbarten Luftelemente ab. Fehlen solche Temperaturunterschiede, so fehlt auch das Rückstreusignal, sind die Temperaturunterschiede zwischen den Turbulenzelementen dagegen groß, so ist auch die rückgestreute Energie groß. Dieser Sodartyp dient somit zur Erfassung der bodennahen Temperaturstrukturen, insbesondere von Inversionen sowie von konvektiven und turbulenten Vorgängen.

Der 2. Sodartyp basiert auf der Tatsache, daß von bewegter Luft die Wellenlänge des auftreffenden Schallimpulses verändert wird, so daß die Wellenlänge des vom Empfangsteil aufgenommenen Rückstreusignals gegenüber dem ausgesandten Impuls verschoben erscheint. Dieser Effekt der Wellenlängenverschiebung durch bewegte Objekte wird in der Physik als Doppler-Effekt bezeichnet und findet z. B. auch bei den Radargeschwindigkeitskontrollen der Polizei Anwendung. Da die Größe der Doppler-Verschiebung von der Geschwindigkeit bestimmt wird, dient das sog. Doppler-Sodar zur Windmessung in der atmosphärischen Reibungsschicht.

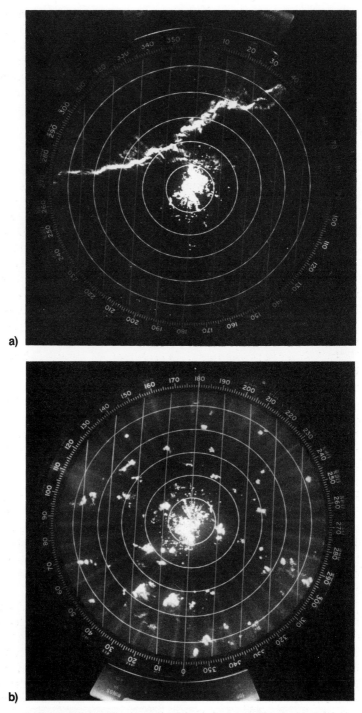

Abb. 107a, b. Radarbilder vom Niederschlagsband einer Kaltfront (**a**) und von einer Schauerwetterlage (**b**)

108a

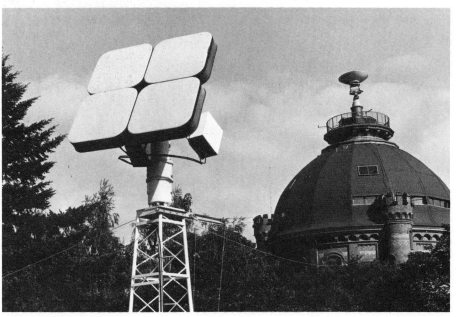

108c

108b

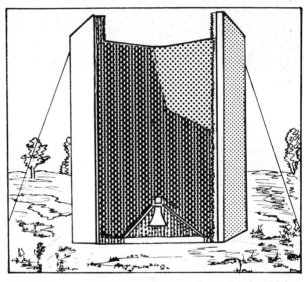

108b

Abb. 108a – c. Moderne meteorologische Beobachtungs-/Empfangssysteme; **a** Radarkuppel (mit Parabolspiegel im Inneren); **b** Sodaranordnung (schematisch) sowie Schallgeber/Empfänger und Parabolspiegel; **c** Empfangsantennen für Wettersatellitendaten

8.6 Wettersatellitenbeobachtung

Grundlagen

Mit dem Start des 1. Wettersatelliten TIROS I („**T**elevision and **I**nfrared **O**bservational **S**atellite") am 1. April 1960 begann eine neue Ära der globalen Wetterbeobachtung. Bedenken wir, daß sich die konventionellen Boden- und Radiosondenbeobachtungen überwiegend auf die Festländer beschränken, daß 71% der Erdoberfläche von Wasser bedeckt sind und daß die Stationsdichte auf tropischem wie auf polarem Festland sehr gering ist, so wird deutlich, wie wichtig dieses neue Beobachtungssystem ist.

Von ihrer Umlaufbahn her haben wir 2 verschiedene Typen von Wettersatelliten zu unterscheiden. Die „polarumlaufenden" Wettersatelliten bewegen sich auf nahezu kreisförmigen Flugbahnen in etwa 800 – 1500 km Höhe, die nahe am Nord- und Südpol vorbeiführen. Unter dieser Bahn dreht sich unser Planet um seine Achse, so daß im zeitlichen Nacheinander die Wetterbeobachtungen von der ganzen Erde verfügbar sind. Jedes einzelne Gebiet wird innerhalb von 24 h vom Satelliten 2mal überflogen: einmal am Tag und einmal bei Nacht. Mit 2, entsprechend zeitverschobenen Satelliten kann somit erreicht werden, daß in einem Gebiet Wettersatelliteninformationen alle 6 h verfügbar sind.

Bei dem 2. Typ handelt es sich um „geostationäre" Satelliten. Wie es ihr Name schon besagt, stehen sie ortsfest über einem Erdpunkt, d. h. sie bewegen sich auf ihrer Umlaufbahn mit der gleichen Winkelgeschwindigkeit und in die gleiche Richtung wie der Erdpunkt unter ihnen. Ihre Flughöhe beträgt 36000 km, und ihre Umlaufbahn befindet sich über dem Äquator.

Die geostationären Satelliten, die neben der meteorologischen Beobachtung vielfach noch zahlreiche andere Aufgaben durchführen, wie z. B. die der interkontinentalen Nachrichten- und Fernsehübermittlung, liefern Informationen über das unter ihnen ablaufende Wettergeschehen in 30minütigem Abstand. Die dichte zeitliche Folge erlaubt eine genaue Verfolgung der Wetterentwicklung. Ihr Nachteil gegenüber den polarumlaufenden Wettersatelliten ist dagegen, daß sie infolge der Erdkrümmung nur gute Wetterinformationen zwischen dem Äquator und rund 50° Nord bzw. Süd liefern, während die höheren Breiten stark verzerrt erscheinen.

Insgesamt gibt es z. Z. 5 geostationäre Wettersatelliten, die sich in etwa 70° Abstand um die Erde anordnen und von denen der europäische, METEOSAT genannt, nahe der afrikanischen Küste über dem Golf von Guinea beim Nullmeridian steht. Die anderen befinden sich über dem Indischen Ozean, bei Neuguinea, über dem östlichen Pazifik und der Amazonasmündung (Abb. 109).

An Bord der geostationären wie der polarumlaufenden Wettersatelliten befinden sich radiometrische Kamerasysteme, d. h. Instrumente, die die von der Erde ausgehende Strahlung messen. Dabei wird zum einen das von der Erdoberfläche oder den Wolken reflektierte Sonnenlicht gemessen. Entscheidend für die ankommende Energie im sichtbaren Bereich (0,4 – 0,8 µm) ist das Reflexionsvermögen der Stoffe, das für Wolken und Schnee mit etwa 0,75 am höchsten, für Wasserflächen mit 0,05 am geringsten ist; bei Grasland beträgt es 0,10, bei Sandflächen 0,30.

Entsprechend ihrem Reflexionsvermögen treten die Erscheinungen im Satellitenbild im Durchschnitt in folgenden Grautönungen auf:

Schwarz: Ozeane, Seen
Dunkelgrau: Große Waldgebiete, Basaltregionen
Mittelgrau: Landwirtschaftlich genutztes Land

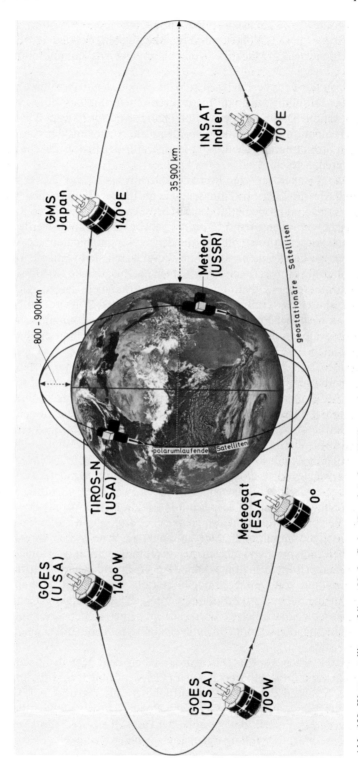

Abb. 109. Wettersatelliten auf ihrer Umlaufbahn (Stand Anfang 1979)

Hellgrau: Wüstengebiete, dünne und lockere Wolken
Weiß: Wolken mittlerer Mächtigkeit, Schnee und Eis
Leuchtendweiß: Mächtige Wolkenkomplexe aus Kumulonimben.

Die von der Erdoberfläche, den Wolken und der Atmosphäre ausgehende langwellige Strahlung wird von Infrarotradiometern in verschiedenen Spektralbereichen erfaßt. Diese Wärmestrahlung hängt, wie wir in Kap. 3 gesehen haben, von
der Temperatur der strahlenden Körper ab, so daß aus der vom Satelliten gemessenen Strahlungsenergie auf die Temperatur der Erdoberfläche und der Wolkenobergrenze geschlossen werden kann.

Die Temperatur von Festland, Ozeanwasser und Wolkenobergrenze wird
durch Messung der Strahlungsenergie im IR-Bereich zwischen 10,5 und 12,5 µm
erfaßt, also im großen atmosphärischen Fenster. In mehreren Kanälen (Spektralbereiche) zwischen 14 und 15 µm, in der sog. CO_2-Bande, werden Strahlungsmes-
sungen vorgenommen, die verschiedenen Höhenschichten der Atmosphäre zuge-
ordnet werden können. Auf diese Weise lassen sich vertikale Temperaturprofile
bis in große Höhen (über 50 km) ableiten. Zusätzliche IR-Messungen in anderen
Spektralbereichen, den sog. Wasserdampfkanälen, lassen schließlich noch die
Bestimmung der großräumigen atmosphärischen Wasserdampfverteilung zu.

Ein wichtiger Punkt für die Güte der Satellitenaufnahmen ist das sog. Auflösungsvermögen der Radiometer. Darunter versteht man die Fähigkeit optischer
Instrumente (z. B. auch eines Fernglases), 2 getrennte Punkte auch getrennt ab-
zubilden. Je schlechter das Auflösungsvermögen ist, um so schneller erscheinen
benachbarte Gegenstände, z. B. 2 Sterne im Teleskop, zu einem verschmolzen.
Das Auflösungsvermögen der Wettersatelliten ist senkrecht unter dem Satelliten
am besten (bis zu 1 km) und wächst auf Zehnerkilometer zu den Seiten der Satellitenaufnahme an. Am Bildrand treten dadurch erhebliche Verzerrungen auf, so
daß dort isolierte Wolkenkomplexe als geschlossenes Wolkenfeld erscheinen. Erhöhen läßt sich das Auflösungsvermögen im Satelliten, indem z. B. ein Radiometer verwendet wird, das bei der Messung die unter ihm befindliche Erdoberfläche
in feineren, engeren Rasterlinien abtastet, was dann allerdings eine größere Ab-
tastgeschwindigkeit des sog. Scanning-Radiometers voraussetzt.

Die von den Radiometern gemessene Strahlung wird im Satelliten in elektromagnetische Impulse umgesetzt und über ein Sendesystem direkt ausgestrahlt, so
daß jede entsprechend ausgerüstete Empfangsstation die Daten während des Sa-
tellitenüberflugs aufnehmen kann. An Bord gespeicherte Informationen können
dagegen nur von ganz bestimmten Stationen abgerufen werden. Die Energie für
die Aufnahme und Ausstrahlung der ungeheuren Datenmengen werden dem Satelliten von Solarzellen geliefert, die an seiner Außenseite angebracht sind und
die das auffallende Sonnenlicht in elektrischen Strom umzuwandeln vermögen (s.
Abb. 109).

Zwei Arten von Satellitendaten stehen dem Meteorologen zur Verfügung,
nämlich die im sichtbaren Bereich (VIS = „visible") und die im Infrarotbereich
(IR). Während dabei die VIS-Aufnahmen nur tagsüber zur Verfügung stehen
und im Winter aus den Gebieten mit Polarnacht ganz fehlen, haben die IR-Aufnahmen den Vorteil, daß sie auch bei Dunkelheit der Erdregion verfügbar sind,
da ja die Wärmestrahlung unabhängig von der Helligkeit gemessen werden kann.

Die Grautönung in den Satellitenbildern ist dabei für die Erscheinungen in den IR-Aufnahmen die gleiche, wie sie für die VIS-Aufnahmen (in Abhängigkeit vom Reflexionsvermögen) geschildert worden sind.

8.7 Meteorologische Erscheinungen im Satellitenbild

Die augenfälligsten Erscheinungen bei der Betrachtung von Satellitenbildern sind ganz bestimmte, häufig sich wiederholende Wolkenanordnungen. Sie sind charakteristisch für die sie erzeugenden, physikalischen Prozesse, d. h. für die Bewegungs-, Temperatur- und Feuchtevorgänge in der Troposphäre. Anhand einzelner Beispiele soll daher eine Einführung in die Interpretation der Satellitenaufnahmen, wie sie z. B. im Rahmen der Fernsehwettervorhersage täglich zu sehen sind, gegeben werden. Über den Zusammenhang von sichtbaren Phänomenen im Satellitenbild und den Erscheinungen in der Wetterkarte soll außerdem das physikalische Verständnis von den atmosphärischen Strukturen vertieft werden.

Polarfrontzyklonen

Entsprechend den verschiedenen Stadien, die die Polarfronttiefs in ihrer Entwicklung durchlaufen, werden sie durch eine große Variationsbreite in ihrem Aussehen im Satellitenbild charakterisiert.

Einen sehr eindrucksvollen Fall stellt die Tiefentwicklung vom 9. – 14. April 1968 über dem europäischen Festland dar, die in den täglichen Wetterkarten (Abb. 110a – f) und Satellitenaufnahmen (Abb. 111a – f) belegt ist.

Am 9. April erkennen wir ein kompaktes Wolkenband, das quer über Rußland von Nordost nach Südwest verläuft und dessen einheitliches geschlossenes Aussehen auf stratiforme Bewölkung hinweist. Dieses Wolkenband gehört, wie die Bodenwetterkarte zeigt, zu einem Frontenzug, der die kältere Luft im Westen von wärmerer im Osten trennt. In seinem südlichen Teil wird im Satellitenbild eine Verdickung des Wolkenbands sichtbar; sie gehört zu der Welle, die sich an der Polarfront im Gebiet zwischen Alpen und Schwarzem Meer gebildet hat, d. h. im Satellitenbild vom 9. April ist die Entstehung eines Tiefs erfaßt (s. Abb. 111a).

Außerdem erkennen wir in Abb. 111a ein kleines Tief mit spiralförmiger Wolkenanordnung über Norddeutschland. Solche kommaförmigen Gebilde mit nur einer Front, der Kaltfront, entstehen im zentralen Kaltluftbereich des Trogs. Sie gehören nicht zu den Wellenzyklonen, die auf der Vorderseite der Höhentröge entstehen, und sind selten.

Eine grundsätzliche Schwierigkeit bei der Satellitenbildinterpretation ist die große Ähnlichkeit von Wolken und Schneebedeckung. Das erklärt sich daraus, daß bei beiden das Reflexionsvermögen in der gleichen Größe liegt. So handelt es sich bei den Alpen, dem norwegischen Bergland, über Finnland und dem Bottnischen Meerbusen nicht um Wolken, sondern um eine Schneedecke. Ein Kriterium dafür ist zum Beispiel, daß man die Täler und Fjorde als dunkle Linien erkennt, weil dort der Schnee fehlt, ein anderes, wie z. B. über Finnland, der

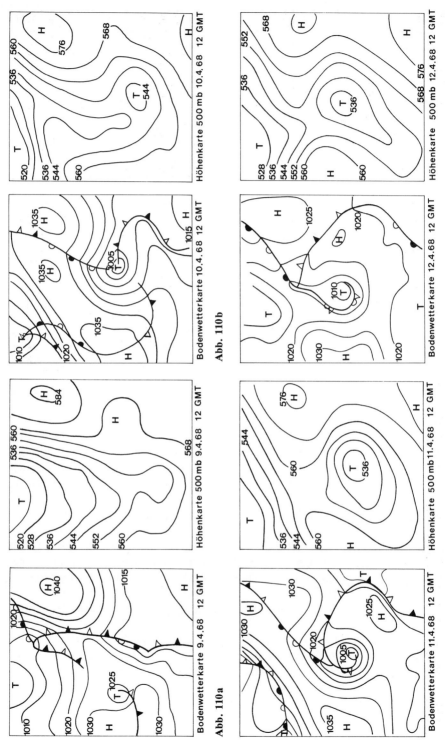

Höhenkarte 500 mb 10.4.68   12 GMT

Bodenwetterkarte 10.4.68   12 GMT

Abb. 110b

Höhenkarte 500 mb 12.4.68 12 GMT

Bodenwetterkarte 12.4.68 12 GMT

Abb. 110d

Höhenkarte 500 mb 9.4.68   12 GMT

Bodenwetterkarte 9.4.68   12 GMT

Abb. 110a

Höhenkarte 500 mb 11.4.68   12 GMT

Bodenwetterkarte 11.4.68   12 GMT

Abb. 110c

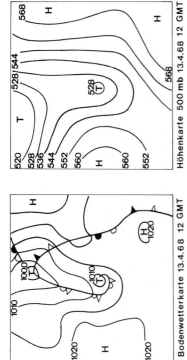

Höhenkarte 500 mb 13.4.68 12 GMT

Bodenwetterkarte 13.4.68 12 GMT

Abb. 110e

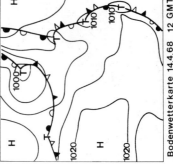

Höhenkarte 500 mb 14.4.68 12 GMT

Bodenwetterkarte 14.4.68 12 GMT

Abb. 110f

Abb. 110a – f. Bodenwetterkarten und 500-hPa-Höhenkarten der Zyklonenentwicklung vom 9. – 14. April 1968. **a** 9. April, 12 GMT; **b** 10. April, 12 GMT; **c** 11. April, 12 GMT; **d** 12. April, 12 GMT; **e** 13. April, 12 GMT; **f** 14. April, 12 GMT

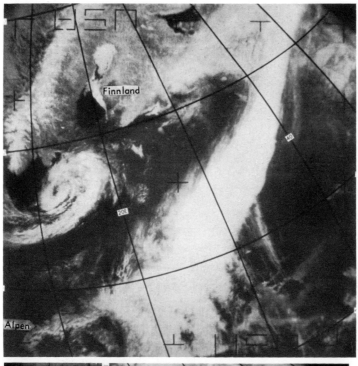

Abb. 111a

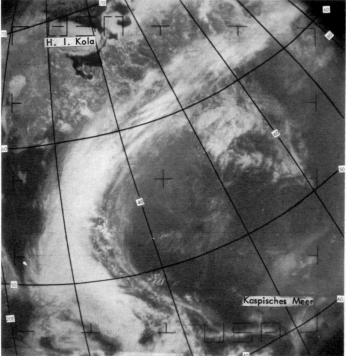

Abb. 111b

Legende s. Seite 179

Abb. 111c

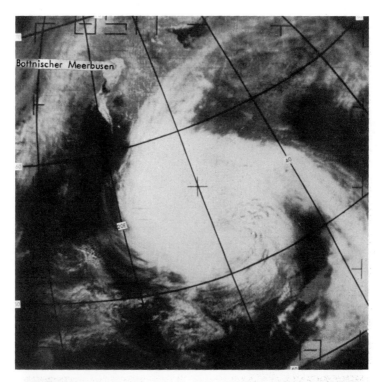

Abb. 111d

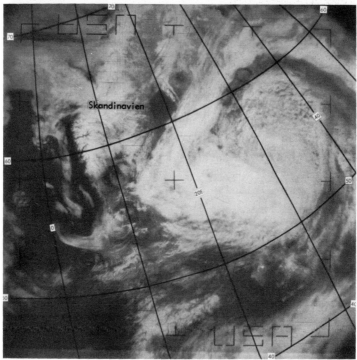

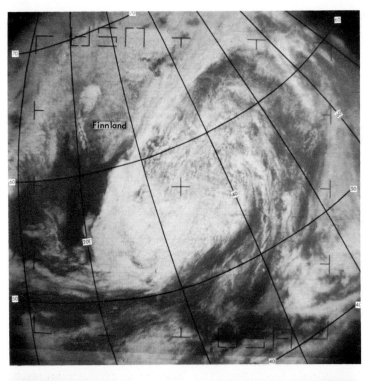

Abb. 111e

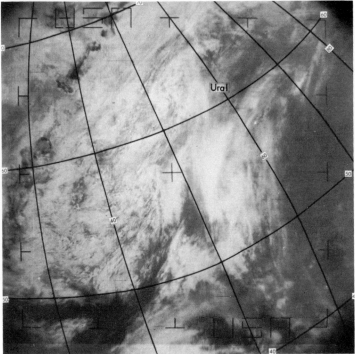

Abb. 111f

Wechsel von dunklen zu helleren Grautönen, da die Wälder von oben dunkler erscheinen als eine geschlossene Schneedecke über freiem Land. Erwähnt sei noch, daß die wolkenarmen oder wolkenfreien Gebiete unter Hochdruckeinfluß stehen. Am 10. April, also 24 h später, hat sich nach der Bodenwetterkarte (s. Abb. 110b) die Welle zu einem jungen Tief mit einem deutlich ausgeprägten Warmsektor und einem Kerndruck von 1005 hPa weiterentwickelt. Im Satellitenbild (s. Abb. 111b) ist es an der Wolkenverdickung bei etwa 50°N zu erkennen. Warm- und Kaltfront sind durch ein gleichmäßiges Wolkenband gekennzeichnet. Bei etwa 60°N wird die Warmfrontbewölkung diffus. Die Ursache dafür ist, daß dort die Front unter Hochdruckeinfluß gerät. Dort, wie in weiten anderen Teilen des Bilds, sehen wir einen dünnen Grauschleier, unter dem z. T. die Erdbodenstrukturen noch erkennbar sind. In diesen Fällen handelt es sich um die wenig kompakte Zirrusbewölkung.

Am 11. April zeigt die Satellitenaufnahme (s. Abb. 111c) einen ausgedehnten, angenähert kreisrunden Wolkenkomplex. Während seine zentralen Teile deutlich stratiforme Wolken aufweisen, ist in seinem Südostsektor eine granulatartige Wolkenstruktur zu erkennen; in der kalten Luft kommt es zu lebhafter Konvektion und damit zur Bildung kumuliformer Bewölkung mit den korrespondierenden Wolkenlücken, die sich als dunkle Linien ausprägen. Wie die Wetterkarte vom gleichen Tag zeigt (s. Abb. 110c), hat der Okklusionsprozeß soeben eingesetzt, d. h. der Wirbel befindet sich im frühen Okklusionsstadium. Kalt- und Warmfront sind wieder an ihren Wolkenbändern zu erkennen.

Am 12. April zeigt das Satellitenbild, daß sich die Zone kumuliformer Bewölkung weiter ausgedehnt hat, d. h. daß weitere Teile des Tiefs durch das rasche Vordringen der Kaltfront von Kaltluft eingenommen werden. Wie schon am Vortag finden wir unmittelbar hinter der Kaltfront eine wolkenarme Zone, die wir als postfrontale Aufheiterungszone bezeichnen. In der Bodenwetterkarte (s. Abb. 110d) wird deutlich, wie weit der Okklusionsprozeß bereits fortgeschritten ist; auch im Satellitenbild ist der Okklusionspunkt zu finden, und zwar dort am oberen Bildrand, wo Kalt- und Warmfrontbewölkung auseinanderlaufen (s. Abb. 111d).

Das Auflösungsstadium des Tiefs ist in Abb. 111e sichtbar. Der Wolkenkomplex erscheint elliptisch auseinandergezogen. Seine überwiegend kumuliforme Struktur zeigt an, daß er fast vollständig von Kaltluft erfüllt ist. Nur die stratiforme Okklusionsbewölkung an seinem Westrand deutet noch auf die Reste der Warmluft, auf die Warmluftschale in der Höhe hin. Wie aus der Wetterkarte vom 13. April hervorgeht (s. Abb. 110e), ist unser Tief nur noch schwach entwickelt, während sich am Okklusionspunkt ein Teiltief gebildet hat.

Am 14. April (s. Abb. 111f) ist keinerlei Wirbelstruktur im Satellitenbild mehr zu erkennen. Der Wolkenkomplex weist eine langgestreckte elliptische Form und eine vollständig kumuliforme Struktur auf. Im Osten, nahe dem Ural, finden wir stratiforme Wolken. Dort hat sich, wie die Bodenwetterkarte (s. Abb.

Abb. 111a – f. Lebenslauf einer Polarfrontzyklone im Satellitenbild. a Wellenstadium (9. April 1968); b Warmsektorstadium (10. April 1968); c frühes Okklusionsstadium (11. April 1968); d fortgeschrittenes Okklusionsstadium (12. April 1968); e Auflösungsstadium (13. April 1968); f Trogstadium (14. April 1968)

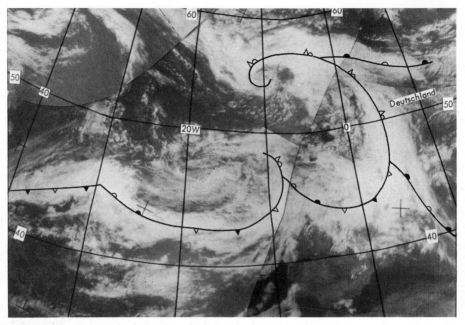

Abb. 112. Zyklonenfamilie im Satellitenbild

110f) zeigt, der Frontenzug hin verlagert. Neue Wellen und junge Tiefs weisen auf neue Tiefentwicklungen an der Polarfront hin.

Die geschilderte Wirbelentwicklung vom 9. – 14. April dokumentiert in eindrucksvoller Weise den Lebenslauf der Polarfrontzyklonen. Daß dabei jedes Stadium durch eine Satellitenaufnahme belegt werden konnte, erklärt sich aus der langsamen Entwicklung dieser Zyklone.

In Abb. 112 ist eine Zyklonenfamilie längs der Polarfront über dem Atlantik wiedergegeben, wobei das nördliche System am weitesten okkludiert ist, während sich das westliche System noch im Wellenstadium befindet. Deutlich sind die Wirbelzentren, die frontalen stratiformen Wolkenbänder, die kumuliformen Wolkenfelder und die unter Hochdruckeinfluß stehenden wolkenarmen Gebiete zu erkennen.

Kaltlufttropfen

In Kap. 7.4 haben wir uns mit dem Erscheinungsbild eines Kaltlufttropfens in der Boden- und Höhenwetterkarte befaßt, der innerhalb von 7 Tagen vom Seegebiet um Schottland über Deutschland zum Schwarzen Meer gezogen ist. In Abb. 113 ist seine Wolkenanordnung vom 7. Juni über Mitteleuropa im Satellitenbild zu sehen, und zwar als kompakter Wolkenkomplex mit Schwerpunkt bei etwa 50°N/20°E. Wir erkennen teils stratiforme Bewölkung in seinem Bereich, die durch das Aufgleiten der wärmeren Umgebungsluft auf die Kaltluft erzeugt wird,

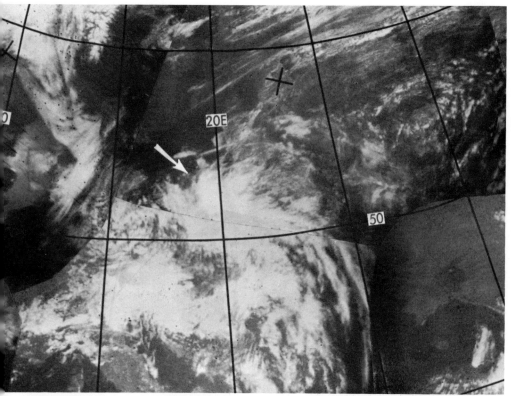

Abb. 113. Kaltlufttropfen im Satellitenbild (7. Juni 1973)

teils aufgelockerte kumuliforme Wolkenfelder infolge der Konvektionsprozesse in der Polarluft. Wie die Satellitenaufnahme zeigt, fehlt dem Kaltlufttropfen ein frontales Wolkenband.

Tropische Wirbelstürme

Von besonderer Bedeutung ist die Früherkennung tropischer Wirbelstürme anhand von Satellitenaufnahmen. Da sie über dem Meer entstehen, dort aber die Beobachtungsdichte am geringsten ist, wurden sie früher erst erkannt, wenn der Orkan die erste Insel heimgesucht oder das erste Schiff SOS gefunkt hatte.

In Abb. 114 sind 4 verschiedene tropische Wirbelstürme wiedergegeben, die anhand ihres Erscheinungsbilds 4 unterschiedlichen Intensitätsstufen zuzuordnen sind. Wirbelstürme der Kategorie 1 weisen ein nur schwach organisiertes Wolkenfeld, die der Stufe 2 ein stärker organisiertes, aber immer noch wenig kompaktes Aussehen auf. Bei beiden Stufen fehlt das Auge des Orkans. Wirbelstürme der Kategorie 3 lassen ihre vernichtende Gewalt bereits aus dem geschlossenen Erscheinungsbild mit den konzentrischen Wolkenbanden ahnen; das Auge des

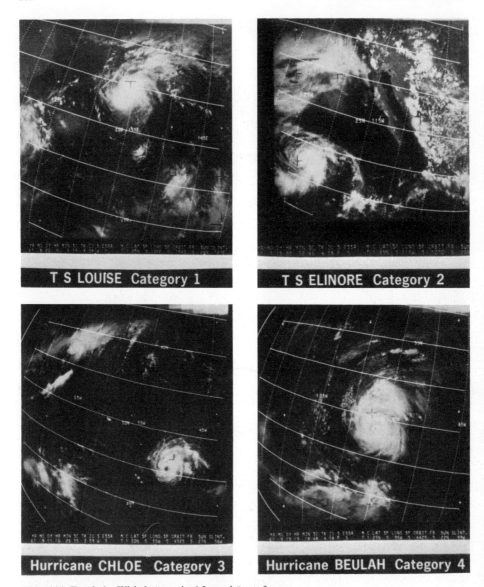

Abb. 114. Tropische Wirbelstürme in 4 Intensitätsstufen

Orkans ist vorhanden, doch ist es noch unregelmäßig ausgeprägt. Die größte Gefahr geht von den tropischen Wirbelstürmen der Kategorie 4 aus, der sich als kompakter, fast kreisrunder Rotor im Satellitenbild darstellt. Seine Wolkenbanden, in denen der Energietransport nach oben stattfindet, erscheinen konzentrisch angeordnet, und das Auge des Orkans hat eine Kreisform.

Abb. 115. Hochdruckeinfluß über Mitteleuropa (26. März 1982)

Weitere charakteristische Erscheinungen

Hochdruckgebiete sind, wie wir gesehen haben, i. allg. durch Wolkenarmut im Satellitenbild gekennzeichnet, so daß in diesen Regionen die Erdoberfläche sichtbar wird (Abb. 115). In der warmen Jahreszeit können sich jedoch am Rande von Hochdruckzonen Wärmegewitter entwickeln, in der kalten Jahreszeit treten in ihrem windschwachen Bereich bevorzugt Nebelfelder auf.

In Abb. 116 sind weite Teile der Satellitenaufnahme wolkenlos oder nur locker bewölkt. Am 10. Längenkreis erkennen wir jedoch über Mitteleuropa mehrere kompakte, teils kleinere, teils größere, leuchtendweiße, isolierte Wolkenkomplexe. Bei ihnen handelt es sich um intensive Wärmegewitter.

In Abb. 117 ist Dänemark und das Norddeutsche Tiefland wolkenfrei, und wir erkennen den schneebedeckten Untergrund. Das mittlere und südliche Deutschland wird dagegen von einer geschlossenen Nebel- und Hochnebeldecke

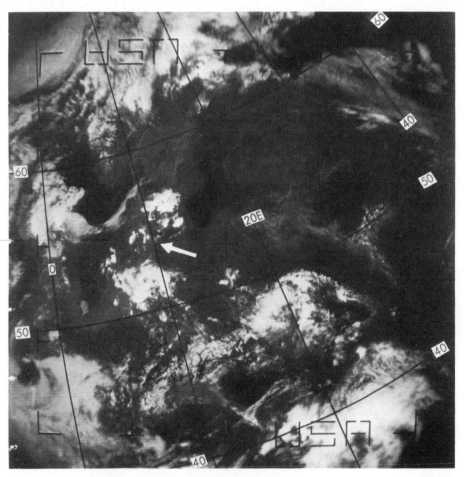

Abb. 116. Kumulonimbuskomplexe mit Wärmegewittern über dem westlichen Deutschland (17. Juli 1969)

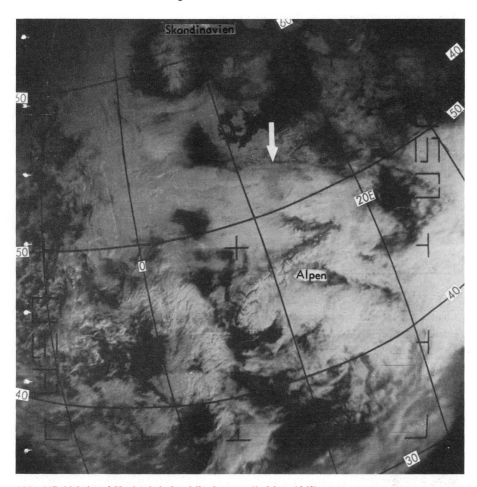

Abb. 117. Nebel und Hochnebel über Mitteleuropa (1. März 1969)

eingenommen, aus der die Hochlagen der Gebirge, z. B. von Alpen und Bayrischem Wald, deutlich herausragen.

Die Ausprägung unterschiedlich intensiver Konvektionsprozesse in Abhängigkeit von der jeweiligen atmosphärischen Stabilität zeigt sich an der Entwicklung kleinzelliger Kumuluswolken in Abb. 118a bzw. größerer Kumuluskomplexe in Abb. 118b. Im 1. Fall ist das Wetter heiter bis wolkig, während im 2. typisches Aprilwetter mit einem raschen Wechsel von starker Bewölkung und einzelnen Aufheiterungen auftritt, wobei es wiederholt zu Schauern kommt.

Abb. 118a. Kleinzellige Kumulusbewölkung (20. April 1982)

DAS EUROPAEISCHE WETTERBILD
MSF / U BERLIN   12. 4. 1982   NOAA 7   EW 103-82

U 4137 (13:36:31 / 328.88°W)   13:49 - 13:55 MEZ   VIS .725 - 1.10 µm
STEREOGRAPHISCHE PROJEKTION 1 : 7 500 000   AVHRR-DATEN

Abb. 118b. Aprilwetter im Satellitenbild (12. April 1982)

9 Wettervorhersage

Die Grundlage jeder Aussage über die Wetterentwicklung in den nächsten Stunden oder Tagen ist die Diagnose des dreidimensionalen atmosphärischen Zustands zum Ausgangszeitpunkt. Dazu dienen Boden- und Höhenwetterkarten, Diagramme über die vertikalen Verhältnisse an einem Punkt oder längs eines räumlichen Vertikalschnitts sowie Zusatzinformationen, wie z. B. Radar- oder Satellitenbilder. Aus diesen Unterlagen entnimmt der Vorhersagemeteorologe die Verteilung der Druckzentren, die großräumige Strömung, die Lage der Fronten, die Anordnung von Kaltluft- und Warmluftgebieten sowie von Starkwindbändern, die mit den Systemen verbundenen Wettererscheinungen und durch den Vergleich zeitlich aufeinanderfolgender Wetterkarten die Wetterentwicklung im zurückliegenden Zeitraum. Der Diagnose des aktuellen atmosphärischen Zustands folgt dann die Prognose über den zukünftigen Zustand, über die Weiterentwicklung des Wettergeschehens. Dazu bedient sich die Meteorologie ihrer Kenntnis von den physikalischen Gesetzen, die die Abläufe in der Atmosphäre bestimmen. Schon in der Philosophie des alten Griechenlands finden wir den Satz „die Natur würfelt nicht". Nicht der Zufall, sondern Gesetzmäßigkeiten sind es, die die Natur beherrschen, nach denen auch die Vorgänge in unserem Luftmeer ablaufen.

Grundsätzlich haben wir nach dem gegenwärtigen Sprachgebrauch 2 Formen der Wettervorhersage zu unterscheiden. Im 1. Fall handelt es sich um die Vorhersage der großräumigen Verteilung der atmosphärischen Zustandsgrößen wie Luftdruck, Wind, Temperatur, Feuchte usw., und zwar am Boden wie in der Höhe. Die Ergebnisse werden als Boden- und Höhenwetterkarten dargestellt. Diese Vorhersageart, die uns die feldmäßige Verteilung der obengenannten meteorologischen Parameter liefert, bezeichnen wir als „numerische Wettervorhersage". Der Begriff ist allerdings etwas irreführend, da das Wetter in unserem Sinn von dieser Methode nicht vorhergesagt wird, sondern nur die atmosphärischen Grundzustände, die das Wetter mitverursachen.

Unter dem Begriff „Wetter" verstehen wir bekanntlich die Erscheinungen in den unteren Luftschichten, die an einem Ort oder in einer Region auftreten, d. h. die Bildung von Wolken, Niederschlag, Nebel, Gewitter und Glatteis, die Höchst- und Tiefsttemperatur, die örtlichen Windverhältnisse. Die Aufgabe, diese Phänomene vorherzusagen, obliegt der „lokalen und regionalen Wettervorhersage". Hierbei sind neben den numerischen Vorhersagekarten über den zu erwartenden atmosphärischen Grundzustand die Einflüsse örtlicher und regionaler Gegebenheiten zu berücksichtigen, wie z. B. der Einfluß von Bergen, Seen, Tälern, der Küste, ja sogar den der Städte auf das Wetter. Auch die Jahreszeit ist miteinzubeziehen. So kann bei gleicher Wetterlage das Wetter an verschiedenen Orten bzw. am selben Ort in den einzelnen Jahreszeiten sehr verschieden sein. Als Beispiel seien die Hochdruckwetterlagen genannt, die im Sommer i. allg. mit strahlendem Sonnenschein verbunden sind, bei denen es aber am Gebirge auch zu orographischen Gewittern kommen kann und die im Herbst vielfach durch dichte Nebel- oder Hochnebelfelder in den tieferen Lagen gekennzeichnet sind, während es in den höheren Lagen sonnig ist.

9.1 Numerische Wettervorhersage

Die Anfänge der numerischen Wettervorhersage reichen bis ins Jahr 1868 zurück, als Helmholtz die hydrodynamischen Gleichungen aus der Physik als mögliches Mittel zur Behandlung meteorologischer Probleme betrachtete. 1904 formulierte V. Bjerknes, daß für eine numerische Prognose eine genaue Kenntnis von atmosphärischem Anfangszustand und von den physikalischen Gesetzmäßigkeiten in der Atmosphäre erforderlich sei. Eine erste Prognosenberechnung wurde um 1920 von dem englischen Meteorologen Richardson versucht. Von Hand führte er Tausende von Rechenoperationen aus, um die Druckänderung der nächsten Stunden physikalisch-mathematisch zu bestimmen. Das erforderte einen Zeitaufwand von 5 Jahren und endete mit einem Fehlschlag, denn die errechnete Druckänderung war um mehr als 100 hPa falsch. Nach diesem Mißerfolg ließ das Interesse an der mathematischen Vorhersage für mehrere Jahrzehnte nach.

Erst 1950 konnten Charney, Fjortoft und v. Neumann, begünstigt durch die ersten Schnellrechner zeigen, daß es möglich ist, eine numerische Wettervorhersage zu erstellen. Die erste Prognose auf der Basis eines physikalisch-mathematischen Modells (von der Atmosphäre) war die 24stündige Vorhersage der 500-hPa-Fläche. Zwar dauerten die Berechnungen für die 24-h-Prognose noch 24 h, doch bildeten sie die Grundlage für die weitere Entwicklung, für die heutigen täglichen Vorausberechnungen des großräumigen Atmosphärenzustands.

In der Atmosphäre haben wir es mit 6 Größen zu tun, die ihren Zustand im wesentlichen beschreiben, nämlich die 3 Windkomponenten u, v, w, die Dichte ρ, die Temperatur T und der Luftdruck p. Als 7. Größe kommt bei feuchter Luft die spezifische Feuchte q dazu.

Um diese Zustandsgrößen an jedem Ort und zu jedem Zeitpunkt zu bestimmen, braucht man bei trockener Luft 6 bzw. bei feuchter Luft 7 hydrodynamische Grundgleichungen. Diese sind in Tabelle 19 zusammengefaßt.

Es gilt die Grundgleichungen für die atmosphärischen Bedingungen anwendbar zu machen. Bei den numerischen Kurzfristvorhersagen von 1 bis 3 Tagen, den sog. Kurzfristmodellen, ist es vertretbar, aus rechenökonomischen Gründen folgende physikalische Einflußfaktoren auf die Atmosphäre zu vernachlässigen: die Strahlung, den Wasserdampfgehalt und die turbulenten Flüsse. Damit nehmen für diesen Fall die Grundgleichungen die Form an

$$\frac{d\vec{v}_h}{dt} = -\frac{1}{\rho}\vec{\nabla}_h p - 2\vec{\omega} \times \vec{v}_h \quad \text{Horizontalbewegung.}$$

Tabelle 19. Prognostische und diagnostische Grundgleichungen

Zustandsgröße	Grundgleichung	
Geschwindigkeit v	$\dfrac{d\vec{v}}{dt} = -\underset{(A)}{\dfrac{1}{\rho}\vec{\nabla}p} - \underset{(B)}{2\omega x\vec{v}} - \underset{(C)}{\vec{\nabla}\phi} + \underset{(D)}{\dfrac{1}{\rho}\vec{F}_R}$	(Bewegungsgleichung)
Dichte ρ	$\dfrac{\partial\rho}{\partial t} = -\vec{\nabla}\cdot(\rho\vec{v})$	(Kontinuitätsgleichung)
Druck p	$\dfrac{dU}{dt} + p\dfrac{dV}{dt} = Q$	(1. Hauptsatz der Wärmelehre)
Temperatur T	$T = \dfrac{p}{R\rho}$	(Zustandsgleichung für Gase)
Wasserdampf q	$\dfrac{dq}{dt} = -Z$	(Wasserdampfbilanzgleichung)

Dabei entspricht in der Bewegungsgleichung der Term A der Druckkraft, B der Coriolis-Kraft, C der Gravitationskraft und D der Reibungskraft. U, V, Q und R stehen, wie wir bei den thermodynamischen Betrachtungen gesehen haben, für innere Energie, Volumen, Wärmemenge und Gaskonstante, während durch Z die Quellen des Wasserdampfs beschrieben werden

$$\frac{dw}{dt} = -\frac{1}{\rho}\frac{\partial p}{\partial z} - g = 0 \qquad \text{Vertikalbewegung (hydrostatische Approximation)}$$

$$\frac{d\rho}{dt} + \rho\left(\vec{\nabla}_h\cdot\vec{v}_h + \frac{\partial w}{\partial z}\right) = 0 \qquad \text{Kontinuitätsgleichung}$$

$$\frac{d\theta}{dt} = 0 \qquad \text{1. Hauptsatz (θ: potentielle Temperatur)}$$

$$T = \frac{p}{R\rho} \qquad \text{Gasgleichung}$$

Bei den Mittelfristvorhersagen von 3 bis 10 Tagen, d. h. in den sog. Zirkulationsmodellen ist dagegen eine derartige Vereinfachung nicht mehr statthaft. Die Vernachlässigung von Strahlung, Wasserdampf und Turbulenz würde in diesem Fall zu großen Fehlern bei den Vorausberechnungen führen.

Die sich aus den Grundgleichungen ergebenden außerordentlich komplizierten Gleichungssysteme sind nur in numerischer Form durch Großrechner lösbar, da sie eine ungeheure Zahl von Rechenoperationen erfordern.

So bedarf es z. B. 7 Mrd. Multiplikationen, Divisionen, Additionen und Subtraktionen, um eine Kurzfristvorhersagekarte für nur 24 h zu berechnen.

Wie sehen nun die numerischen Vorhersagekarten in der täglichen Praxis aus? In Abb. 119 sind 500-hPa-Höhenkarten für den europäisch atlantischen Raum wiedergegeben, und zwar zum einen die auf den aktuellen Beobachtungen basierende Ausgangskarte t_0, zum anderen 3 berechnete Vorhersagekarten für die

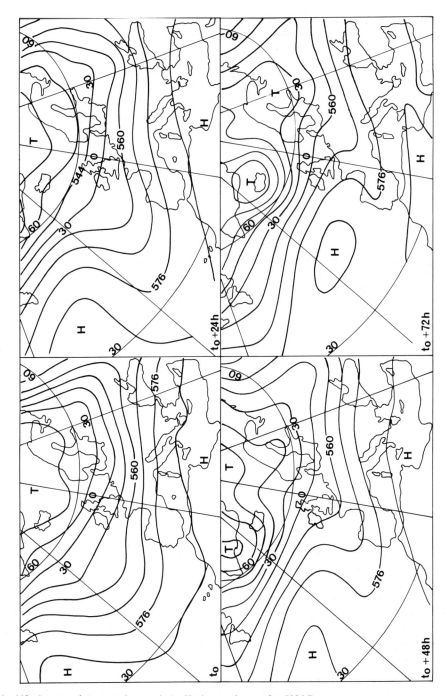

Abb. 119. Ausgangslage t_0 und numerische Vorhersagekarten für 500 hPa

Zeiträume $t_0 + 24$ h, $t_0 + 48$ h und $t_0 + 72$ h, d. h. die Vorhersagekarten erfassen die atmosphärischen Veränderungen in 500 hPa bis zu 3 Tagen im voraus.

Wie wir erkennen, ist über Finnland am 3. Tag die Entwicklung einer Höhenzyklone zu erwarten. Ein weiteres Höhentief verlagert sich vom 2. zum 3. Tag von Grönland nach Island. Mitteleuropa liegt am Ausgangstag t_0 noch in einem schwachen Höhentrog. Ihm wird ein schwacher Hochkeil und am 3. Tag ein weiterer Höhentrog folgen, so daß insgesamt ein leicht unbeständiger Wettercharakter zu erwarten ist. Am Ausgangstag lag dieser Trog noch nahe 30°W über dem Atlantik, von wo er ebenso wie der nachfolgende Hochkeil nach Osten gezogen ist.

Der erste Ansatz, derartige Verlagerungen der „langen Wellen" in der freien Atmosphäre mathematisch-physikalisch zu erfassen, geht auf Rossby zurück. Auch wenn er seinen Betrachtungen ein stark vereinfachtes Modell der Atmosphäre zugrunde legte, so zeigen seine Ergebnisse doch schon wesentliche Grundzüge der Verlagerung atmosphärischer Wellen, d. h. über Zugrichtung und Zuggeschwindigkeit der Höhenkeile und Höhentröge. Die Rossby-Wellengleichung hat die Form

$$c = \bar{u} - \frac{\beta \cdot L^2}{4\pi^2}.$$

Sie verknüpft die Verlagerungsgeschwindigkeit c der Wellen mit ihrer zonalen Windgeschwindigkeit in ihrem Bereich $\bar{u}$, also mit ihrer Windkomponente in West-Ost-Richtung, sowie mit der Wellenlänge L. Die Größe $\beta = \delta f / \delta y$ beschreibt dabei die Änderung des Coriolis-Parameters $f = 2\omega \sin\varphi$ in Nord-Süd-Richtung.

Was sagt nun die Wellengleichung im einzelnen aus?

1. Die oberen Wellen ziehen um so rascher, je größer die zonale Windgeschwindigkeit in ihrem Bereich ist, d. h. je flacher die Höhenkeile und Höhentröge sind und je größer ihr Druckgradient ist.

2. Wellen mit einer großen Wellenlänge verlagern sich langsam, Wellen mit kurzen Wellenlängen dagegen rascher.

3. Ist $\bar{u} > (\beta \cdot L^2)/4\pi^2$, d. h. wird c positiv, so ziehen die Wellen nach Osten, und wir sprechen von einer progressiven Verlagerung. Ist dagegen $\bar{u} < (\beta \cdot L^2)/4\pi^2$, also c negativ, so ziehen die Wellen nach Westen, und wir haben es mit einer retrograden Verlagerung zu tun.

4. Für den Fall $\bar{u} = (\beta \cdot L^2)/4\pi^2$ wird c = 0. Die Welle verlagert sich dann gar nicht, sie ist stationär. Der betreffende Keil oder Trog bestimmt dann tagelang das Wetter eines Orts oder einer Region. Die Wellenlänge, für die Stationarität eintritt, ist somit gegeben durch

$$L_s = 2\pi \sqrt{\frac{\bar{u}}{\beta}},$$

d. h. sie muß um so größer sein, je größer die zonale Windgeschwindigkeit ist.

In Abb. 120a – c ist die vorausberechnete Weiterentwicklung einer Bodenwetterlage im Ausschnitt wiedergegeben, wobei jedoch die Lage der Fronten nicht vom Rechner, sondern vom Meteorologen abgeschätzt wird. Von dem Seegebiet

Abb. 120a – c. Ausgangswetterlage t_0 und Bodenvorhersagekarten
a t_0
b $t_0 + 24$ h
c $t_0 + 48$ h

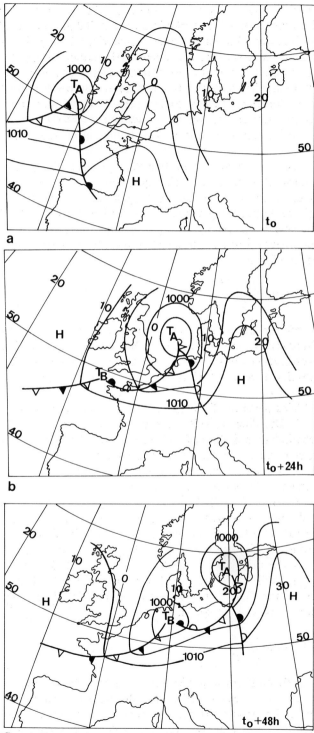

vor Irland wird sich das Tief „A" über die Nordsee zur Ostsee verlagern; analog dazu zieht der Hochkeil von den Britischen Inseln aus ostwärts. Zum Zeitpunkt $t_0 + 24$ wird im Kanal die Entwicklung eines neuen Tiefs „B" prognostiziert, das sich bis zum Folgetag unter Vertiefung nach Norddeutschland verlagert.

Numerische Vorhersagekarten stehen dem Meteorologen täglich für die verschiedensten Niveaus zur Verfügung, und zwar in der Regel für 850 hPa (ca. 1,5 km Höhe), 700 hPa (ca. 3 km), 500 hPa (ca. 5 – 5,5 km) und für 300 hPa (8 – 9 km). Der Vorhersagezeitraum erstreckt sich bis zu 144 h, z. T. auch schon bis zu 240 h, wobei jedoch die Termine, die am weitesten vom Ausgangszeitpunkt entfernt sind, mit der größten Unsicherheit behaftet sind.

9.2 Lokale und regionale Wettervorhersage

Die Aufgabe der lokalen und regionalen Wettervorhersage ist es, einen gegebenen großräumigen atmosphärischen Zustand unter Berücksichtigung der lokalen und regionalen (mesoskaligen) Einflüsse in das zu erwartende Wettergeschehen umzusetzen. Je nach der Größe des Vorhersagezeitraums unterscheiden wir die

– kurzfristige Vorhersage: bis zu 12 h
– Kurzfristvorhersage: von 12 bis 72 h
– Mittelfristvorhersage: von 3 bis 10 d
– Langfristvorhersage: ab 10 d.

Diese Vorhersageintervalle sind eng gekoppelt mit den atmosphärischen Bewegungsstrukturen, die wir in Tabelle 9 kennengelernt haben, also mit den physikalisch-atmosphärischen Erscheinungen Konvektion, Antizyklonen, Zyklonen und Fronten sowie den langen Wellen. Angemerkt sei noch, daß die kurzfristige Vorhersage bis zu 2 h neuerdings als Nowcasting bezeichnet wird.

Kurzfristige Vorhersage

Die kurzfristige lokale und regionale Wetterprognose basiert einerseits auf den numerischen Vorhersagekarten vom letzten Berechnungstermin und andererseits auf der Abschätzung der Weiterentwicklung des Wetters in den nächsten Stunden ausgehend vom augenblicklichen Wetterzustand. Die Grundlagen sind dabei für den Vorhersagemeteorologen die aktuellen, auf Beobachtungen basierenden Boden- und Höhenwetterkarten, Radiosondenaufstiege und, sofern vorhanden, Zusatzinformationen von Radar-, Sodar- oder Wettersatellitendaten.

Aufbauend auf der Diagnose des momentanen Wetterzustands und unter Berücksichtigung der zu erkennenden Veränderungen, z. B. im Druckfeld oder durch den Tagesgang, hat der Meteorologe vom Dienst Aussagen zu machen über die zu erwartende Bewölkung, den Niederschlag, den Wind, über Höchst- und Tiefsttemperatur, über das Auftreten von Nebel, Glatteis und Gewitter.

Neben diese subjektive, d. h. allein auf dem Erfahrungsschatz des Meteorologen basierende Vorhersagemethode sind in jüngster Zeit verstärkt Anstrengun-

Abb. 121a, b. Mittlere
stündliche Temperaturänderung im April (**a**) und Anwendung bei der Prognose (**b**)

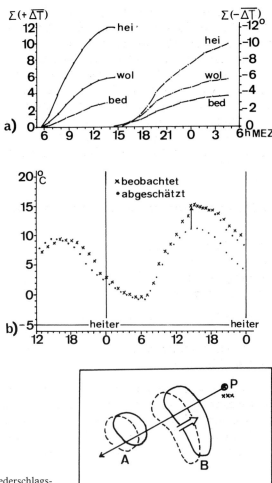

Abb. 122. Verlagerungsvektor von Niederschlags-
und Wolkenfeldern

gen getreten, auf physikalisch-statistischem Wege objektive Vorhersagehilfen zu
entwickeln. In Abb. 121a ist z. B. die mittlere stündliche Temperaturänderung in
Berlin in Abhängigkeit von der Bewölkung für April dargestellt. Wir erkennen,
um wieviel die Temperatur am Tage weniger steigt bzw. nachts sinkt, wenn der
Himmel stärker bewölkt statt heiter ist. Mit der Vorhersage der Bewölkungsklas-
sen heiter (0/8 − 4/8), wolkig (5/8 − 7/8) oder bedeckt (8/8) läßt sich dann auf
objektive Weise die zu jeder Stunde im Tagesverlauf zu erwartende Temperatur
angeben (Abb. 121b).

In Abb. 122 ist schematisch ein Wolkengebiet im Satellitenbild oder ein Re-
gengebiet auf dem Radarschirm wiedergegeben, das sich in einem kurzen Zeitintervall (1 − 3 h) von A nach B verlagert hat. Daraus lassen sich mittlere Zugrichtung und Zuggeschwindigkeit bestimmen und angeben, wann der Komplex am
Vorhersageort P ankommen wird. Die Frage, ob und wieviel Niederschlag mit

dem Wolkenfeld verbunden ist, läßt sich aus Informationen über die Helligkeit des Wolkenkomplexes auf dem Empfangsschirm und über seine vertikale Mächtigkeit abschätzen, wenn auch bisher nur angenähert. Viele Fragen sind noch offen und müssen von der Forschung unter Einsatz von Großrechnern geklärt werden.

Kurzfristvorhersage

Sie umfaßt den Wetterablauf in dem Zeitraum zwischen 12 und 72 h an einem Ort bzw. in einer Region. Die wichtigste Grundlage stellen dabei für den Vorhersagemeteorologen die numerischen Vorhersagekarten der Kurzfristmodelle für den Boden und für verschiedene Höhen dar. Seine wissenschaftliche Aufgabe besteht darin, aus den großräumigen Feldern, z. B. des Luftdrucks, der Windverteilung und der Temperatur das zu erwartende lokale und regionale Wettergeschehen zu erkennen, d. h. die großräumigen atmosphärischen Vorgänge in lokales und regionales Wetter umzusetzen. Ein wichtiger Punkt bei dieser „Modellinterpretation" ist wiederum die Erfahrung des Meteorologen, die ihn befähigt, die physikalischen Grundzustände mit den besonderen Einflüssen von Topographie, Land-Meer-Gegensatz, Großstädten usw. in Verbindung zu bringen. Jeder dieser regionalen (mesoskaligen) Faktoren hat seine Auswirkungen auf das Strömungs-, Temperatur- und Feuchtefeld.

Ein einfaches Beispiel soll veranschaulichen, was dieses für das lokale Wettergeschehen bedeutet. Bei einem Kaltlufteinbruch von Nord bis Nordwest ist es in der Regel im norddeutschen Flachland wechselnd heiter und wolkig, im Alpenvorland hingegen anhaltend trübe; unter bestimmten Bedingungen kann dabei im Berliner Raum der Himmel sogar wolkenlos sein, da dann die Leewirkung des norwegischen Berglands bis ins nördliche Deutschland reicht und dort einen schmalen wolkenarmen Streifen erzeugt. Erst dieses Wissen um die vielfältigen Besonderheiten, erst die Synthese aus Grundsätzlichem und erworbenem Erfahrungsschatz versetzt den Meteorologen in die Lage, wissenschaftlich vertretbare Aussagen über die zukünftige Wetterentwicklung zu machen.

Auch bei der Kurzfristprognose ist in den letzten Jahren verstärkt nach Wegen gesucht worden, die eine objektive Beziehung auf physikalisch-statistischer Basis zwischen den großräumigen numerischen Vorhersagekarten und dem lokalen bzw. regionalen Wetter ermöglicht. Am verbreitetsten ist heute eine Methode, die unter der Abkürzung MOS („model output statistics") bekannt ist. Wie der Name es schon besagt, dienen die vorausberechneten großräumigen Modelldaten als Grundlage für statistische Beziehungen, mit der die Wetterelemente wie Höchst- und Tiefsttemperatur, Wind, Niederschlag usw. vorhergesagt werden können.

Nehmen wir als Beispiel die Höchsttemperatur und bezeichnen sie mit Y. Sie hängt von einer Reihe von Einflußfaktoren X_n ab; um nur einige zu nennen: Windrichtung (X_1), Windstärke (X_2), Bewölkung (X_3), Stabilität (X_4), Jahreszeit (X_5). Die sog. Regressionsgleichung zwischen der Höchsttemperatur an einem Ort und ihren Einflußfaktoren hat dann im einfachen Fall die Form

$$Y = A_0 + A_1X_1 + A_2X_2 + A_3X_3 + A_4X_4 + A_5X_5,$$

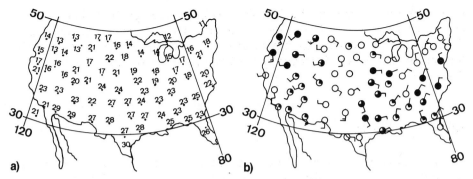

Abb. 123 a, b. Temperatur- (**a**), Bewölkungs- und Windvorhersage (**b**) mittels MOS in den USA

wobei A_0 ein konstanter Wert ist, und die Größen $A_1 - A_5$ das Gewicht des einzelnen Einflußfaktors auf das vorherzusagende Wetterelement angeben.

In Abb. 123 a, b ist die Anwendung dieser MOS-Methode für zahlreiche Orte der USA wiedergegeben, wobei es sich um 24stündige Vorhersagen der Höchsttemperatur (in °C), sowie der Bewölkungs- und Windverhältnisse handelt.

Solche physikalisch-statistischen Ansätze gilt es weiterzuentwickeln. Sie werden mit der Zeit ein immer besseres Hilfsmittel bei der täglichen Arbeit des Vorhersagemeteorologen sein.

Mittelfrist- oder Witterungsvorhersage

Der mittelfristigen lokalen und regionalen Wettervorhersage für 3 – 10 Tage liegen als wichtigste Information die numerischen Vorhersagekarten der Zirkulationsmodelle zugrunde. In gleicher Weise wie bei der Kurzfristprognose ist es bei der Mittelfristvorhersage die Aufgabe des Wetterdienstmeteorologen, über die Methode der Modellinterpretation aus dem großräumig vorhergesagten physikalischen Grundzustand die zu erwartenden lokalen und regionalen Wettererscheinungen bis zu maximal 10 Tagen im voraus abzuleiten. Dazu bedarf es wiederum eines großen Erfahrungsschatzes.

Vom Prinzip her ist auch hierbei das MOS-Verfahren anwendbar, um zu objektiven Prognosen zu kommen. In der Praxis haben sich jedoch erhebliche Schwierigkeiten ergeben, da diese statistische Methode zu sensibel reagiert auf Unzulänglichkeiten der Rechenmodelle, auf die wir noch zu sprechen kommen. Ungenauigkeiten bei der Vorhersage des großräumigen Zustands schlagen in vollem Umfang auf die lokale Wettervorhersage durch und führen zu nicht mehr akzeptierbaren Fehlern.

Aus diesem Grund gilt es nach neuen statistischen Methoden zu suchen, die dem gegenwärtigen Gütezustand der Mittelfristmodelle besser angepaßt sind, d. h. die ihre oftmals richtige Grundinformation z. B. über die großräumige Struktur der Druck- und Temperaturverteilung nutzen, ohne an den Betragsfehlern bei der Druck- oder Temperaturangabe zu scheitern.

Langfristvorhersage

Prognosen über eine Zeitspanne von 2 Wochen hinaus nennen wir Langfristprognosen. In vielen Ländern wird seit längerem der Versuch unternommen, Monats- oder gar Jahreszeitenvorhersagen des Wetterablaufs bzw. Wettercharakters zu machen. Wichtigstes Hilfsmittel wird dabei die meteorologische Statistik.

Wie theoretische Studien gezeigt haben, ist eine streng physikalische Berechnung der atmosphärischen Verhältnisse, wie sie den numerischen Kurz- und Mittelfristvorhersagen zugrunde liegt, höchstens für etwa 3 Wochen möglich, d. h. längerfristige Wettervorhersagen werden niemals den Genauigkeitsgrad erreichen, wie er für Prognosen bis zu 3 Wochen denkbar ist. Die Ursache dafür ist, daß die Atmosphäre mitunter auf der „Kippe" zwischen 2 Entwicklungsmöglichkeiten steht, wo, überspitzt formuliert, der „Flügelschlag einer Mücke" ausreicht, um die Entscheidung in die eine oder andere Richtung herbeizuführen. Das bedeutet, daß an die Stelle strenger physikalischer Kausalität, also anstelle des Ursache-Wirkungs-Prinzips der Zufall tritt. So kann z. B. eine einzelne Kumuluswolke, deren Lebensdauer nur wenige Stunden beträgt und deren Entstehung Tage im voraus völlig „unberechenbar" ist, eine entscheidende Auswirkung auf die weitere Bewegung der Atmosphäre haben, wenn sie genau dort auftritt, wo ein atmosphärischer Verzweigungspunkt entstanden ist. Die Wirkung dieser unscheinbaren Störung breitet sich wie die Ringe von einem ins Wasser geworfenen Stein aus, so daß großräumig ein vollständig anderes Verhalten der Atmosphäre die Folge ist. Der gleiche Effekt tritt auf, wenn der Anfangszustand, z. B. im Windfeld nur um 0,1 m/s falsch bestimmt wird oder Abrundungen der Meß- und Rechenwerte, und seien sie noch so klein, vorgenommen werden.

Langfristprognosen basieren daher auf statistischen Zusammenhängen zwischen dem Witterungscharakter in einem Gebiet und dem mittleren Zustand bestimmter Parameter. So wissen wir, daß die Eisverhältnisse, die Meereswassertemperaturen, die Sonnenflecken, die Luftdruckwerte an verschiedenen weitentfernten Orten oder ihre Differenzen mögliche Indikatoren für das längerfristige Wettergeschehen sein können. Noch stecken die Langfristprognosen in den Kinderschuhen, doch wird die Forschung auch hier im Laufe der Zeit zu vorzeigbaren Erfolgen führen.

Die langfristige lokale oder regionale Wettervorhersage wird jedoch niemals die Form einer Tag-für-Tag-Vorhersage annehmen können. Statt dessen werden Aussagen zu erwarten sein, ob der betreffende Monat oder die Jahreszeit kälter oder wärmer, trockener oder feuchter als normal ausfallen wird. Darüber hinaus wird versucht werden, den Vorhersagezeitraum in mehrtägige, gleichartige Witterungsabschnitte zu gliedern und Aussagen über die Folge von trockenen und feuchten, warmen und kalten Abschnitten zu machen.

9.3 Güte der Wettervorhersage

Über die Güte der täglichen Wettervorhersagen gehen die Meinungen oft auseinander. Richtige Vorhersagen werden, wie es scheint, zur Kenntnis genommen und bald wieder vergessen. Fehlvorhersagen bleiben dagegen offensichtlich im Gedächtnis haften, besonders wenn sie an solchen Tagen eingetreten sind, wenn der einzelne sich etwas vorgenommen hatte, wie z. B. eine Wanderung, einen Badeausflug, eine Gartenparty, was wetterabhängig ist.

Um die Frage zu beantworten, welchen Stand die lokale und regionale Wettervorhersage erreicht hat, wurden objektive Prüfverfahren entwickelt. Dabei wird berücksichtigt, daß jede Wettervorhersage mehrere Elemente (Temperatur, Bewölkung, Niederschlag, Wind, Nebel usw.) umfaßt. Nicht unproblematisch ist die Bedeutung, die jedem Vorhersageelement beizumessen ist, denn sie wird in den Augen eines Seglers z. B. anders sein als bei einem Gärtner, Wanderer, Autofahrer usw. Im Institut für Meteorologie in Berlin werden die täglichen 24- und 40-stündigen Prognosen seit Mitte 1971 nach einem Verfahren geprüft, das der Deutsche Wetterdienst entwickelt hat. Die Prüfung umfaßt alle Größen einer Wettervorhersage. Dabei erhalten die regulären Vorhersagegrößen, wenn sie richtig vorhergesagt werden, folgende maximale Prozentpunkte: Niederschlag 40, Höchst-/Tiefsttemperatur 30, Bewölkung 20 und Wind 10. Eine in allen Punkten richtige Prognose kann somit 100 Prozentpunkte erreichen.

Treten Unterschiede zwischen vorhergesagtem und eingetroffenem Betrag auf, erfolgt ein Punktabzug. Dieser ist um so größer, je größer die Differenz ist. Punktabzüge gibt es auch, wenn außergewöhnliche Wettererscheinungen wie Nebel, Gewitter, Glatteis usw. falsch vorhergesagt worden sind.

Zwei Beispiele sollen das tägliche Prüfverfahren veranschaulichen. Im 1. Fall (Abb. 124a) war die Prognose in allen Einzelheiten richtig und erhielt 100 Punkte. Im 2. Fall (Abb. 124b) traten dagegen deutliche Abweichungen zwischen vorhergesagtem und eingetroffenem Wetter ein, was einen Abzug von Punkten zur Folge hatte.

Berechnen wir die durchschnittliche Eintreffgenauigkeit der Wettervorhersage, so erhalten wir folgendes Bild: Die 24stündige Prognose ist im Mittel zu 85% richtig, die 40stündige zu rund 82,5%. Dabei gibt es wettermäßig ruhigere Zeiten, wie die Monate Januar, Februar, März, wo die Prognosen überdurchschnittlich gut sind, und andere wettermäßig unruhigere, wechselhaftere Zeiträume, wie die Monate April, Mai, Juni, wo sie unterdurchschnittlich sind. In Abb. 125 ist der Gang der Prognosengüte in Berlin im Zeitraum 1972 – 1981 dargestellt. Wie wir sehen, hat es 2 Jahre gegeben, in denen ein sehr wechselhafter atmosphärischer Verlauf es dem Vorhersagemeteorologen besonders schwer gemacht hat. Gleichzeitig verdeutlicht der Kurvenverlauf, daß neue Impulse notwendig sind, um die lokale und regionale Wettervorhersage vom gegenwärtigen Niveau auf ein höheres zu heben.

Diese Impulse müssen dabei zum einen auf dem Gebiet der Modellinterpretation erfolgen. Die Fähigkeit des menschlichen Gehirns, aus dem physikalischen Grundzustand das lokale und regionale Wettergeschehen abzuleiten, stößt offensichtlich bei dem mittleren 85%-Wert an eine obere Grenze. Daß dieser Wert als Schallmauer der subjektiven Vorhersagemethode erscheint, geht aus dem recht gleichmäßigen Verlauf der Prognosengüte seit 1972 hervor. Die Forschung ist aufgerufen, objektive Vorhersageverfahren zur Unterstützung des Meteorologen bei der Modellinterpretation zu entwickeln.

Aber auch bei den numerischen Kurz- wie Mittelfristmodellen gibt es noch grundsätzliche Probleme. Je weiter wir vom Anfangszeitpunkt entfernt sind, um

Prüfung der 36-std. Vorhersagen für Berlin-Dahlem vom : 22.4.84
W→N

Da- Ter- tum min		Bedeckungs- grad			12-std. Niederschlag			Min. und Max. Temperatur			mittlere Windgeschwind.			Punkte
		v	e	P	v	e	P	v	e	P	v	e	P	Σ
I 23.4.	01	a	a	20							a	a	10	
	07	a	a	20	a	a	40	6	7	30	a	a	10	
	13	a	a	20							a	a	10	
	19	a	a	20	a	a	40	17	19	30	a	a	10	
Mittel I				20.0			40.0			30.0			10.0	100.0
II 24.4.	01	a	a	20							a	a	10	
	07	a	a	20	a	a	40	3	5	30	a	a	10	
Mittel I und II				20			40			30			10	100.0
Punktabzüge														

a

Prüfung der 36-std. Vorhersagen für Berlin-Dahlem vom : 27.4.84
N

Da- Ter- tum min		Bedeckungs- grad			12-std. Niederschlag			Min. und Max. Temperatur			mittlere Windgeschwind.			Punkte
		v	e	P	v	e	P	v	e	P	v	e	P	Σ
I 28.4.	01	a	c	0							a	a	10	
	07	a	c	0	a	a	40	−1	3	10	a	b	5	
	13	a	c	0							b	a	5	
	19	a	b	10	a	a	40	13	8	10	a	a	10	
Mittel I				2.5			40.0			10.0			7.5	60.0
II 29.4.	01	a	c	0							a	a	10	
	07	a	a	20	a	a	40	0	4	10	a	a	10	
Mittel I und II				5.0			40.0			10.0			8.3	63.3
Punktabzüge														

b

Abb. 124a, b. Tägliche Prognosenprüfung für eine gute (a) und eine weniger gute Wettervorhersage (b)

so komplizierter wird es, die atmosphärischen Vorgänge zu erfassen, um so mehr wirken sich die Anfangsfehler in den numerischen Modellen aus, die dadurch hineinkommen, daß über weiten Teilen der Erde bzw. einer Halbkugel nicht genügend bzw. nicht genügend genaue Beobachtungsdaten zur Verfügung stehen. So wird z. B. bei den Berechnungen eine Temperaturgenauigkeit der Beobachtungsdaten auch in der freien Atmosphäre von 1 °C verlangt, doch sind die Wettersatelliten, von denen ja dichte globale Beobachtungen vorliegen, derzeit noch

Abb. 125. Mittlere Eintreffgenauigkeit der 24-h- und 40-h-Prognose in Berlin

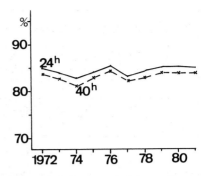

keineswegs in der Lage, eine derartige Meßgenauigkeit zu erreichen. Dazu kommt, daß die polarumlaufenden Satelliten ihre Messungen in verschiedenen Gebieten zu verschiedenen Zeiten durchführen. Die synoptische Meteorologie verlangt aber, streng genommen, zeitsynchrone Messungen.

Auch stellen wir immer wieder fest, daß unsere Kenntnisse von den physikalischen Vorgängen in der Atmosphäre nur im allgemeinen gut sind, im Detail sind noch viele Fragen offen. Aus diesem Grund hat die Weltmeteorologie im Rahmen des weltweiten Forschungsprogramms GARP („*G*lobal *A*tmospheric *R*esearch *P*rogram") spezielle Untersuchungen durchgeführt. Bei dem Projekt GATE („*GA*RP *T*ropical *E*xperiment") wurden großangelegte Meßserien von Landstationen, Schiffen, Flugzeugen, Wettersatelliten durchgeführt, um die physikalischen Wechselwirkungen zwischen der tropischen und der außertropischen Atmosphäre besser zu verstehen; beim Projekt ALPEX (Alpenexperiment) ging es um den Einfluß der Gebirge auf die Troposphäre.

Als letzter Punkt sei noch erwähnt, daß gemessen an der ungeheuren Datenflut und den Rechenanforderungen in der Meteorologie die heutigen elektronischen Großrechner noch viel zu langsam sind. So können z. B. dem Rechner für seine großräumigen Rechnungen nur Meßdaten in einem Abstand von 200 – 300 km (beim Deutschen Wetterdienst von 254 km) eingegeben werden, damit seine Vorausberechnungen noch in einer sinnvollen Zeit abgeschlossen werden. Eine Prognosenrechnung nützt wenig, wenn sie zu spät fertig ist.

Alle diese Faktoren führen dazu, daß die Sicherheit der numerischen Prognosen mit zunehmendem Vorhersagezeitraum abnimmt. Sie wirken sich z. T. schon bei den Kurzfristmodellen aus, führen aber verstärkt zu fehlerhaften Berechnungen bei den Mittelfristvorhersagen, d. h. bei den numerischen Feldvorhersagen von 3 bis 10 Tagen, insbesondere vom 5. oder 6. Tag an.

Die Verbesserung der numerischen wie der lokalen und regionalen Wettervorhersage ist eine permanente Herausforderung an die Meteorologie. In vielen Zentren der Erde hat man sich dieser Aufgabe gestellt. So haben sich z. B. 16 europäische Länder zu einem „Europäischen Zentrum für Mittelfristvorhersagen" zusammengeschlossen, das die Vorhersageforschungen mit dem schnellsten Rechner der Erde vorantreibt. Der Sitz dieses Instituts ist in Reading bei London.

Ein weiterer wichtiger Punkt ist die Verbesserung der Satellitenmeßsysteme. Auch wenn die Aufgabenstellung noch so schwierig erscheint, aus Höhen zwischen 800 und 36 000 km hinreichend genaue Temperatur- und Feuchtemessungen in den unteren 10 – 15 km durchzuführen, sie wird technisch gelöst werden.

Eine perfekte Prognose wird es jedoch in absehbarer Zeit, vielleicht sogar niemals geben, dazu ist die Atmosphäre viel zu kompliziert. Die Berechnung der Planetenbahnen, von Sonnen- und Mondfinsternissen, die sich für Jahrtausende exakt im voraus bestimmen lassen, ist dagegen ein Kinderspiel. Die Atmosphäre hat die für uns unangenehme Eigenschaft, immer wieder „auf der Kippe" zu stehen, wobei es kleinste, nicht vorausberechenbare Einflüsse sind, die darüber entscheiden, wie sie sich weiter verhalten wird. Diese Eigenschaft bestimmt die natürliche Grenze der Wettervorhersage.

10 Allgemeine atmosphärische Zirkulation

Die Wettersysteme, die wir betrachtet haben, vom Kumulonimbus bis zum tropischen Wirbelsturm, von den Fronten der Polarfrontzyklonen bis zu den langen Wellen in der freien Atmosphäre sind alles Einzelformen der planetarischen Zirkulation, d. h. der Grundströmung, die der Erdatmosphäre aufgrund der Bedingungen unseres Planeten im Sonnensystem eigen ist. Um diese planetarische Zirkulation besser zu verstehen, wollen wir uns zunächst mit einem Gedankenexperiment beschäftigen.

Stellen wir uns eine ganz mit Wasser bedeckte Erde vor, so daß wir es mit einfachsten thermischen Verhältnissen zu tun haben. Angetrieben werden die atmosphärischen Bewegungsvorgänge durch die Sonnenstrahlung bzw. durch das Verhältnis von Ein- zur Ausstrahlung. Dieses weist, wie wir wissen (s. Abb. 31) zwischen dem Äquator und 40° geographischer Breite eine positive Bilanz, polwärts von 40° dagegen eine negative auf. Damit es nicht in niedrigen Breiten immer heißer und in hohen immer kälter wird, sorgt die Erde für einen meridionalen Temperaturausgleich, indem der Wärmeüberschuß von niedrigen zu hohen Breiten transportiert wird. Dieses geschieht bei einer homogenen, ganz mit Wasser bedeckten, nicht rotierenden Erde nach folgendem Schema: Die in Äquatornähe erwärmte Luft steigt auf, wodurch in den unteren Schichten Luft nachströmt, und zwar aus höheren Breiten. Dieser Vorgang setzt sich bis zu den Polen fort, wo die horizontal abströmende Luft nur aus der Höhe ersetzt werden kann. Über dem Äquator baut sich dagegen in der Höhe hoher Luftdruck auf, so daß es in den höheren Schichten zu einem polwärtigen Abströmen der Luft kommt.

Bei ruhender Erde mit homogener Oberfläche entstünde somit auf jeder Halbkugel ein großes Zirkulationsrad mit Aufsteigen am Äquator und Absinken am Pol sowie einem polwärtigen Transport warmer Luft in der Höhe und einem äquatorwärtigen Kaltlufttransport in den unteren Schichten. Dieses bedeutete auf der nördlichen Halbkugel eine Südströmung in der Höhe und wegen der Reibung eine Nord- bis Nordwestströmung am Boden.

Nähern wir uns den realen Verhältnissen, indem wir die planetarische Grundströmung auf einer homogenen, aber rotierenden Erde betrachten, so würde sich unter dem Einfluß der Coriolis-Kraft auf der Nordhalbkugel eine Ablenkung nach rechts ergeben. In der Höhe hätte dieses eine Westströmung zwischen Pol und Äquator, also einen westlichen Ringstrom zur Folge. In Bodennähe sorgte die Reibung dafür, daß aus dem unter dem Einfluß der Coriolis-Kraft entstandenen Ostwind eine Nordostströmung zwischen Pol und Äquator würde.

Die allgemeine atmosphärische Zirkulation, wie wir sie auf der realen, nichthomogenen Erde mit ihrer unterschiedlichen Land-Meer-Verteilung, Topographie und Oberflächenbeschaffenheit vorfinden, ist wesentlich komplexer. Dennoch lassen sich in einzelnen Zirkulationszweigen die geschilderten Grundprinzipien deutlich wiederfinden. Hauptanforderung an die atmosphärische Zirkulation bleibt es, einen Wärmeausgleich zwischen äquatorialen und polaren Breiten herbeizuführen. Diesem Ziel dienen dabei nicht nur die großräumigen Luftmassentransporte, d. h. die Warmluftvorstöße zu höheren und die Kaltluftvorstöße zu niedrigeren Breiten. Durch die Schubkraft des Winds werden auch die großräumigen Meeresströmungen in Gang gesetzt. Erst durch die gleichzeitige Wirkung der warmen, polwärts gerichteten und kalten äquatorwärts gerichteten Ströme in Atmosphäre und Ozean ergibt sich ein vollständiges Wärmetransportsystem.

10.1 Druck- und Strömungsverhältnisse im Meeresniveau

Die großräumigen hemisphärischen oder globalen Strömungssysteme werden durch Mittelkarten der horizontalen Druckverteilung wiedergegeben, wobei bei der Interpretation zu berücksichtigen ist, daß in Bodennähe infolge der Reibung die Winde die Isobaren vom höheren zum tieferen Luftdruck schneiden, während in der freien Atmosphäre sich die Luft parallel zu den Isohypsen bewegt. Im einzelnen wollen wir uns die durchschnittlichen Strömungsverhältnisse im Meeresniveau, in der mittleren und oberen Troposphäre sowie in der mittleren Stratosphäre in rund 30 km Höhe ansehen, also für einen Bereich, in welchem sich 99% der Masse der Atmosphäre befindet und zirkuliert. Dabei soll uns die Betrachtung der Bedingungen im Sommer und Winter gleichzeitig einen Einblick in die jahreszeitlichen Unterschiede vermitteln.

Mittlere Druck- und Strömungsverhältnisse im Meeresniveau

Wie die schematische Darstellung der Druck- und Windverteilung in Abb. 126 zeigt, weist die mittlere Druckverteilung auf der Nord- wie auf der Südhalbkugel

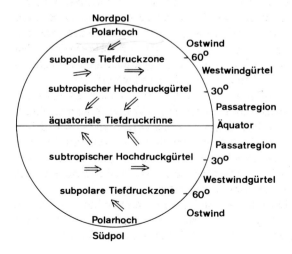

Abb. 126. Schema der Luftdruck- und Windgürtel auf der Erde

die gleichen Grundzüge zwischen dem Äquator und dem Pol auf. Im einzelnen sind es: die äquatoriale Tiefdruckrinne der Tropen, der Hochdruckgürtel der Subtropen (bei etwa 30°), die subpolare Tiefdruckzone (bei etwa 60°) und das polare Hoch.

Dieser grundsätzlichen Anordnung der Luftdruckgürtel entsprechen folgende Windsysteme im Meeresniveau: teils östliche, teils westliche schwache Winde in der äquatorialen Tiefdruckrinne, der beständige Nordostpassat auf der Nordhalbkugel sowie der Südostpassat auf der Südhalbkugel als großräumige Ausgleichsströmung zwischen dem subtropischen Hochdruckgürtel und der äquatorialen Tiefdruckrinne, die Westwinde der mittleren Breiten als Ausgleichsströmung zwischen Subtropenhochs und subpolarer Tiefdruckzone sowie die polaren Ostwinde in hohen Breiten.

Jahreszeitliche Strahlungseinflüsse führen einerseits zu einer meridionalen Verlagerung der Druckgürtel und andererseits zur Entstehung besonderer regionaler Druck- und Strömungssysteme.

Im Winter (Abb. 127a) verläuft die äquatoriale Tiefdruckrinne, deren zentraler Bereich die sog. innertropische Konvergenzzone (ITCZ) bildet, vom Ostpazifik über Südamerika und dem Atlantik nahe dem Äquator und trennt den Nordost- vom Südostpassat. Über Afrika springt die ITCZ bis etwa 20°S und verläuft über Madagaskar nach Nordaustralien. Dadurch muß über dem Pazifischen Ozean der Nordostpassat auf die Südhalbkugel übertreten, wo er durch die Coriolis-Kraft zum Nord- bis Nordwestwind abgelenkt wird.

Der subtropische Hochdruckgürtel zerfällt auf der Nordhalbkugel in ein atlantisches Zentrum, das Azorenhoch, und in ein pazifisches, während auf der Südhalbkugel auch über dem Indik eine subtropische Hochdruckzelle zu finden ist. Das vom Kerndruck dominierende Hoch finden wir jedoch im Winter über Sibirien. Im Gegensatz zu den warmen Subtropenhochs handelt es sich bei dem sibirischen Hoch wie bei dem über Kanada um ein kaltes Hoch, dessen Ursache die Ansammlung der durch Ausstrahlung stark abgekühlten kontinentalen Luft ist.

Starke Luftdruckgradienten im Winter kennzeichnen auf beiden Hemisphären die mittleren und subpolaren Breiten der Ozeane. Die Ursache dafür ist der starke winterliche Temperaturgegensatz zwischen niedrigen und polaren Breiten. Auf der Südhalbkugel wird die Zone starker bis stürmischer Westwind bereits in den 40er Breiten angetroffen, so daß man dort von den „roaring forties", den „Brüllenden Vierzigern", spricht. Auf der Nordhalbkugel prägen 2 Tiefzentren die subpolare Tiefdruckrinne, das Islandtief und das Aleutentief.

Im Sommer (Abb. 127b) verschieben sich auf der Nordhalbkugel infolge der Einstrahlungsverhältnisse alle Druckgürtel nordwärts. Die ITCZ liegt in ihrem gesamten Verlauf auf der Nordhalbkugel, wodurch der Südostpassat gezwungen ist, von der Süd- auf die Nordhemisphäre überzutreten, wo er zum Süd- bis Südwestwind angelenkt wird. Dadurch entsteht z. B. über Afrika eine deutlich ausgeprägte ITCZ zwischen dem trockenen Nordostpassat aus der Sahara und der feuchten Süd- bis Südwestströmung vom Äquator her.

Während der subtropische Hochdruckgürtel auf der Südhalbkugel 4 Zentren aufweist, und zwar über jedem Ozean eines sowie über Australien, beherrschen das Azorenhoch und das pazifische Hoch weite Teile der Nordhalbkugel. Im Ver-

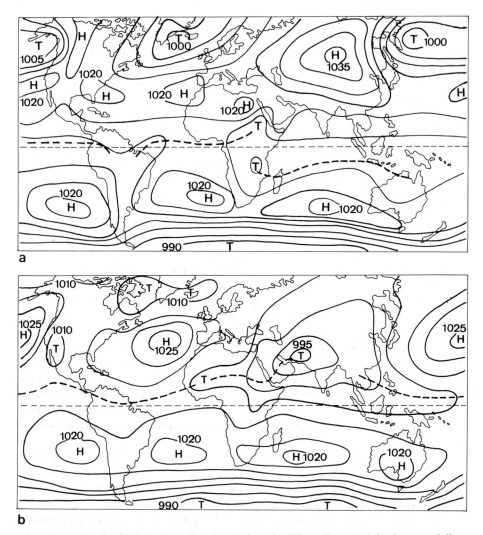

Abb. 127 a, b. Mittlere Luftdruckverteilung am Boden **a** im Winter (Januar), **b** im Sommer (Juli)

gleich zum Winter ist das Islandtief nur schwach ausgeprägt, wobei der geringere nordhemisphärische Druckgegensatz in mittleren und höheren Breiten auf den geringeren sommerlichen Temperaturunterschied zwischen Subtropen und Polargebiet zurückzuführen ist. Hohe Temperaturen sowie durch die Rocky Mountains hervorgerufene Effekte auf die Luftströmung führen zur Bildung des Hitzetiefs über den südwestlichen USA.

Monsun

Am markantesten ist die jahreszeitliche Änderung des Luftdrucks über dem asiatischen Festland ausgeprägt, wo an die Stelle des winterlichen Kältehochs über Sibirien ein ausgedehntes Tief mit Kern über Nordindien tritt. Diese Änderung hat eine vollständige Umgestaltung der Zirkulation zur Folge. Besondere Bedeutung kommt dabei der Strömungsumstellung von 180° über Indien und den angrenzenden Gebieten zu. Im Winter weht die Luft aus dem sibirischen Hoch in Richtung äquatoriale Tiefdruckrinne, so daß sich über Indien eine trockene nördliche Luftströmung einstellt, d. h. der indische Bereich wird Teil des Nordostpassats. In Bombay z. B. wehen dann rund 90% aller Winde aus dem Nordsektor.

Im Sommer führt das Tief über Indien dagegen dazu, daß sich über dem Subkontinent eine feuchte Südwest- bis Südströmung einstellt, d. h. gelangt das Gebiet in den Einflußbereich des nach Übertritt über den Äquator nach Südwest abgelenkten Südostpassats. Bombay weist dann in rund 90% aller Tage Winde aus dem Sektor von West über Süd bis Südost auf.

Diese vom Meer her kommende, feuchte sommerliche Südwestströmung bezeichnen wir als Monsun, die mit ihr verbundenen intensiven Regenfälle als Monsunregen. Der Monsun setzt in der Regel im Mai/Juni ein und hält bis September/Oktober an. Seine Ursache ist grundsätzlich auf das Nebeneinander von indischem Subkontinent und Pazifischem Ozean zurückzuführen, und zwar auf die unterschiedlichen thermischen Eigenschaften von Land und Wasser. Im Sommer erhitzt sich das asiatische Festland kräftig, während sich der Ozean vergleichsweise wenig erwärmt, so daß ein starker Temperaturgegensatz entsteht, der physikalisch eine thermisch direkte Zirkulation zur Folge haben muß, d. h. Aufsteigen über dem wärmeren Gebiet und Absinken über dem kühleren sowie einer Ausgleichsströmung in den unteren Schichten vom kühleren Ozean zum wärmeren Land.

Die Tatsache, daß das Monsuntief über Nordindien entsteht und nicht an einer anderen Stelle Süd- oder Südostasiens, läßt auf den zusätzlichen Einfluß des Gebirgsmassivs auf die Entstehung der Monsunzirkulation schließen. Die hohe sommerliche Einstrahlung, die nach Abb. 128 am Erdboden am 21. Juni in 30°N mit 5,2 KWh/m² rund 30% größer ist als am Äquator, und die dadurch bedingte Erwärmung der hochgelegenen Gebirgsflächen führt zu einem derart starken Druckfall am Fuße des Himalayas, daß sich die ITCZ bis nach Nordindien verla-

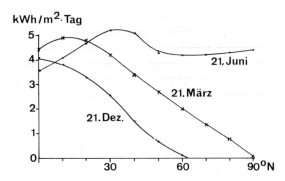

Abb. 128. Jahreszeitliche Einstrahlung an der Erdoberfläche auf der Nordhalbkugel

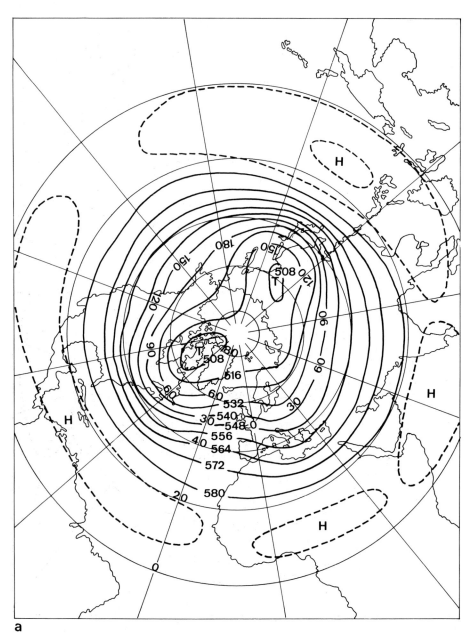

a

Abb. 129a, b. Mittlere Druck- und Strömungsverteilung in 500 hPa **a** im Winter, **b** im Sommer. (Nach Scherhag und Mitarbeitern 1969)

gert und dort in ihrem Bereich im Mittel der niedrigste sommerliche Luftdruck der gesamten Nordhalbkugel, das Monsuntief, entsteht.

Die Auswirkungen des Monsuntiefs, d. h. des sommerlichen Druckfalls über Asien sind außerordentlich großräumig. In Südostasien ebenso wie in China

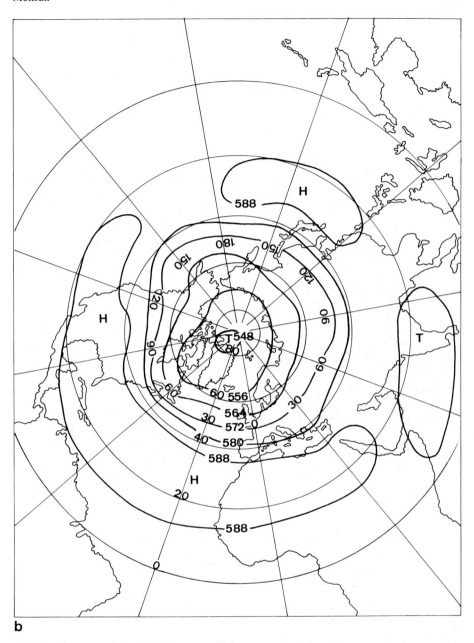

b

dreht der mittlere Windvektor und führt feuchte Luft vom Ozean zum Festland. Im Mittelmeergebiet, das auf der Rückseite des Monsuntiefs liegt, dreht der Wind auf Nord. In Griechenland werden diese sommerlichen Nordwinde als „Etesien" bezeichnet. Selbst in Mitteleuropa ist noch die Auswirkung des asiatischen Druckfalls festzustellen, wenn der mittlere Windvektor im Juni um etwa 30° – 40° von Westsüdwest auf West mit einer kleinen Nordkomponente dreht.

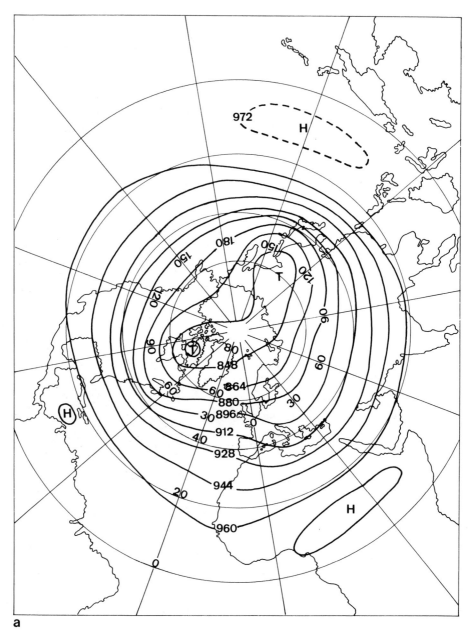

a

Abb. 130 a, b. Mittlere Druck- und Strömungsverteilung in 300 hPa **a** im Winter, **b** im Sommer. (Nach Scherhag und Mitarbeitern 1969)

Hierbei wäre es jedoch falsch, von einem mitteleuropäischen Monsun zu sprechen; es handelt sich bei uns lediglich um eine monsunale Drehung des Windvektors.

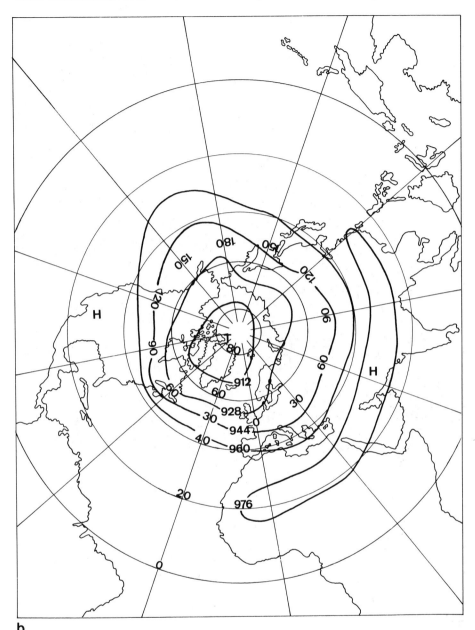

b

10.2 Druck- und Strömungsverhältnisse in der freien Atmosphäre auf der Nordhalbkugel

Die mittlere Troposphäre (500 hPa) wird auf der Nordhalbkugel im Winter (Abb. 129a) zwischen dem polaren Tiefdrucksystem und dem tropischen Hochdruckgürtel von einer großräumigen Westströmung beherrscht. Östliche Winde

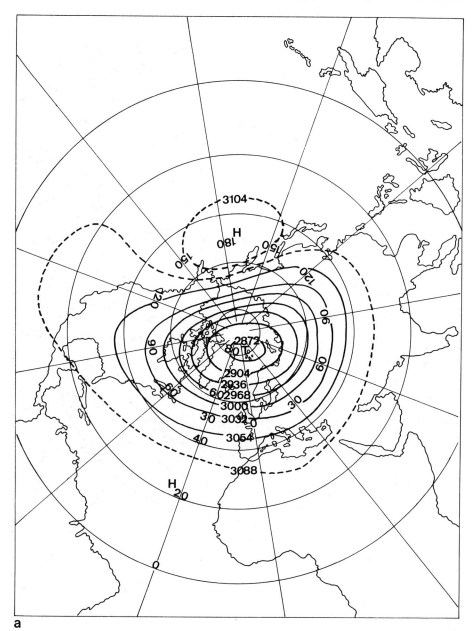

a

Abb. 131a, b. Mittlere Druck- und Strömungsverteilung in 10 hPa **a** im Winter, **b** im Sommer. (Nach Scherhag und Mitarbeitern 1969)

treten in der Regel nur südlich der Hochzellen in Äquatornähe auf. Das Polartief hat sich infolge der Ausstrahlungs- und Abkühlungsvorgänge über dem Festland in 2 Zellen aufgespalten. Während sie eine mittlere Temperatur von etwa $-40\,°C$ aufweisen, werden in den warmen tropischen Hochs Werte um $-5\,°C$ gemessen.

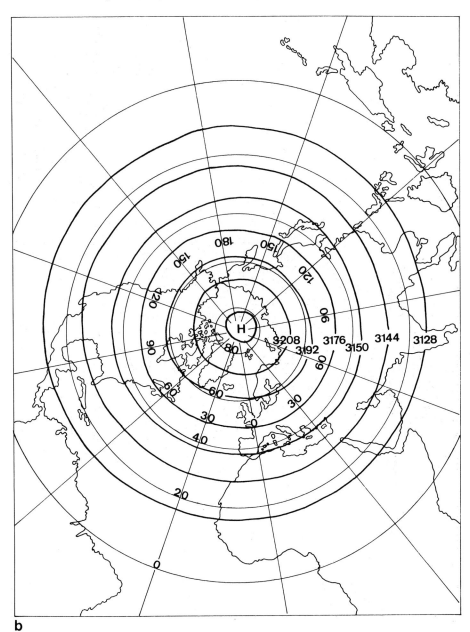

b

Bemerkenswert sind die Verhältnisse über Sibirien. Dort wird eine durchgehende Westströmung beobachtet, d. h. das kräftige sibirische Bodenhoch ist in 5 km Höhe nicht mehr ausgeprägt, wodurch es als kaltes Hoch charakterisiert ist.

Im Sommer (Abb. 129b) haben sich die tropischen Hochs in 500 hPa nach Norden verlagert, und auch das Polartief ist näher zum Pol gerückt. Über Indien hat sich korrespondierend zum Monsuntief am Boden ein Höhentief entwickelt.

Aufgrund der geringeren Temperaturdifferenz zwischen Tropen ($-5\,°C$) und
Polarregion ($-25\,°C$) erscheint die Westströmung gegenüber dem Winter deutlich abgeschwächt.

In der oberen Troposphäre (300 hPa) ähnelt die mittlere winterliche Druckverteilung (Abb. 130a) der in der mittleren Troposphäre, d. h. mit Ausnahme der
äquatornahen Breiten herrscht auf der Nordhalbkugel eine Westströmung. Die
Temperaturen liegen in den tropischen Hochs bei $-30\,°C$, im polaren Tiefdrucksystem nahe $-60\,°C$.

Auch im Sommer weist die obere Troposphäre teilweise ähnliche Grundzüge
auf wie die mittlere. Die Temperaturen liegen um $-25\,°C$ in den Tropen und um
$-45\,°C$ im Polargebiet. Ein auffälliger Unterschied wird über Indien und dem
Himalaya deutlich, wo in 300 hPa (Abb. 130b), d. h. in fast 10 km Höhe ein
Hochdruckgebiet zu finden ist. Dieses Höhenhoch ist als korrespondierendes
Hoch zum Monsuntief der unteren und mittleren Troposphäre zu verstehen.

Eine erwärmte Luftsäule dehnt sich bekanntlich aus und muß an ihrer Obergrenze im Vergleich zur kühleren Umgebung als Hoch erscheinen. Dadurch
kommt es in der Höhe zu einem Massenabfluß, was zur Folge hat, daß der Luftdruck am Boden der Luftsäule fällt.

Dieser grundsätzliche Effekt zwischen stärker erwärmtem Land und kühle-
rem Ozean erscheint durch das Gebirgsmassiv, d. h. durch die hochliegende
Heizfläche des Himalayas so verstärkt, daß es am Boden zur Entstehung des
Monsuntiefs bei gleichzeitiger Bildung des Höhenhochs kommt.

Im Bereich der mittleren Stratosphäre, d. h. in rund 30 km Höhe (10 hPa)
wird die winterliche Zirkulation auf der Nordhalbkugel durch das Polartief, das
Aleuten-Hoch und hohen Luftdruck in den Tropen beherrscht (Abb. 131a).

Im Sommer (Abb. 131b) finden wir ein gänzlich verändertes Bild. Über dem
Pol befindet sich ein kräftiges Hoch und an die Stelle der winterlichen Westwinde
tritt eine sommerliche Ostströmung.

Die Ursache für diesen jahreszeitlichen Zirkulationswechsel ist in den unterschiedlichen Einstrahlungsverhältnissen im Sommer und Winter in der Stratosphäre zu suchen. Am 21. Dezember fehlt nach Abb. 132 in den polaren Breiten
an der Obergrenze der Atmosphäre die Einstrahlung völlig, am 21. Juni wird

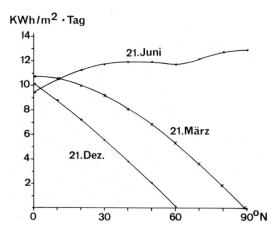

Abb. 132. Jahreszeitliche Einstrahlung am Rande der Atmosphäre auf
der Nordhalbkugel

dort dagegen mit rund 12,9 KWh/m^2 wegen der 24 Stunden täglich andauernden Einstrahlung hinsichtlich der Tagessumme das Einstrahlungsmaximum der Erde angetroffen. Die Folge der sommerlichen Erwärmung der polaren stratosphärischen Luftschichten ist das sommerliche Stratosphärenhoch, die Folge der winterlichen Abkühlung das stratosphärisch-winterliche Tief über dem Pol.

10.3 Vertikale Temperatur- und Zirkulationsverhältnisse

Um die vertikalen hemisphärischen Temperatur- und Strömungsverhältnisse möglichst einfach darzustellen, wird die betrachtete Größe längs der einzelnen Breitenkreise für die verschiedenen Höhen- bzw. Druckflächen gemittelt und als „Breitenkreismittel" in die Vertikalschnitte zwischen Äquator und Pol eingetragen. Auf diese Art und Weise lassen sich sowohl die mittleren vertikalen wie meridionalen atmosphärischen Bedingungen anschaulich erfassen.

In Abb. 133 sind mittlere meridionale Temperaturschnitte für die Nordhalbkugel wiedergegeben, und zwar für den Winter (Januar) wie für den Sommer (Juli). Im Winter übersteigt der Temperaturgegensatz (Abb. 133a) zwischen äquatorialen und polaren Breiten am Boden 50 K, in 500 hPa erreicht er etwa 40 K und in 300 hPa etwa 25–30 K. An der meridionalen Neigung der Temperaturflächen von niedrigen zu hohen Breiten wird deutlich, daß in der gesamten Troposphäre die höhere Temperatur am Äquator liegt, wobei die stärkste meridionale Temperaturänderung in den mittleren Breiten, d. h. im Bereich der Frontalzonen stattfindet. Die untere Stratosphäre ist mit −80 °C über dem Äquator am kältesten, die mittlere Stratosphäre mit −75 °C zwischen 20–25 km Höhe über dem Pol. Darüber (10 hPa) ist es dagegen im Winter über dem Äquator wieder erheblich wärmer als über dem Pol.

Im Sommer schwächt sich durch die geänderten Einstrahlungsverhältnisse (Abb. 133b) der Temperaturgegensatz zwischen Tropen und Pol in der gesamten Troposphäre ab; so beträgt er am Boden nur noch etwa 25 K, in 500 hPa rund 20 K und in 300 hPa rund 15 K. Die untere Stratosphäre ist wiederum am Äquator am kältesten. Dieses hat seinen Grund darin, daß dort die Tropopause am höchsten liegt, d. h. die durch Temperaturabnahme mit der Höhe gekennzeichnete Troposphäre in äquatorialen Breiten rund 16 km hoch reicht, während sie in unseren Breiten nur 11 km und am Pol nur 8–9 km mächtig ist. Eine völlige Umgestaltung im Vergleich zum Winter zeigt die obere Stratosphäre, wo das Wärmezentrum über dem Pol zu finden ist (vgl. Abb. 132).

Die zonalen Strömungsverhältnisse, d. h. die Unterscheidung in Westwind- und Ostwindregime sind für beide Hemisphären in Abb. 134 dargestellt. Im Januar dominieren auf der winterlichen Nordhalbkugel die Westwinde, wobei das troposphärische Maximum von 40 m/s des Subtropenstrahlstroms in 30°N liegt, das stratosphärische Maximum des Polarnachtstrahlstroms in 65°N. Ostwinde sind auf die Äquatorregion beschränkt. Auf der sommerlichen Südhalbkugel finden wir das Westwindmaximum mit 30 m/s zwischen 45°S und 50°S. Große Teile der Südhalbkugel, so die mittlere und obere Stratosphäre, die untere Troposphäre im Polargebiet und der gesamte äquatoriale Bereich weisen östliche Winde auf (Abb. 134a).

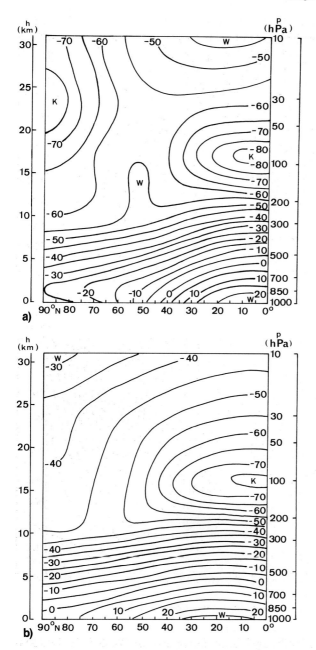

Abb. 133a, b. Mittlere Temperaturverhältnisse auf der Nordhalbkugel **a** im Winter, **b** im Sommer

Im Juli schwächen sich auf der sommerlichen Nordhalbkugel zum einen die Winde deutlich ab, wobei sich das subtropische Strahlstrommaximum polwärts bis etwa 45°N verlagert und der Polarfrontstrahlstrom in 70°N wiederum nur andeutungsweise erkennbar wird; zum anderen treten verbreitet Ostwinde auf, und zwar in der gesamten höheren Stratosphäre sowie in der Troposphäre in den Tropen und im bodennahen Polargebiet (Abb. 134b).

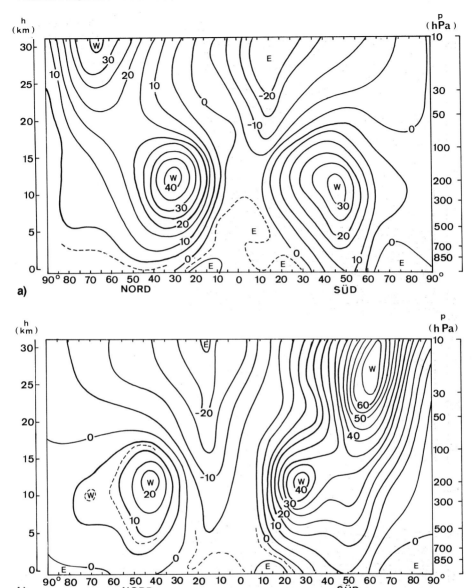

Abb. 134a, b. Zonale Windverhältnisse auf der Erde **a** im Winter; **b** im Sommer

Auf der winterlichen Südhalbkugel dominieren jetzt die Westwinde. Das Maximum des subtropischen Strahlstroms (40 m/s) hat sich äquatorwärts bis 30°S verlagert, und in 60°N erreicht der stratosphärische Polarnachtstrahlstrom eine mittlere zonale Windgeschwindigkeit von 65 m/s. Ostwind tritt nur noch in Äquatornähe und am Südpol auf.

Eine Besonderheit der stratosphärischen Strömungsverhältnisse über dem Äquator ist in Abb. 135 dargestellt. Wie wir an dem mehrjährigen Zeitschnitt er-

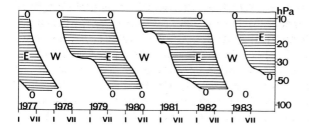

Abb. 135. Quasizweijährige
Windschwingung in den Tropen.
(Nach Labitzke 1984)

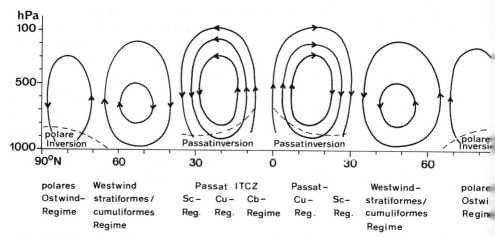

Abb. 136. Schema der mittleren meridionalen Zirkulationszellen

kennen, findet dort ein regelmäßiger Wechsel der Windrichtung zwischen West-
und Ostwind statt. Dabei ändert sich die Windrichtung zuerst in der höheren
Stratosphäre und setzt sich dann nach unten durch. Während, wie wir gesehen
haben, die Windsysteme sich in der Regel im Rhythmus der Jahreszeiten ändern,
hat dieses Phänomen eine Schwingungsdauer von 26 Monaten, und wir sprechen
von einer quasizweijährigen Schwingung der äquatorialen Stratosphärenwinde.

Die mittleren vertikalen und meridionalen Zirkulationsverhältnisse der Erde
sind schematisch in Abb. 136 wiedergegeben. Wie wir erkennen, erfolgt der Luft-
transport zwischen dem Äquator und den beiden Polen auf jeder Halbkugel in 3
großen Zirkulationsrädern. Die beiden tropischen Zirkulationszellen zeigen ein
Aufsteigen erwärmter Luft im Bereich der äquatorialen Tiefdruckrinne und ein
Absinken der auf ihrem polwärtigen Weg infolge Ausstrahlung abgekühlten Luft
in den subtropischen Hochdruckgürteln. Die in den unteren Schichten zwischen
Subtropenhochs und ITCZ auftretende Ausgleichsströmung ist der Passat. Diese
thermisch direkte Zirkulation zwischen dem Äquator und etwa 30°N bzw. 30°S
wird Hadley-Zirkulation genannt, die beiden Zirkulationsräder werden als Had-
ley-Zellen bezeichnet.

Die mittleren Breiten werden von einem Zirkulationsrad beherrscht, bei dem
die Luft in der subpolaren Tiefdruckrinne aufsteigt, in den oberen Schichten eine
zu niedrigeren Breiten gerichtete Komponente aufweist und in den Hochs der

Subtropen absteigt. In den unteren Schichten ist folglich im Mittel eine Ausgleichsströmung von den Subtropen zu den Tiefs der subpolaren Tiefdruckrinne, z. B. vom Azorenhoch zum Islandtief vorhanden. Diese Zirkulation der mittleren Breiten wird als Ferrel-Zirkulation bezeichnet. Da das Aufsteigen der Luft in der kühleren, das Absinken dagegen in der wärmeren Region erfolgt, sprechen wir bei der Ferrel-Zelle von einer thermisch indirekten, oder anders ausgedrückt, von einer rein dynamischen Zirkulation. Auch wenn diese Strömungsanordnung im Gegensatz zu der großen Beständigkeit der Passatwindzone durch die Veränderlichkeit des Winds in den mittleren Breiten häufig verdeckt ist, kommt sie in den mittleren Verhältnissen doch deutlich zum Ausdruck.

In den hohen Breiten weist die Zirkulationszelle ein Aufsteigen der Luft in der subpolaren Tiefdruckrinne und ein Absinken in der polaren Hochdruckzone auf, wobei die polaren Ostwinde die Ausgleichsströmung am Boden darstellen. Dieses am schwächsten entwickelte Zirkulationsrad wird als Rossby-Zelle bezeichnet und weist wie das tropische System eine thermisch direkte Zirkulation auf.

Ihre große Bedeutung haben die Zirkulationsräder im großräumigen meridionalen Wärmeausgleich. Sie transportieren erwärmte Luft polwärts, die sich dabei abkühlt, und kalte bzw. kühlere Luft äquatorwärts, die dabei erwärmt wird. Auf diese Weise wirken sie mit den Ozeanströmungen dem Strahlungsungleichgewicht der Erde entgegen und verhindern, daß es in niedrigeren Breiten immer wärmer und in polaren immer kälter wird. Insgesamt gesehen, ist es somit die allgemeine Zirkulation, die für ein stabiles Klima auf der Erde sorgt.

10.4 Stratosphärenerwärmungen

Betrachten wir die Monatsmittel der Temperatur von Berlin im Januar, so können sie je nach Intensität des Winters am Boden bis zu 14 °C schwanken. Die totale Schwankungsbreite nimmt dann gleichmäßig mit der Höhe ab und erreicht mit nur 4,5 °C in 300 hPa ihr Minimum. Darüber nimmt sie zunächst langsam, ab 30 hPa (23 – 24 km) aber drastisch zu und erreicht in 3 hPa, d. h. in 40 km Höhe einen Wert von 37 °C.

Diese große Temperaturvariation in der Stratosphäre zwischen den verschiedenen Wintern ist ein Ausdruck der „Stratosphärenerwärmungen". Sie treten als kräftige Erwärmungen praktisch jeden Winter in den hohen und mittleren Breiten auf und führen dann dazu, daß sich die obere Stratosphäre innerhalb weniger Tage um mehrere Zehnergrade erwärmen kann, wobei im zentralen Erwärmungsbereich Temperaturanstiege von rund 80 °C bis auf Werte von +40 °C auftreten können, die damit weit über den Sommertemperaturen in diesen Höhen liegen. Diese Stratosphärenerwärmungen wurden von Scherhag (1952) über Berlin entdeckt, als die Temperatur in wenigen Tagen von −50 °C auf −12 °C in 10 hPa (30 km) angestiegen war. In der wissenschaftlichen Literatur sind sie seither als „Berliner Phänomen" bekannt.

Die ursprüngliche Annahme, daß Stratosphärenerwärmungen auf die Wirkung des stratosphärischen Ozons nach kräftigen Sonnenausbrüchen zurückzuführen sind, konnte nicht aufrechterhalten werden. Vielmehr sind sie die Folge dynamischer, aus der Troposphäre angeregter, stratosphärischer Prozesse, die mit großräumigen Absinkvorgängen und adiabatischer Erwärmung verbunden sind.

Bei den etwa jeden 2. Winter auftretenden sog. „major warmings" ist eine durchgreifende Umstellung der hochstratosphärischen Zirkulation zu beobachten. Der, wie Abb. 131a zeigt, im Mittel dort im Winter herrschende Polarwirbel bricht zusammen und zerfällt dabei unter Abschwächung in 2 Teile. An seine Stelle tritt nach den Untersuchungen von Labitzke u. a. für die Zeit der Stratosphärenerwärmung über dem Polargebiet als zirkulationsbestimmendes Druckgebilde ein kräftiges Stratosphärenhoch.

Bei den in den Zwischenjahren auftretenden „minor warmings" kommt es dagegen nicht zu der oben geschilderten Zirkulationsumstellung, obwohl die stratosphärische Temperaturänderung die gleichen Ausmaße erreichen kann. Die „minor warmings" treten auf beiden Halbkugeln auf, die durch den Zirkulationszusammenbruch gekennzeichneten „major warmings" dagegen nur auf der Nordhalbkugel.

11 Klima und Klimaklassifikation

Das Klima eines Orts oder einer Region steht in unmittelbarem Zusammenhang mit den meteorologischen Auswirkungen der allgemeinen atmosphärischen Zirkulation auf diesen Raum. Wie die synoptischen Einzelerscheinungen, d. h. die Hochs und Tiefs, die Fronten, Keile und Tröge durch ihre Lebensdauer, Verlagerungsgeschwindigkeit und Intensität das tägliche Wettergeschehen an einem Ort bestimmen, so prägt die allgemeine atmosphärische Zirkulation grundsätzlich das Klima eines Gebiets.

Sie entscheidet darüber, in welchem Ausmaß trockene oder feuchte, kalte oder warme, stabil oder instabil geschichtete Luft in eine Region gelangt, bis zu welchem Grad die breitenkreisabhängigen Strahlungs- oder regionalen Feuchteverhältnisse eines Raums durch die Advektion von Luftmassen aus anderen Gebieten überformt werden; sie entscheidet auch darüber, ob hinsichtlich der vertikalen Luftbewegung Auf- oder Absteigen und damit wolkenbildende oder wolkenauflösende Prozesse dominieren.

Auf diese Weise entstehen in jedem Gebiet der Erde durch das Zusammenspiel von allgemeiner atmosphärischer Zirkulation mit der breitenkreisabhängigen Einstrahlung charakteristische Verhältnisse von Temperatur und Feuchte, von Bewölkung und Niederschlag.

11.1 Definition

Das Wort „Klima", das aus dem Griechischen stammt, bedeutet soviel wie „sich neigen" und meint in seiner ursprünglichen Form (Hippokrates, Aristoteles) die Neigung der Erdachse gegen die Sonne, d. h. die Abhängigkeit des durchschnittlichen Wettergeschehens vom Einfallswinkel der Sonnenstrahlung. Während die Griechen darunter die jahreszeitlichen Änderungen in einem Gebiet verstanden, läßt sich die Definition auch auf die mittleren Einstrahlungsverhältnisse in den einzelnen geographischen Breiten anwenden. In diesem Sinne hätten wir es dann folglich mit einer reinen Nord-Süd-Gliederung in Klimazonen zu tun.

Zwar ist diese meridionale Abfolge auch grundsätzlich vorhanden, doch lehrt ein Blick auf eine Klimakarte der Erde, daß die Anordnungen keineswegs gleichmäßig auf den einzelnen Kontinenten sind und daß auch in Ost-West-Richtung deutliche klimatische Unterschiede auftreten. Die Ursache dafür ist in dem bereits angesprochenen Wirken der allgemeinen atmosphärischen Zirkulation und in der unterschiedlichen Land-Meer-Verteilung zu sehen.

Eine Definition des Begriffs „Klima" hat aus heutiger Sicht 2 Grundtatbestände zu berücksichtigen, nämlich zum einen die durchschnittlichen Zirkulationsverhältnisse, also ein statisches Moment, und zum anderen als dynamisches Moment die Tatsache, daß sich die allgemeine Zirkulation aus der Summe aller Wetter- und Witterungsabläufe zusammensetzt. W. Köppen, der das statistische Moment betonte, definierte im Jahr 1923: „Unter Klima verstehen wir den mittleren Zustand und gewöhnlichen Verlauf der Witterung an einem Ort."

Diese Definition geht somit von den Mittelwerten der gemessenen und beobachteten Größen an einem Ort aus und ist auf einfache Weise realisierbar, läßt jedoch die Variationsbreite der Größen unberücksichtigt. Unter Berücksichtigung der Tatsache, daß das Klima physikalisch als zeitliches Integral aller Wetter- und Witterungserscheinungen an einem Ort zu verstehen ist, gelangen wir zu folgender Definition:

Unter dem Klima eines Orts verstehen wir die Gesamtheit der atmosphärischen Zustände und Vorgänge in einem hinreichend langen Zeitraum, beschrieben durch den mittleren Zustand (Mittelwerte) sowie durch die auftretenden Schwankungen (Streuung, Häufigkeitsverteilung, Extremwerte usw.).

Diese Definition schließt auch die atmosphärischen Verhältnisse über einem Ort ein. Als hinreichend langer Zeitraum wird in der Regel eine 30jährige Periode angesehen. Sie ist einerseits lang genug, daß alle wesentlichen Zustände und Vorgänge erfaßt werden, andererseits ist sie nicht zu lang, um durch die Mittelung signifikante Trends derart zu glätten, daß sie nicht mehr sichtbar werden. Die Klimaperiode, auf die sich unsere gegenwärtigen Klimavergleiche beziehen, ist der Zeitraum 1931–1960.

11.2 Klimaklassifikation

Entsprechend ihrer geographischen Breite und ihrer Lage innerhalb der allgemeinen atmosphärischen Zirkulation weisen große Teilgebiete der Erde hinsichtlich ihrer Klimaelemente, d. h. hinsichtlich ihrer Temperatur, Verdunstung, Feuchte, Bewölkung und Niederschlag ein gleiches oder ähnliches Verhalten auf. Das Ziel einer jeden Klimaklassifikation muß es daher sein, diese quasihomogenen Gebiete als eigenständige Klimaregionen durch objektive Maßzahlen so zu beschreiben, daß sich verschiedene Klimate auch eindeutig voneinander unterscheiden.

Je nach den Kriterien, die hinsichtlich der herangezogenen Klimaelemente oder deren Schwellenwerte zugrundegelegt werden, erhält man eine andere Klimaklassifikation. So ist es nicht verwunderlich, daß inzwischen eine Vielzahl von Klassifikationen existieren, die alle ihre Stärken und Schwächen haben. Die Unterschiede zwischen ihnen treten v. a. in den Rand- und Übergangsbereichen der Klimazonen auf, d. h. dort, wo die Quasihomogenität mehr oder weniger verlorengeht, während sie in den Kerngebieten eine grundsätzliche Übereinstimmung zeigen.

Es würde den Rahmen dieses Buchs sprengen, sich mit dem Für und Wider der vielen Klimaklassifikationen auseinanderzusetzen. Wir müssen uns daher darauf beschränken, einige Grundzüge anhand ausgewählter Klimaklassifikationen kennenzulernen.

Mathematische Klimaklassifikation

Sie entspricht der einstrahlungsbezogenen Definition des Begriffs „Klima" und ist durch die Breitenkreiseinteilung der Erde gegeben. Dabei werden 5 mathematische Klimazonen unterschieden: die Tropenzone beiderseits des Äquators bis zu den Wendekreisen (23,5°N/S), die beiden Übergangszonen der mittleren Breiten bis zu den Polarkreisen (66,5°N/S) sowie die beiden Polarzonen.

Diese, allein auf dem Einfallswinkel der Sonnenstrahlung basierende Klassifikation läßt den Einfluß der allgemeinen atmosphärischen Zirkulation und der Land-Meer-Verteilung völlig außer acht. Dadurch schließt sie stark voneinander abweichende Klimaregionen in ihre mathematischen Zonen ein.

Hydrologische Klimaklassifikation

Ein gutes Beispiel für eine Klimaeinteilung nach hydrologischen Gesichtspunkten stellt die Klimaklassifikation von A. Penck (1910) dar. Dabei dient das Verhältnis von Niederschlag zur Verdunstung bzw. von Niederschlag zur Ablation zur Definition von 3 Klimabereichen:

1. Von einem *humiden Klima* sprechen wir dort, wo der gefallene Jahresniederschlag N größer ist als die Verdunstung V. Da somit die Flüsse F das überschüssige Wasser fortführen, gilt die Beziehung:

$$N - V = F > 0 .$$

2. Überall dort, wo aufgrund der Strahlungs-/Temperaturverhältnisse aber die potentielle, d. h. die mögliche Verdunstung größer ist als die auftretende Niederschlagsmenge, herrscht ein *arides Klima*. In diesen Zonen gilt somit:

$$N < V_{pot}, \quad d. h. \quad N - V_{pot} < 0 .$$

3. Von einem *nivalen Klima* sprechen wir dort, wo der als Schnee fallende Niederschlag S größer ist als die Ablation A, d. h. als der Schneeschwund infolge Verdunstung, Schneeschmelze und Schneetreiben. In diesen Gebieten, in denen Gletscher den Schneetransport G übernehmen, gilt dann:

$$S - A = G > 0 .$$

Als Grenze zwischen den 3 Hauptklimaten ergibt sich somit $N = V$ bzw. $S = A$, d. h. die Trockengrenze zwischen aridem und humidem Klima ist durch das Gleichgewicht von Niederschlag und Verdunstung gegeben, während die Schneegrenze zwischen humidem und nivalem Klima durch das Gleichgewicht von Niederschlag und Ablation definiert ist.

In den wechselfeuchten Übergangszonen zwischen aridem und humidem Klima läßt sich nach Penck noch eine Klimaabstufung durch die Betrachtung der monatlichen Verhältnisse vornehmen. Überwiegt dort die Anzahl der humiden Monate ($N > V$), so sprechen wir vom semihumiden Klima, überwiegen dagegen die ariden Monate im Jahr ($N < V_{pot}$), handelt es sich um ein semiarides Klima.

Klimaklassifikation aufgrund von Temperaturschwellenwerten

Als einfachste Form einer Gliederung in Klimazonen kann die Fortentwicklung der mathematischen Klimaklassifikation durch A. Supan angesehen werden, der die Tropenzone von den Übergangszonen der mittleren Breiten durch die 20-°C-Jahresisotherme (Palmengrenze) abgrenzte und die Grenze zur Polarzone durch die 10-°C-Isotherme des wärmsten Monats (Baumgrenze) definierte.

Grundlegende Bedeutung hat die von Köppen 1918 entwickelte und heute noch weit verbreitete Klimaklassifikation erlangt. Sie basiert hauptsächlich auf den Temperaturverhältnissen, doch wird auch der Niederschlag als weiteres klimabestimmendes Element erkannt und bestimmt durch seinen jahreszeitlichen Verlauf wesentlich die Untergliederung der Hauptklimazonen. Sieht man vom Erdboden ab, so sind Temperatur und Niederschlag die vegetationsbestimmenden Faktoren, so daß Köppen folgerichtig die Wirkung des Klimas auf die Pflanzenwelt in die Betrachtungen einbezog und die verschiedenen Klimate sehr anschaulich durch die charakteristische Pflanzenart beschreiben konnte.

Nach Köppen unterscheiden wir 5 Hauptklimate, die als A-, B-, C-, D- und E-Klima bezeichnet werden. Im einzelnen sind es die:

A) Tropische Regenklimate (A-Klimate)
Das charakteristische Merkmal ist, daß in ihrem Bereich die Monatsmitteltemperatur in keinem Monat unter 18 °C liegt.

B) Trockenklimate (B-Klimate)
Sie werden charakterisiert durch das Verhältnis von Temperatur und Jahresniederschlag, wobei ihre Grenze gegenüber dem A-, C- und D-Klima definiert ist durch die (empirischen) Beziehungen:

$$RR = 2 \, (T + 14) \qquad \text{bei Sommerregen}$$

$$RR = 2 \, (T + 7) \qquad \text{bei Regen ohne Periode}$$

$$RR = 2 \, T \qquad \text{bei Winterregen,}$$

wobei der Niederschlag RR in cm einzusetzen ist.

C) Warmgemäßigte Regenklimate (C-Klimate)
Sie sind dadurch definiert, daß die Mitteltemperatur des kältesten Monats zwischen 18 und $-3 \, °C$ liegt.

D) Schnee-Wald-Klimate (D-Klimate)
Ihr Kennzeichen ist, daß die Mitteltemperatur mindestens in 1 Monat über 10 °C liegt (Baumgrenze) und im kältesten Monat unter $-3 \, °C$ sinkt.

E) Schnee-Eis-Klimate (E-Klimate)
In ihrem Bereich liegt auch die Mitteltemperatur des wärmsten Monats unter 10 °C.

Die Untergliederung dieser Hauptklimate erfolgt nach dem Niederschlag in wintertrocken (w), sommertrocken (s) und immerfeucht (f); hinsichtlich der Temperatur wird noch unterschieden beim C-Klima in Maisklima (a): wärmster Monat über 22 °C, und Buchenklima (b): wärmster Monat unter 22 °C und beim

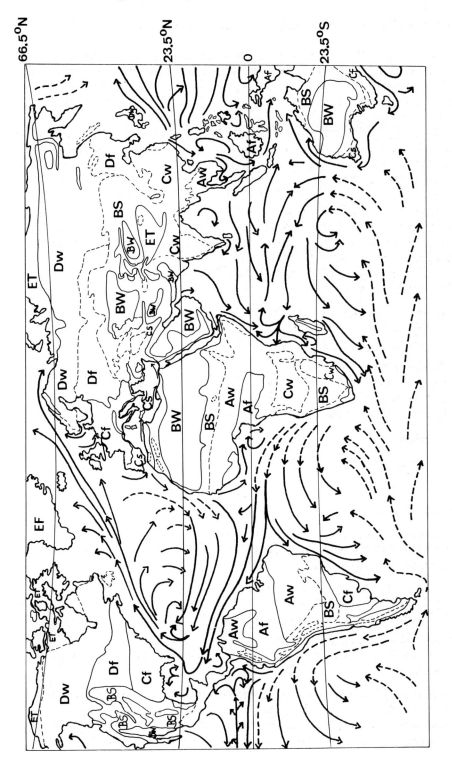

Abb. 137. Klimakarte nach W. Köppen und Meeresströme (warm ———, kalt – – –)

D-Klima in Eichenklima (b): mindestens 4 Monate über 10 °C sowie Birkenklima
(c): 1 − 3 Monate mit einer Mitteltemperatur über 10 °C. In Mitteleuropa z. B.
wird danach ein Cfb-Klima, also das Buchenklima, angetroffen. Die geographische Verteilung der Klimate nach Köppen ist in ihren Grundzügen in Abb. 137
wiedergegeben.

Klimaklassifikation aufgrund eines Index

Ansätze zu einer Klimaklassifikation aufgrund eines Index sind bereits Anfang
dieses Jahrhunderts zu finden, als Lang (1915) den Regenfaktor r definierte, und
zwar durch die Beziehung

$$r = \frac{\text{Jahressumme des Niederschlags}}{\text{Jahresmittel der Temperatur}} .$$

Das Ziel war, den Humiditäts- oder Ariditätsgrad eines Gebiets zu bestimmen, wobei die Temperatur stellvertretend für die Verdunstung steht. Da der
Ausdruck bei Temperaturen unter 0 °C nur wenig sinnvoll ist, wurde er nur bei
positiven Jahresmitteltemperaturen benutzt.

In den zwanziger Jahren definierte daher de Martonne (1926) den Trocken-
heitsindex TI als

$$TI = \frac{\text{Niederschlagssumme}}{\text{Mitteltemperatur} + 10} .$$

Thornthwaite (1931) entwickelte eine Klimaklassifikation auf der Basis von
mehreren Klimafaktoren (Indizes). Als Niederschlagswirksamkeit oder PE-Index
(„potential evaporation") definierte er

$$J = 114 \sum_{1}^{12} \frac{P}{T - 10} ,$$

wobei P der mittlere Monatsniederschlag und T die Monatsmitteltemperatur (in
°Fahrenheit) ist. Je nach Größe dieses Feuchtefaktors unterscheidet er die 5
Feuchtigkeitsprovinzen: naß (J>128), humid (J: 64 − 128), subhumid (J:
32 − 64), semiarid (J: 16 − 32) und arid (J: 0 − 16).

Als Temperaturleistung oder TE-Index („thermal efficiency") bezeichnete er
mit der Monatsmitteltemperatur T (in °F)

$$J' = \sum_{1}^{12} \frac{T - 32}{4} .$$

Die 6 Temperaturprovinzen sind definiert als: tropisch (J′ ≥ 128), mesotherm
(J′: 64 − 127), mikrotherm (J′: 32 − 63), Taiga (J′: 16 − 31), Tundra (J′: 1 − 15)
und Frost (J′ = 0).

Nach dem Jahresgang des Niederschlags wurden die Provinzen immerfeucht,
Feuchtemangel im Sommer bzw. Winter und Feuchtemangel in allen Jahreszeiten
eingeführt.

Auf der Basis der 3 geschilderten Klimafaktoren kartierte Thornthwaite 1931
die Klimate von Nordamerika und 1933 die der Erde.

11.3 Übersicht über die Klimagebiete (nach Köppen 1918)

A: Tropische Regenklimate

Die tropischen Regenklimate (A-Klimate), deren Kennzeichen Monatsmitteltemperaturen von mehr als 18 °C sind, lassen sich nach dem Jahresgang des Niederschlags untergliedern in das immerfeuchte tropische Regenklima (Af) und das wechselfeuchte tropische Regenklima (Aw).

Immerfeuchtes tropisches Regenklima

Das immerfeuchte tropische Regenklima (Af) ist mit der äquatorialen Tiefdruckrinne verbunden. Nicht extrem hohe, sondern die gleichmäßig hohen Temperaturen sind charakteristisch für diesen Klimatyp. So liegt die Jahresmitteltemperatur bei 25 °C; die Jahresamplitude ist mit nur 1 – 6 K kleiner als die Tagesamplitude.

Die jährlichen Niederschläge betragen in der Regel mehr als 1500 mm und weisen im Jahresverlauf 2 Maxima und 2 Minima auf. Die Ursache für diesen Jahresgang ist die mit der Deklinationsänderung der Sonne gekoppelte jahreszeitliche Verlagerung der äquatorialen Tiefdruckrinne mit der ITCZ (innertropische Konvergenzzone). Zweimal im Jahr liegt ein äquatornahes Gebiet in ihrem unmittelbaren Einflußbereich, was zu einer Verstärkung der Niederschläge führt.

Das Wetter verläuft während des ganzen Jahrs sehr einheitlich. Nach klarer Nacht führt die starke Einstrahlung zur Quellwolkenbildung, die sich bis zum Mittag zu mächtigen Kumulonimbuswolken verstärken. Nachmittags treten heftige Schauer, z. T. mit Gewittern auf.

Die gleichmäßig hohen Temperaturen und die ganzjährigen Niederschläge lassen die Vegetationsperiode das ganze Jahr über andauern. Die Folge dieses Treibhausklimas ist daher der immergrüne, üppig wuchernde tropische Regenwald. Äußerst intensiv ist unter diesen Verhältnissen die chemische Verwitterung entwickelt, die Verwitterungsböden bis zu 30 m und mehr schafft. Jedoch fehlen den tropischen Böden die dunklen Farben, da der Humus rasch abgebaut wird; statt dessen bestimmen Roterden das Bild.

Kerngebiete dieses „tropischen Regenwaldklimas" sind das Kongo- und Amazonasbecken sowie die Inselwelt von Indonesien. Als Beispiel für das immerfeuchte tropische Regenklima seien die Verhältnisse von *Stanleyville* (0°26′N, 25°14′E) angeführt, und zwar für die Mitteltemperatur T_M, die tägliche Temperaturschwankung $T_S = T_{Max} - T_{Min}$ und die Niederschlagsmenge RR:

	Jan	Feb	Mär	Apr	Mai	Jun	Jul	Aug	Sep	Okt	Nov	Dez
T_M [°C]	25,9	25,9	25,9	26,1	25,6	25,3	24,2	24,2	24,7	25,0	24,7	25,0
T_S [K]	10,5	10,5	10,5	10,0	10,0	9,4	9,5	8,3	9,4	10,0	9,4	10,0
RR [mm]	53	84	178	158	137	114	132	165	183	218	198	84

Wechselfeuchtes tropisches Regenklima

Auch das wechselfeuchte tropische Regenklima (Aw-Klima) ist mit dem Einfluß der äquatorialen Tiefdruckrinne verbunden, doch folgen die Zenitabstände der

Sonne und damit die Wirkungen der ITCZ um so rascher aufeinander, je weiter die tropische Region vom Äquator entfernt ist. Die Folge davon ist, daß eine zusammenhängende Regenzeit entsteht. Außerdem stellt sich eine Trockenzeit ein, wenn sich die Sonne über der anderen Halbkugel befindet, d. h. die ITCZ am weitesten von der Region entfernt ist.

Die Temperatur ist im Aw-Klima zwar noch tropisch hoch, doch nimmt der Unterschied zwischen den Monaten zu, d. h. die Jahresamplitude wird größer. Auch die Tagesamplitude wird größer. Angenehm ist das Wetter in der Savanne in der Mitte der Trockenzeit, wenn die Temperaturen am Tage bis 35 °C ansteigen und nachts auf 20 – 15 °C zurückgehen. Die Wochen vor dem Regen werden immer schwüler.

Für die Pflanzenwelt führen die jährlichen Niederschlagsbedingungen zu einer periodischen Trockenruhe. An die Stelle des immergrünen Regenwalds tritt die Savanne, tritt die offene Grasflur mit laubabwerfenden Gehölzen. Nur entlang der Flüsse werden Wälder, die sog. Galeriewälder angetroffen. Erscheint vor der Regenzeit die Savanne ausgedörrt und braungefärbt, verwandelt sie sich durch die Regengüsse in einen grünen, blühenden Landstrich, der jedoch schon bald von den schnellwachsenden, hochwuchernden Gräsern (2 – 4 m hoch) beherrscht wird.

Bei diesem Klimatyp sind die chemische Verwitterung während der Regenzeit und die mechanische Verwitterung in der Trockenzeit stark ausgeprägt. Die charakteristische Bodenart ist der rote, eisenreiche, feinkörnige Lateritboden.

Zum Bereich dieses „Savannenklimas" gehören u. a. der Sudan, die Trockenwälder Ostafrikas, Teile Indiens, die Llanos des Orinoco und die Campos Brasiliens. Als Beispiel für das wechselfeuchte tropische Regenklima sei *Raga* (8°28′N, 25°41′E) aufgeführt:

	Jan	Feb	Mär	Apr	Mai	Jun	Jul	Aug	Sep	Okt	Nov	Dez
T_M [°C]	24,2	26,1	27,5	28,9	28,4	26,4	25,6	25,3	25,9	26,7	25,6	24,5
T_S [K]	23	22	21	17	15	12	11	11	12	15	20	22
RR [mm]	<3	<3	15	56	150	165	224	254	193	79	10	<3

B: Trockenklimate

Die Trocken- oder B-Klimate, die durch das Verhältnis von hoher Temperatur zu geringem Niederschlag gekennzeichnet sind, lassen sich untergliedern in Steppenklima (BSw) und Wüstenklima (BW).

Wintertrockenes Steppenklima

Mit zunehmender Entfernung vom Äquator verkürzt sich die sommerliche Regenzeit mehr und mehr, da die äquatoriale Tiefdruckrinne mit der ITCZ nur noch vergleichsweise kurzzeitig diese Gebiete beeinflußt. Die Regenzeit schrumpft auf 3 – 6 Monate, die jährliche Niederschlagsmenge auf weniger als 500 mm. In manchen Jahren fällt so wenig Regen, daß Mißernten, Viehsterben und Hungersnot die Folge sind.

Die Jahres- sowie die Tagesamplitude der Temperatur sind groß. In den Wintermonaten werden recht niedrige Temperaturwerte angetroffen, auch wenn Fröste nicht auftreten.

Die Pflanzenwelt hat sich der langen Trockenperiode angepaßt. Endloses Grasbüschelland mit laubarmen Sträuchern kennzeichnet die Steppe. In der Trockenzeit verdorrt das Gras am Halm, in der Regenzeit dagegen ergrünt und erblüht das Land. Nur an den Flußläufen, die jedoch in der Trockenzeit kein Wasser führen, können Bäume wachsen, sofern sie mit ihren langen Wurzeln das Grundwasser erreichen.

Infolge der Insolation ist die mechanische Verwitterung und damit die Schuttbildung groß. Jedoch fehlt durch die Niederschläge die chemische Verwitterung keineswegs, so daß auch feinkörniger Boden entsteht.

Das wintertrockene Steppenklima (BSw-Klima) wird u. a. in der Sahelzone, der Kalahari, der Prärie Nordamerikas, der Pampa Südamerikas und Teilen Indiens und Australiens angetroffen. Als Beispiel für diesen Klimatyp seien die Verhältnisse von *Timbuktu* ($16°46'$ N, $3°01'$ E) aufgeführt:

	Jan	Feb	Mär	Apr	Mai	Jun	Jul	Aug	Sep	Okt	Nov	Dez
T_M [°C]	21,7	24,2	28,4	32,0	34,5	34,8	32,2	30,0	31,9	31,4	27,5	22,5
T_S [K]	18	20	19	20	18	16	14	12	15	17	18	18
RR [mm]	<3	<3	<3	3	5	23	79	81	38	3	<3	<3

Wüstenklima

Das Wüstenklima (BW-Klima) ist eine Folge der subtropischen Hochdruckgürtel, in deren Bereich das Absinken der Luft zu einer geringen relativen Feuchte führt. Trotz der hohen Einstrahlung und der damit verbundenen konvektiven Luftbewegung kommt es kaum zur Wolkenbildung, da einerseits der Sättigungsgrad der Luft infolge der hohen Temperaturen zu gering ist und andererseits das konvektive Aufsteigen durch überlagertes großräumiges Absinken gebremst wird. Blauer, meist wolkenloser Himmel und eine ungeheure Lichtfülle mit Spiegelungserscheinungen in der flimmernden Luft (Fata Morgana) kennzeichnen die Wüsten. Die sommerlichen Mittagstemperaturen liegen zwischen 40 und 45 °C, gebietsweise auch um 50 °C. Nachts gehen die Werte in der Regel um 15 – 20 K zurück. Auch die Jahresamplitude liegt in dieser Größenordnung.

Die jährliche Niederschlagsmenge liegt in den Kernwüsten im vieljährigen Durchschnitt unter 25 mm. Die Regenfälle sind nur sporadische Erscheinungen und treten oft nur in mehrjährigem Abstand auf. Kommt es jedoch zu Schauern, so sind sie so intensiv, daß die trockenen Flußläufe, die Wadis, kurzfristig zu reißenden Strömen anschwellen können, so daß man in der Wüste nicht nur verdursten, sondern in der Tat auch ertrinken kann.

Die permanente Pflanzenwelt in den Wüsten besteht nur aus vereinzelten Dauergewächsen wie z. B. den Kakteen mit ihren Wasserspeichern. Daneben gibt es aber noch eine latente Flora, die nur nach den Regenfällen zum Vorschein kommt und die Wüste für wenige Wochen in ein Blütenmeer verwandelt.

Die starke Erhitzung des Erdbodens am Tage und seine kräftige nächtliche Abkühlung führen zu einer starken mechanischen Verwitterung, der gegenüber die chemische weit zurücktritt. Blockschutt kennzeichnet daher die Wüstengebiete. Aus dieser Tatsache wird verständlich, daß Sandwüsten nur Ausnahmeerscheinungen sind und daß Schutt- und Felswüsten dominieren.

Da die subtropischen Hochdruckgürtel in der Höhe der Wendekreise auftreten, sind dort auch zahlreiche Wüsten, die sog. Wendekreiswüsten, anzutreffen. Zu ihnen zählen u. a. die Sahara, die arabischen Wüsten, die Tharr (auf der Rückseite des Monsuntiefs), das kalifornische Todestal und die australischen Wüsten.

Daneben gibt es noch einen anderen Wüstentyp, die Feuchtluftwüste. Zu ihm gehört die südamerikanische Atacama und die südafrikanische Namib. Beide sind Küstenwüsten an der Westseite des Kontinents. Die Ursache für ihre Bildung sind die kalten Meeresströme vor der Küste, also der Peru- und der Benguelastrom. Gelangt die Luft vom Ozean auf ihrem Weg zum Festland über diese kühle Unterlage, so wird sie stabilisiert, d. h. es kommt in den unteren Schichten zu einer Abkühlung und zur Inversionsbildung. Der vertikale Wasserdampftransport bleibt auf die bodennahen Schichten beschränkt, so daß sich statt hochreichender Regenwolken nur flache Stratus- und Stratokumuluswolken entwickeln können.

Statt kräftiger Regenfälle tritt nässender Nebel oder Hochnebel, tritt Sprühregen auf. Er vermag nur eine dünne Bodenschicht zu durchfeuchten, die in der Regel von der Sonne umgehend wieder ausgetrocknet wird. Auf diese Weise verhärtet, verkrustet die Erdoberfläche.

Vor der südamerikanischen Küste tritt in einem mittleren Abstand von 4 – 7 Jahren das Oberflächenwasser des äquatorialen Gegenstroms an die Stelle des kühlen Auftriebswassers des Perustroms. Labile Schichtung der Atmosphäre ersetzt dann die gewöhnlich stabile Wettersituation. Hochreichende Wolken und heftige Regenfälle mit z. T. katastrophenartigen Überschwemmungen sind die Folge. Diese Erscheinung wird von den Bewohnern als El-Niño-Phänomen bezeichnet.

Als Beispiel für das Wüstenklima seien die Temperatur- und Niederschlagsverhältnisse von *Assuan* (24°02′N, 32°53′E) angeführt:

	Jan	Feb	Mär	Apr	Mai	Jun	Jul	Aug	Sep	Okt	Nov	Dez
T_M [°C]	16,6	18,4	22,5	27,3	31,3	33,7	33,6	33,6	31,7	29,2	23,7	18,4
T_S [K]	13	14	16	17	16	16	15	15	15	15	14	13
RR [mm]	<3	0	0	0	0	0	0	0	0	<3	0	0

Sommertrockenes Steppenklima

Auch an ihrer polwärtigen Seite gehen die Wüsten allmählich in Steppen über. Hier fallen jedoch die geringen Niederschläge ausschließlich in der kalten Jahreszeit. Während nämlich die Bereiche im Sommer unter dem Einfluß der Subtropenhochs liegen, können durch die äquatorwärtige Verlagerung des Hochdruckgürtels im Winterhalbjahr vereinzelt Tiefausläufer der Westwindzone bis dorthin vordringen.

Die Tages- wie die Jahresschwankung der Temperatur ist recht groß und bedingt eine starke mechanische Verwitterung. Im Sommer erreichen im Landesinnern die Mittagstemperaturen 40 °C, im Winter treten bei Kaltluftvorstößen verbreitet Fröste auf; in Küstennähe erscheint das Temperaturverhalten um 5 – 10 K gedämpfter.

Ein solcher Streifen sommertrockenen Steppenklimas zieht sich nördlich der Sahara quer durch den afrikanischen Kontinent. Auch im Iran, in Afghanistan, Kalifornien und Australien wird das BSs-Klima angetroffen. Als Beispiel für diesen Klimatyp seien die Verhältnisse von El Agheila (30°16′N, 19°13′E) aufgeführt:

	Jan	Feb	Mär	Apr	Mai	Jun	Jul	Aug	Sep	Okt	Nov	Dez
T_M [°C]	12,5	13,6	16,2	18,9	22,0	24,2	25,3	26,4	25,6	23,1	18,9	14,2
T_S [K]	9	10	11	11	11	10	6	7	9	10	10	10
RR [mm]	33	15	3	3	<3	<3	0	<3	3	5	15	28

C: Warmgemäßigte Regenklimate

An die Trockenklimate bzw. dort, wo sie fehlen, an die tropischen Regenklimate schließen sich polwärts die warmgemäßigten Regenklimate (C-Klimate) an. Ihr charakteristisches Merkmal sind die gemäßigten Temperaturen. So liegt mindestens 1 Monat unter 18 °C, nicht aber unter − 3 °C, d. h. die warmgemäßigten Klimate sind anhand des kältesten Monats definiert. Nach dem Jahresgang des Niederschlags läßt sich eine Untergliederung vornehmen in: das warmgemäßigte, sommertrockene Regenklima (Cs), das warmgemäßigte, wintertrockene Regenklima (Cw) und das warmgemäßigte, immerfeuchte Regenklima (Cf).

Warmgemäßigtes, sommertrockenes Regenklima

Dieser Klimatyp mit heißen und trockenen Sommern sowie mit kühlen und feuchten Wintern wird dort angetroffen, wo durch die jahreszeitliche Verlagerung der Luftdruck- und Windgürtel im Sommer die Subtropenhochs wetterbestimmend sind und im Winter die Tiefs der Westwindzone. Dieses ist der Bereich des Mittelmeer- oder Etesienklimas.

Wolkenarmer Himmel und Mittagstemperaturen von 30 – 35 °C sind im Sommer die Regel. Im Herbst, wenn die Wassertemperaturen des Mittelmeers auf Werte nahe 25 °C angestiegen sind, setzen die Niederschläge ein, und zwar als heftige Schauer und Gewitter bei Kaltluftvorstößen. Im Winter und Frühjahr treten dagegen vielfach mit Warmsektorzyklonen verbundene Dauerniederschläge auf.

Die Pflanzenwelt hat sich den beiden Jahreszeiten angepaßt. Immergrüne Hartlaubgewächse wie Ölbäume, Korkeichen und Zypressen sowie in höheren Lagen das Dorngestrüpp der Macchie kennzeichnen die Landschaft. Die sommerliche, gebietsweise fast wüstenhafte Regenarmut verzögert die chemische Verwitterung und damit die Bodenbildung. Rote und gelbe Böden dominieren. Vor allem die Niederschläge haben von den Hängen den Boden abgetragen, so daß dort der nackte Fels zutage tritt und sich die fruchtbaren Feinerdeböden auf die tieferen Lagen beschränken. Erwähnt werden muß, daß der Mensch diesen

Abtragungsprozeß dadurch vielfach erst ermöglicht hat, daß er die Wälder abholzte, die dem Boden Halt verliehen.

Angetroffen wird das Cs-Klima außer im Mittelmeergebiet noch in Kalifornien sowie auf der Südhalbkugel an der chilenischen Küste (31° − 37°S), um Kapstadt und in Südaustralien. Die Verhältnisse von *Valetta* auf Malta (35°54′N, 14°31′E) sollen das Mittelmeerklima veranschaulichen:

	Jan	Feb	Mär	Apr	Mai	Jun	Jul	Aug	Sep	Okt	Nov	Dez
T_M [°C]	12,3	13,5	13,7	15,7	18,8	22,7	25,5	26,1	24,4	21,4	17,7	14,0
T_S [K]	4	4	5	5	6	7	7	6	6	5	4	4
RR [mm]	90	60	39	15	12	2	0	8	29	63	91	110

Warmgemäßigtes, wintertrockenes Regenklima

Das Klima Nordindiens und Südchinas wird wie das der ganzen südostasiatischen Region von der Monsunzirkulation bestimmt. Während dabei Hinterindien und das mittlere und südliche Indien dem tropischen Klimabereich zuzurechnen sind, treten in Nordindien und Südchina zwar auch sehr warme bis heiße Sommer auf, doch sinkt im Winter die Monatsmitteltemperatur unter 18 °C ab. Dadurch zählen diese Gebiete zum warmgemäßigten Klima.

Im Winter ist die gesamte Monsunregion Teil des Nordostpassats. Die vom asiatischen Kontinent südwärts strömende Luft ist trocken und führt zur winterlichen Regenarmut. Mit dem Wechsel der Windrichtung in den Monaten Mai, Juni auf Südwest, d. h. mit dem Eintritt des Monsuns setzt eine schwülheiße Zeit ein. Intensive Niederschläge, vielfach mit Gewittern, treten auf. Die jährlichen Niederschlagsmengen überschreiten vielfach 1000 mm und erreichen im nordindischen Vorgebirgsort Cherrapunchi rund 12000 mm, d. h. die 20fache Niederschlagsmenge Mitteleuropas. In den Monaten September, Oktober endet die Monsunzeit, wenn der Windvektor durch den Aufbau des asiatischen Hochs und die Südverlagerung der äquatorialen Tiefdruckrinne wieder auf Nordost dreht. Die Klimaverhältnisse von *Patna* (25°37′N, 85°10′E) sind hinsichtlich des Jahresgangs des Niederschlags charakteristisch für die gesamte Monsunregion und kennzeichnen in bezug auf die Temperatur den warmgemäßigten wintertrockenen Klimatyp Cw:

	Jan	Feb	Mär	Apr	Mai	Jun	Jul	Aug	Sep	Okt	Nov	Dez
T_M [°C]	16,7	19,5	25,3	30,3	32,2	31,4	29,8	29,2	29,2	27,3	22,2	17,8
T_S [K]	12	12	14	14	12	9	6	5	6	9	12	12
RR [mm]	15	18	10	8	35	180	295	333	218	58	8	5

Wie der Jahresgang der Temperatur (T_M) verdeutlicht, werden die höchsten Temperaturen unmittelbar vor dem Einsetzen des Monsuns erreicht. Danach verhindert die starke Bewölkung trotz jahreszeitlich zunehmender Einstrahlung einen weiteren Temperaturanstieg. Hinsichtlich der mittleren Tagesschwankung T_S zeigt sich, daß die Amplituden in der Monsunzeit erheblich geringer sind als in der kühleren Jahreszeit. Beide Erscheinungen sind auch charakteristisch für die tropischen Klimaregionen des Monsunbereichs.

Warmgemäßigtes, immerfeuchtes Regenklima

Die Gebiete mit warmgemäßigtem Klima und Niederschlägen zu allen Jahreszeiten liegen im Bereich der Westwindzone der mittleren Breiten, d. h. sind von dem wechselnden Einfluß von Tief- und Hochdruckgebieten geprägt. Überwiegend ozeanische Luft führt zu einem jahreszeitlichen Temperaturgang ohne Extreme (kältester Monat nicht unter $-3\,°C$) und zu ganzjährig auftretenden Niederschlägen. Sommergrüne Laubwälder geben der Landschaft das Gepräge.

Die Böden dieser Klimaregion werden durch das absickernde Regenwasser ausgelaugt; ihre Farbe ist braun. Die chemische Verwitterung wird besonders durch die Feuchtigkeit und Wärme des Sommers sowie durch die Vegetation begünstigt, die mechanische v. a. durch die Frostsprengung und die Insolation.

Liegt in diesem Cf-Klima die Mitteltemperatur des wärmsten Monats über $22\,°C$, so sprechen wir vom Cfa-Klima, dem sog. Maisklima. Zu ihm gehören u. a. die Po-Ebene, die Ungarische Tiefebene, die südöstlichen USA, Südbrasilien und Nordargentinien sowie Südjapan, Ostchina und die Ostküste Australiens.

Liegt die Mitteltemperatur des wärmsten Monats dagegen unter $22\,°C$, so sprechen wir vom Cfb- oder Buchenklima. In diesem Klimabereich liegt die Bundesrepublik Deutschland sowie das übrige Mitteleuropa, zu ihm gehört Südskandinavien und ganz Westeuropa, Neuseeland und Südostaustralien, Südafrika zwischen Durban und Port Elizabeth sowie Südchile. Als Beispiel für diesen Klimatyp seien die Verhältnisse von *Köln* ($50°58'$ N, $6°58'$ E) gewählt:

	Jan	Feb	Mär	Apr	Mai	Jun	Jul	Aug	Sep	Okt	Nov	Dez
T_M [°C]	1,8	2,7	6,0	9,7	13,5	17,0	18,8	18,7	15,4	10,4	6,4	2,5
T_S [K]	5	6	9	9	10	10	10	10	9	7	5	5
RR [mm]	60	44	42	60	51	75	69	73	55	53	65	52

D: Schnee-Wald-Klimate

Die Gebiete des Schnee-Wald-Klimas sind winterkalt mit einer Mitteltemperatur im kältesten Monat unter $-3\,°C$ und weisen regelmäßig eine Schneedecke auf. Im Sommer wird jedoch mindestens in einem Monatsmittel die 10-$°C$-Marke überschritten. Da die 10-$°C$-Isotherme des wärmsten Monats nahezu mit der Baumgrenze zusammenfällt — die Abweichung beträgt etwa $2\,°C$ —, ist die polwärtige Grenze dieser Klimaregion mit der Baumgrenze identisch.

Auch die Gebiete des D- oder Schnee-Wald-Klimas liegen im Rahmen der allgemeinen Zirkulation im Bereich des Westwindgürtels, jedoch gegenüber dem warmgemäßigten Klima zu den höheren Breiten verschoben. Die Niederschläge fallen in der Regel ganzjährig, jedoch führt das winterliche Hoch über Sibirien dazu, daß dort gebietsweise die Niederschlagsaktivität stark eingeschränkt wird.

Überschreitet die Mitteltemperatur in mindestens 4 Monaten die 10-$°C$-Isotherme, kann die Eiche noch gut gedeihen, und wir sprechen von Dfb- oder Eichenklima. Angetroffen wird es u. a. im östlichen Mitteleuropa und in Osteuropa, in Nordamerika um die Großen Seen und in Südkanada.

Die anspruchslosen Nadelhölzer und die Birke wachsen auch noch, wenn die Mitteltemperatur nur in $1-3$ Monaten über $10\,°C$ liegt. So trifft man nördlich der Linie Stockholm-Leningrad-Südural nur noch ausgedehnte Nadelwälder mit Birken, Weiden und Erlen an den Flußläufen an. Angetroffen wird dieses Dfc- oder Birkenklima in Fennoskandien, der nördlichen Sowjetunion und in Kanada. Da auf der Südhalbkugel die Kontinente nicht so weit polwärts reichen, fehlen dort die Schnee-Wald-Klimate.

Der braune Boden in den wärmeren Teilen des Schnee-Wald-Klimas ist mäßig fruchtbar, in den kälteren Gebieten nehmen die sauren, nährstoffarmen Bleich-erdeböden zu.

Die klimatischen Verhältnisse von *Helsinki* (60°12'N, 24°55'E) sollen zur Veranschaulichung dieses Klimatyps dienen:

	Jan	Feb	Mär	Apr	Mai	Jun	Jul	Aug	Sep	Okt	Nov	Dez
T_M [°C]	−6,0	−6,6	−3,4	2,8	8,9	13,9	17,0	15,9	11,2	5,4	1,4	−2,7
T_S [K]	5	5	7	7	9	9	9	8	8	5	4	5
RR [mm]	56	42	36	44	41	51	68	72	71	73	68	66

E: Schnee-Eis-Klimate

Die E- oder Schnee-Eis-Klimate sind dort anzutreffen, wo auch die Mitteltempe-ratur des wärmsten Monats oder allgemeiner, der wärmsten 30tägigen Periode, unter 10°C bleibt. Diese Klimaregion liegt folglich polwärts von der Baumgrenze und wird unterteilt in das Tundrenklima (ET) und das Frostklima (EF).

Tundrenklima

Im Bereich des Tundrenklimas erreicht zwar die Temperatur des wärmsten Mo-nats nicht mehr 10°C, doch treten im Gegensatz zum Frostklima noch frostfreie Monate auf, so daß Pflanzenwuchs möglich ist. Infolge der kurzen Vegetations-zeit können jedoch nur Flechten, Moose und Zwergsträucher gedeihen, wobei die Vegetationsdecke verhältnismäßig dicht erscheint. Dort, wo es zu einer Ansamm-lung von Tauwasser über gefrorenem Boden kommt, treten ausgedehnte Moore und Sümpfe auf.

Für die Verwitterungsvorgänge in der Tundra spielt der Frost eine entschei-dende Rolle. Aber auch der chemischen Verwitterung kommt durch die Wirkung von Pflanzen und Wasser noch eine gewisse Bedeutung zu.

Angetroffen wird das Tundrenklima im hohen Norden Asiens, Kanadas und Europas sowie auf Island, Spitzbergen, an der Küste Grönlands und in der Süd-spitze Südamerikas. Besonders groß war die Verbreitung dieses winterkalten Kli-matyps mit seinen typischen Moos- und Zwergstrauchheiden in den jüngsten Eis-zeiten. Weite Teile der heute warmgemäßigten, immerfeuchten Klimaregion hat-ten damals diesen subnivalen Charakter. Als Beispiel für das Tundrenklima seien die Verhältnisse von *Spitzbergen* (78°02'N, 14°15'E) aufgeführt:

	Jan	Feb	Mär	Apr	Mai	Jun	Jul	Aug	Sep	Okt	Nov	Dez
T_M [°C]	−16,1	−17,5	−19,7	−14,4	−5,3	1,9	5,6	4,8	0,0	−6,1	−11,4	−13,6
T_S [K]	8	8	9	10	8	5	4	4	4	4	6	7
RR [mm]	36	33	28	23	13	10	15	23	25	31	23	38

Frostklima

Das EF- oder Frostklima wird in den Gebieten des ewigen Frosts angetroffen. Die Niederschläge sind wegen der geringen Feuchteaufnahme der Luft infolge der tiefen Temperaturen relativ gering und fallen als Schnee. Überall ist die Erdoberfläche von Schnee, Firn oder Eis bedeckt, und die Pflanzenwelt hat in dem tiefgefrorenen Boden keine Entwicklungsmöglichkeit.

Anzutreffen ist dieser nivale Klimatyp v. a. auf Grönland und in der Antarktis. Infolge der großen Albedo von Schnee und Eis (0,75) wird die während des Polartags auffallende Sonnenstrahlung in einem solchen Maße reflektiert, daß auch im wärmsten Monat die Mitteltemperatur weit unter dem Gefrierpunkt, verbreitet unter $-10\,°C$ bleibt. Die Jahresmitteltemperaturen liegen in der Regel zwischen $-25\,°C$ und $-50\,°C$, und das absolute Temperaturminimum wurde 1982 mit $-89,2\,°C$ an der sowjetischen Antarktisstation Vostock (78,5°S, 107°E) gemessen. Dieser Klimatyp des ewigen Frosts sei anhand der Messungen an der Station *Grönland-Eismitte* (70°53'N, 40°42'W) verdeutlicht:

	Jan	Feb	Mär	Apr	Mai	Jun	Jul	Aug	Sep	Okt	Nov	Dez
T_M [°C]	$-41,7$	$-47,2$	$-40,0$	$-32,0$	$-21,1$	$-16,7$	$-12,2$	$-18,4$	$-22,3$	$-35,9$	$-42,8$	$-38,3$
T_S [K]	11	12	12	13	13	12	10	13	13	12	13	10
RR [mm]	15	5	8	5	3	3	3	10	8	13	13	25

11.4 Vertikale Klimagliederung der Gebirge

Die Gebirge weisen grundsätzlich die gleichen Klimate auf, wie sie großräumig auf der Erde angetroffen werden. Während jedoch in der Horizontalen die Klimazonen Ausdehnungen von Tausenden von Kilometern haben, erfolgen die Klimaübergänge in der Vertikalen im Kilometermaßstab, so daß die Gebirge durch eine rasche Änderung der Klimatypen mit der Höhe gekennzeichnet sind.

Schreiten wir z. B. von Norden oder Westen gegen die Alpen fort, so beobachten wir eine verhältnismäßig rasche Umwandlung des mittel- und westeuropäischen Cfb- oder Buchenklimas in das Dfc- oder Birkenklima, da die Mitteltemperatur des kältesten Monats unter $-3\,°C$ sinkt. Der geschlossene Wald, d. h. der Bereich der Nadelhölzer und Birken reicht am Alpennordrand etwa 1800 m, auf der Alpensüdseite etwa 2000 m hinauf.

In der Region darüber sinkt die Monatsmitteltemperatur auch des wärmsten Monats unter 10 °C, und wir treffen dort jenseits der Baumgrenze das dem Tundrenklima verwandte Almenklima an. Es reicht auf der Nordseite bis etwa 2600 m, auf der Südseite bis etwa 2800 m hinauf.

In den höheren Lagen folgt schließlich das Klima des ewigen Frosts. Sämtliche Monatsmitteltemperaturen liegen unter dem Gefrierpunkt, und der größte Teil der Niederschläge wird, sofern das Relief nicht zu steil ist, in fester Form als Schnee oder Eis gespeichert.

In hohen Lagen ist das Frostklima sogar in den Tropen anzutreffen. Es beginnt in den Anden bei Quito z. B. in 5100 m Höhe, und erwähnt sei in diesem Zusammenhang auch der „Schnee am Kilimandjaro". Als Beispiel für das Hochgebirgsklima seien die Verhältnisse auf der *Zugspitze* (47°23′N, 10°59′E) in 2960 m Höhe aufgeführt:

	Jan	Feb	Mär	Apr	Mai	Jun	Jul	Aug	Sep	Okt	Nov	Dez
T_M [°C]	−11,7	−11,7	−9,4	−6,7	−2,4	0,7	2,7	2,8	0,7	−3,1	−7,0	−10,0
T_S [K]	5	5	5	5	5	5	5	5	5	4	4	5
RR [mm]	161	143	129	150	151	171	186	160	127	119	119	123

11.5 Maritimer und kontinentaler Klimatyp

Ausgedehnte Landflächen weisen hinsichtlich der Strahlungseigenschaften erheblich andere Verhältnisse auf als Ozeane. So ist zum einen die spezifische Wärme, also die Wärmemenge, die zur Erwärmung von 1 kg um 1 °C notwendig ist, von festem Boden nur etwa halb so groß wie von Wasser. Zum anderen ist die Eindringtiefe der Strahlung beim Land auf die oberste Bodenhaut beschränkt, während im Meer die mehrere Dekameter tief eindringende Strahlung ein erheblich größeres Volumen erwärmen muß. Außerdem sorgt die Konvektion im Wasser bei Abkühlung der Oberfläche dafür, daß ein großes Wasservolumen in den Wärmeabgabeprozeß einbezogen wird.

Die Folge dieser beiden physikalischen Effekte ist, daß sich das Land sehr rasch, das Meer aber nur langsam erwärmt. Im Winter dagegen kühlt sich das Land rasch ab, während das Meer seine Wärme nur langsam abgibt. In seiner Funktion als Wärmespeicher übt daher das Meer eine ausgleichende Wirkung auf das Klima aus, während über Land die Temperatur unmittelbar den Strahlungsverhältnissen folgt, und zwar sowohl hinsichtlich der Amplitude als auch der Eintrittszeiten, d. h. der Phase.

In Abb. 138a ist der Jahresgang der Temperatur wiedergegeben für Valentia/Irland (51°56′N, 10°15′W), für Berlin (52°27′N, 13°18′E) und für Irkutsk in Sibirien (52°16′N, 104°19′E), d. h. für 3 Orte, die alle am gleichen Breitengrad liegen und somit die gleichen Einstrahlungsverhältnisse aufweisen.

In Valentia/Irland liegen die Mitteltemperaturen aller Monate weit über dem Gefrierpunkt. Auffällig ist die geringe Amplitude von nur rund 8 K zwischen Winter und Sommer sowie die Tatsache, daß die niedrigste Temperatur im Februar und die höchste im August erreicht wird.

Völlig entgegengesetzt ist das Temperaturverhalten im sibirischen Irkutsk. Dort geht die Monatsmitteltemperatur im kältesten Wintermonat auf −21 °C zurück, während im wärmsten Sommermonat fast 16 °C erreicht werden, d. h. die Temperaturamplitude beträgt rund 37 K. Außerdem wird das Temperaturminimum im Januar, das Maximum im Juli angetroffen. Sieben Monatsmittel der Temperatur liegen unter, 5 über dem Gefrierpunkt.

In Berlin liegt nur die Januarmitteltemperatur mit −0,4 °C unter dem Gefrierpunkt, im wärmsten Monat, dem Juli, werden 18,3 °C erreicht. Die Temperaturamplitude ist mit etwa 19 K somit etwa doppelt so groß wie jene in Irland und nur halb so groß wie jene in Sibirien. Während daher Valentia dem maritimen Klimatyp zuzuordnen ist und Irkutsk dem kontinentalen, liegt Berlin deutlich im Übergangsbereich zwischen ozeanischem und kontinentalem Klima.

Abb. 138a, b. Jahresgänge **a** der Temperatur, **b** des Niederschlags im maritimen (Valentia/Irland) und kontinentalen Klima (Irkutsk) sowie im Übergangsbereich (Berlin)

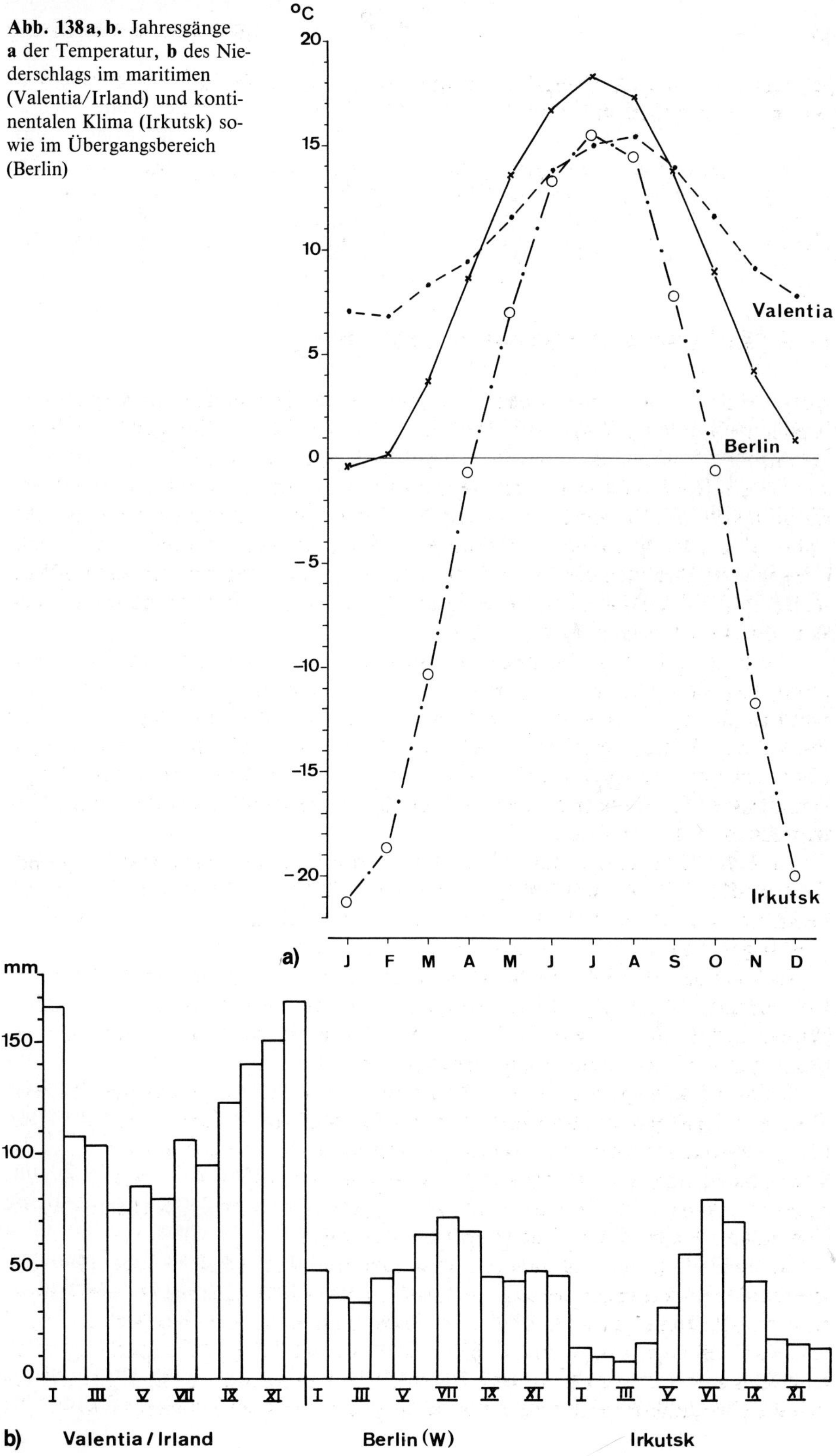

Auch anhand der Niederschlagsverhältnisse kommt diese Zuordnung zum Ausdruck. Wie Abb. 138b zeigt, weist der maritime Klimabereich hohe Niederschlagsmengen in allen Monaten auf, wobei das Maximum im Winter liegt, wenn der meridionale Temperaturgegensatz und damit die Tiefentwicklung ihre größte Intensität haben.

Im kontinentalen Klimabereich ist die kalte Jahreszeit dagegen durch geringe Niederschläge, die warme durch wesentlich höhere charakterisiert. So wird in dem Säulendiagramm von Irkutsk der Einfluß sommerlicher Konvektionsregen deutlich.

Für Berlin weist auch der Jahresgang des Niederschlags die Lage im Übergangsbereich zwischen ozeanischem und kontinentalem Klimatyp aus. Einerseits weist das sommerliche Maximum auf die konvektiven Prozesse hin, andererseits zeigen die breiten Flügel in dem Diagramm, d. h. die relativ hohen Mengen in den anderen Monaten den ozeanischen Einfluß an.

Hinsichtlich der mittleren täglichen Temperaturschwankung läßt sich anmerken: In Valentia/Irland beträgt sie in allen Monaten 5 – 6 K, während sie im sibirischen Irkutsk zwischen 10 K im Januar und 13 K im Frühjahr und Sommer liegt; Berlin ähnelt auch hierbei mit Werten von 5 – 8 K dem maritimen Klimatyp in der kalten Jahreszeit, mit 10 – 11 K hingegen dem kontinentalen Klimatyp in der warmen Jahreszeit.

11.6 Klimadiagramme

Die zusammenfassende Darstellung klimatologischer Daten eines Orts in Diagrammform muß 2 Grundforderungen Rechnung tragen; einerseits sollen so viele Informationen wie möglich in den graphischen Darstellungen wiedergegeben werden, andererseits muß die Übersichtlichkeit der Diagramme gewährleistet bleiben.

Eine besondere Beachtung für ökologische Fragestellungen haben die Klimadiagramme von Walther und Lieth (1960 – 1967) gefunden. Als Grundelemente dienen ihnen die für das Pflanzenwachstum wichtigsten Klimafaktoren Temperatur und Niederschlag, und zwar als Jahresmittel und als mittlere monatliche Werte sowie das mittlere tägliche und das absolute Temperaturminimum und -maximum des kältesten bzw. wärmsten Monats (oder auch der Einzelmonate); außerdem wird v. a. in den Tropen die mittlere Tagesschwankung noch aufgeführt.

Durch die Wahl eines geeigneten Maßstabs, und zwar von $10\,°C \equiv 20$ mm Niederschlag, in besonderen Fällen von $10\,°C \equiv 30$ mm Niederschlag, wird eine Beziehung zwischen Niederschlag und der temperaturabhängigen Verdunstung bzw. potentiellen Verdunstung herbeigeführt. Dadurch lassen sich im Klimadiagramm eines Orts relativ humide und relativ aride Jahreszeiten unterscheiden, und zwar hinsichtlich ihrer Dauer und Intensität.

Zu betonen ist, daß es sich dabei um relative Werte handelt, die nur für den Klimatyp gelten, den das Diagramm wiedergibt, d. h. daß eine Dürrezeit im warmgemäßigten Klimabereich nicht mit Trockenzeiten im Mittelmeerraum oder

Abb. 139. Klimadiagramme
für den mitteleuropäischen
und den mediterranen Kli-
mabereich

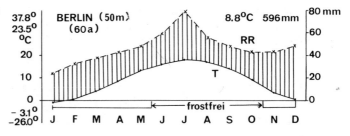

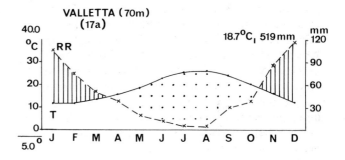

in den Tropen gleichgesetzt werden darf. Miteinander vergleichbar sind somit nur Darstellungen von Orten im gleichen Klimabereich.

In Abb. 139 sind als Beispiele die Klimadiagramme für Berlin (Dahlem) und Valetta auf Malta wiedergegeben. Dabei steht neben dem Ort die Stationshöhe und unter ihm die Zahl der Beobachtungsjahre. Anhand des Klimadiagramms für Berlin sei das grundsätzliche Eintragungsschema aufgezeigt: Jahresmitteltemperatur 8,8 °C, mittlere jährliche Niederschlagsmenge 596 mm, absolute Tiefsttemperatur −26,0 °C, absolute Höchsttemperatur 37,8 °C, mittleres tägliches Minimum im kältesten Monat −3,1 °C, mittleres tägliches Maximum im wärmsten Monat 23,5 °C. Außerdem lassen sich unter der x-Achse noch Angaben über die Zeiträume mit und ohne Frosttage machen.

Der Vergleich der Kurvenverläufe der monatlichen Temperatur- und Niederschlagsverhältnisse zeigt an, daß Berlin ganzjährig humide Klimabedingungen aufweist (senkrecht schraffiert), während in Valetta deutlich die sommerliche Aridität (punktiertes Areal) der mediterranen Klimazone zum Ausdruck kommt.

12 Klimaschwankungen – Klimaänderungen

Auch wenn sich das Klima der Erde in den letzten 10000 Jahren als recht stabil und die einzelnen Klimazonen sich als grundsätzlich stationär erwiesen haben, so gehört doch der Wechsel beim Klima ebenso zum Normalen wie beim Wetter. Warme Sommer wechseln mit kühlen, trockene mit feuchten. Die sonnigen Sommer von 1982 und 1983 mit Mitteltemperaturen von 18.7 °C bzw. 19,1 °C in Berlin werden als Rekordwärmesommer in die meteorologische Statistik von Mitteleuropa eingehen, während z. B. die Sommer von 1978 und 1980 zu den kühlen und regnerischen zählen. Ebenso unterschiedlich sind die Winter. Zu den strengen Wintern dieses Jahrhunderts zählen im nördlichen Deutschland nach Abb. 140, wo für Berlin die Abweichungen vom Normalwert eingetragen sind, die Winter 1923/24, 1928/29, 1939/40, 1946/47, 1953/54, 1962/63, 1969/70 und 1978/79. Bei den strengen wie bei den sehr milden Wintern läßt sich ein mittlerer Abstand von 7 bis 9 Jahren erkennen.

Sind somit Klimaschwankungen von Jahr zu Jahr als normal anzusehen und vom Menschen in seine Planungen miteinbezogen, so können außergewöhnliche Ereignisse wie die extreme Trockenheit von Dürreperioden oder auch anhaltende Regenfälle zur Erntezeit zu landwirtschaftlichen Katastrophen führen. Erwähnt sei in diesem Zusammenhang z. B. die Dürre in der afrikanischen Sahelzone, die Anfang der 70er Jahre einsetzte und deren Folgen Viehsterben und Hungersnot unter der Bevölkerung sind.

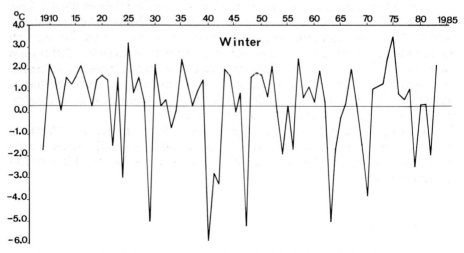

Abb. 140. Gang der Wintertemperatur in Norddeutschland im Zeitraum 1908 – 1983

Abb. 141. Gang der Jahresmitteltemperatur auf Franz-
Joseph-Land
(1930 – 1965 nach Scherhag)

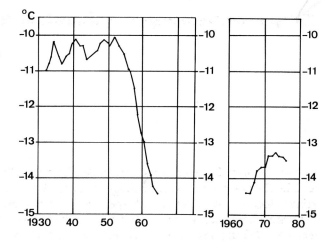

Auch die großen Getreideanbauländer, v. a. die UdSSR, die große Getreide-
mengen auf dem Weltmarkt aufkaufen mußte, sind in vergangenen Jahren nicht
von Klimaschwankungen verschont geblieben. Aus Mißernten in den Kornkam-
mern der Erde läßt sich am deutlichsten abschätzen, welche weitreichenden Folgen eine nachhaltige Klimaänderung für das wirtschaftliche und soziale Gefüge
einer wachsenden Weltbevölkerung haben würde. Die Weltgetreidereserven machen nur wenige Prozent vom Jahresverbrauch aus und wären in kürzester Zeit
aufgezehrt.

Es ist daher nicht verwunderlich, wenn die meteorologische Wissenschaft
sorgfältig alle auftretenden Klimatrends beobachtet und prüft, ob sie im Bereich
der normalen Klimaschwankung liegen oder ob sie erste Anzeichen für eine Klimaänderung darstellen.

Als Beispiel sei die alarmierende Abkühlung in nördlichen Breiten genannt,
die in den 50er Jahren einsetzte. Wie Abb. 141 veranschaulicht, ging dabei die
Jahresmitteltemperatur auf Franz-Joseph-Land in wenigen Jahren um 4,5 K zurück. Bedenken wir, daß Mitteleuropa heute eine Durchschnittstemperatur von
rund 9 °C aufweist, so würde ein derartiger Temperatursturz uns in die Nähe der
Klimaverhältnisse bringen, die hier während der Eiszeit geherrscht haben. Die
Diskussionen, ob die Erde auf direktem Weg einem neuen Eiszeitalter entgegen-
geht, ließ sich jedoch mit der Abkühlung im Nordpolargebiet nicht fortführen,
da sich der Abkühlungstrend, wie die Anschlußkurve veranschaulicht, zumindest
für das anschließende Jahrzehnt nicht fortsetzte.

Ergänzend zu den Trendbeobachtungen und Trendanalysen des Klimas ist
heute der Versuch getreten, die kausalen Zusammenhänge von Klimaänderungen
besser zu verstehen und, wie wir noch sehen werden, das zukünftige Klimaverhal-
ten zu berechnen.

12.1 Klima in geologischer Vorzeit

Paläoklimatologische Forschungsmethoden

Eine wichtige Voraussetzung für das Verständnis von gegenwärtigen oder zukünftigen Klimaänderungen ist die Kenntnis des Klimas in der Vergangenheit der Erde. Instrumentelle Beobachtungen liegen jedoch erst seit 250 – 300 Jahren vor, was, gemessen am Alter der festen Erde von 2,6 Mrd. Jahren, nur einen winzigen Bruchteil der Klimageschichte ausmacht. Allein die letzte Eiszeit liegt rund 10000 Jahre zurück.

Aus diesem Grund ist die paläontologische Klimaforschung auf indirekte Methoden angewiesen, auf Rückschlüsse über den Zusammenhang zwischen der Entstehung geologischer Erscheinungen und dem Klima. So setzt chemische Verwitterung Wasser voraus und zeigt somit ein feuchtes Klima an, Wüstenbildung, Salzablagerungen und mechanische Verwitterung sind Zeugen arider Klimabedingungen. Torfmoore sind ein weiteres Kennzeichen für eine feuchte Klimaperiode, wobei besonders die Hochmoore auf Niederschlagsreichtum schließen lassen. Kohlenflöze sind aus Flachmooren hervorgegangen und weisen auf einen hohen Grundwasserstand und gelegentliche Überschwemmungen hin, Gletscherschliffe auf dem Gesteinsuntergrund zeigen das Wirken von Eismassen an.

Ein wichtiger Anhaltspunkt zur Temperatur- und Niederschlagseinordnung von Zeitabschnitten im Tertiär und Quartär, also in den geologisch jüngsten Zeitaltern, ist die Pollenanalyse, d. h. die Analyse von Blütenstaub in Bodenproben. Auf diese Weise bestimmt man die fossilen Pflanzenarten. Durch Vergleich dieser Pflanzen mit dem Auftreten der Arten in der Gegenwart in tropischen, subtropischen, warmgemäßigten oder kühlen Klimaregionen läßt sich auf die Klimabedingungen am Standort in der damaligen Zeit schließen.

Die modernste Methode paläoklimatologischer Forschung ist die Sauerstoffisotopenmethode. Sie stammt von dem amerikanischen Nobelpreisträger H. Urey und könnte als „geologisches Thermometer" bezeichnet werden, da sie direkte Temperaturangaben liefert. Wie Urey feststellte, hängt bei Kalziumkarbonat das Verhältnis der beiden Sauerstoffisotope ^{18}O und ^{16}O zueinander von der Temperatur ab, bei der es gebildet wird. Kalkverbindungen sind aber in der Natur reichlich vorhanden. Man bestimmt daher mit Massenspektrometern das Verhältnis $^{18}O/^{16}O$ in Kalkablagerungen und erhält auf diese Weise ihre Bildungstemperatur. Es ist üblich, die Messungen auf einen Standard zu beziehen und das Ergebnis gemäß der Beziehung

$$\delta^{18}O\,(\text{‰}) = \frac{R_{Probe} - R_{Standard}}{R_{Standard}} \cdot 1000$$

in Promille anzugeben, wobei $R = {}^{18}CO_2/{}^{16}CO_2$ ist. Mit dem δ-Wert läßt sich dann z. B. gemäß der Beziehung

$$T = 16,5 - 4,3\,\delta + 0,14\,\delta^2$$

die Meerestemperatur in °C berechnen. Sowohl fossile Tiere wie fossile Pflanzen lassen sich auf diese Weise zur paläontologischen Temperaturbestimmung heranziehen.

Auskunft über frühere Klimaentwicklungen läßt sich auch aus dem mächtigen Inlandeis Grönlands und der Antarktis bekommen. Wie sich nämlich gezeigt hat, läßt das Sauerstoffisotopenverhältnis $^{18}O/^{16}O$ auch bei Eis auf die Temperatur schließen, bei der sich das Eis gebildet hat. So fanden amerikanische Wissenschaftler, daß das antarktische Eis, das heute in rund 300 m Tiefe liegt, bei Lufttemperaturen entstanden ist, die 2 – 4 K unter den gegenwärtigen gelegen haben.

Eine verbreitete Anwendung hat das Isotopenverfahren wie auch die Pollenanalyse bei der Untersuchung von Bohrkernen aus dem Meeresboden und des mächtigen Inlandeises gefunden. Dabei geben die untersten Sedimente oder Eisschichten die ältesten, die obersten Ablagerungen die jüngsten Klimaverhältnisse in der geologischen Vergangenheit an.

Auch die Altersbestimmung der einzelnen Sediment- oder Eisschichten sowie der Gesteine ist ein Produkt des Atomzeitalters. Es basiert auf der Tatsache, daß die Strahlung radioaktiver Stoffe mit äußerstem Gleichmaß erfolgt und weder durch chemische noch durch physikalische Prozesse veränderbar ist. Aus der Anwendung des radioaktiven Zerfallgesetzes

$$n = n_0\,e^{-\lambda t} \quad bzw. \quad T_H = \frac{\ln 2}{\lambda}$$

läßt sich auf das Alter der Stoffe schließen. Dabei ist n_0 die Zahl der radioaktiven Atome zur Zeit t = 0, n die Zahl der zur Zeit t noch strahlenden Atome und λ die Zerfallskonstante. Die Halbwertszeit T_H gibt schließlich an, nach welcher Zeit die Zahl der strahlenden Atome jeweils auf die Hälfte abgenommen hat. Sie beträgt z. B. für den radioaktiven Kohlenstoff ^{14}C ca. 5600 Jahre, für das Uran 238 rund $4,5 \cdot 10^9$ Jahre. Für die geologische Altersbestimmung werden außer der ^{14}C- und der Uran-Blei-Methode v. a. noch der Zerfall des Kaliumisotops K 40 und des Rubidiumisotops Rb 87 verwendet.

Vorzeitklima in Mitteleuropa

Das frühgeschichtliche Klima der Erde läßt sich aufgrund der geschilderten indirekten Methoden für etwa 500 Mio. Jahre abschätzen. Dabei müssen die Aussagen um so allgemeiner gehalten sein, je weiter wir zurückgehen. Erst seit dem Beginn des Quartärs vor rund 1 Mio. Jahre läßt sich v. a. mit Hilfe der Sauerstoffisotopenmethode ein detailliertes Bild des Klimaverlaufs zeichnen.

In Tabelle 20 sind für die erdgeschichtlichen Epochen für den mitteleuropäischen Raum die Grundzüge des Klimas, soweit paläontologische Rückschlüsse möglich waren, wiedergegeben. Außerdem sind die wichtigsten Entwicklungsdaten der Tier- und Pflanzenwelt aufgeführt.

Besondere Beachtung verdienen die Klimaänderungen im Laufe der letzten 1 Mio. Jahre, da sie sich am detailliertesten bestimmen lassen. In Abb. 142 ist die Klimakurve der letzten 750000 Jahre wiedergegeben, wie sie sich nach Sauerstoffisotopendaten von einzelligen Kleinlebewesen der Ozeane (Planktonforaminiferen) ergeben hat, deren Reste in einem Tiefseebohrkern aus dem äquatorialen Atlantik gefunden wurden.

Die Klimakurve, bei der die hohen positiven Promillewerte die niedrigsten Temperaturen bedeuten, zeigt 8 Wechsel zwischen glazialen Epochen und relativ

Tabelle 20. Klimageschichte Mitteleuropas und organische Entwicklungsstufen auf der Erde. (Nach Schwarzbach 1974)

Erdzeitalter	Jahre [Mio.]	Klima	Tier- und Pflanzenwelt
Präkambrium		?	Älteste wirbellose Tiere älteste Pflanzen: Algen
	520		
Kambrium		Warm	Cephalopoden, Brachiopoden, Algen
	440		
Ordovizium		?	Brachiopoden, Trilobiten, Algen
	360		
Silur		Warm	Korallen, Fische, erste Gefäßpflanzen
	320		
Devon		Warm	Muscheln, Fische, Amphibien, Gefäßpflanzen
	265		
Karbon		Warmfeucht	Insekten, erste Reptilien, üppige Gefäßpflanzenvegetation
	210		
Perm		Zuerst warmfeucht, dann arid	Fische, Seeigel, Reptilien, Farne, Gymnospermae
	185		
Trias		Warm und überwiegend arid	Erste Säugetiere, Schachtelhalm, Koniferen
	155		
Jura		Zuerst kühlfeucht, dann warm	Saurier, Ammoniten Archäopteryx, Weiterentwicklung Schachtelhalm, Koniferen
	130		
Kreide		Warm, zunächst auch feucht	Riesensaurier, Vögel, Angiospermae
	60		
Tertiär		Zuerst warm, später kühler	Erste Primaten, Huf- und Rüsseltiere (Saurier sterben aus), Angiospermae
	1		
Quartär		Wechsel von Eis- und Zwischeneiszeiten	Säuger: Primaten, Elefant, Bär u.a.m., Pflanzen je nach Klima

warmen Zwischeneiszeiten an, die in der Größenordnung von jeweils 100 000 Jahren aufeinanderfolgten. Große Fluktuationen der Eisausdehnung und Schwankungen des Meeresniveaus waren die Folge. Aufgrund der einzelnen Eisvorstöße von Norden unterscheiden wir in Norddeutschland die Elster-, Saale- und als jüngste vor 20 000 Jahren die Weichseleiszeit, während aufgrund der Alpenvergletscherung in Süddeutschland zwischen Donau-, Günz-, Mindel-, Riß- und Würmeiszeit während der letzten 450 000 Jahren unterschieden wird.

Betrachten wir zusammenfassend das Gesamtbild des Klimaverlaufs seit dem Kambrium, also in den vergangenen 500 Mio. Jahren, so kommen wir zu dem Schluß, daß es auf der Erde überwiegend Warmzeiten gegeben hat, daß wir jedoch seit 1 Mio. Jahre in einer Kaltzeit mit einem ständigen Wechsel von Eiszeiten und wärmeren Zwischeneiszeiten leben. Dabei befinden wir uns heute offensichtlich in einer zwischeneiszeitlichen Wärmeperiode.

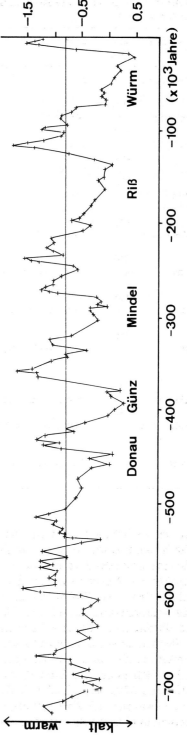

Abb. 142. Klimakurve der letzten 750000 Jahre (Geologisch-Paläontologisches Institut sowie ^{14}C-Labor am Institut für Kernphysik der Universität Kiel)

Die Höhepunkte der Wärmewelle sind, wie Abb. 142 verdeutlicht, recht kurz und haben nur eine Dauer von rund 10 000 Jahren. Dagegen sind die Eiszeiten um ein Vielfaches ausgedehnter. Der Übergang von der Eis- zur zwischeneiszeitlichen Warmzeit geht in der Regel rasch und dauert nur wenige tausend Jahre. Hingegen dauert die Abkühlung vom Wärmemaximum zur folgenden Kaltzeit erheblich länger. Dabei kann, wie es der Kurvenverlauf belegt, die Abkühlung in der Anfangsphase, d. h. innerhalb weniger hundert Jahre, sehr rasch und damit dramatisch fortschreiten, während danach der Abkühlungstrend durch stärkere Schwankungen zur wärmeren Seite verzögert wird.

Die gesamte weltweite Temperaturänderung zwischen dem Höhepunkt einer zwischeneiszeitlichen Wärmewelle und der vollentwickelten Eiszeit beträgt rund 10 °C. Dabei bleiben die Änderungen in den niedrigen Breiten, v. a. über den tropischen und subtropischen Ozeanen deutlich unter diesem Wert, während sich die Hauptabkühlung bzw. Erwärmung in den höheren und den mittleren Breiten abspielt. Dort sind folglich die dramatischsten Auswirkungen auf die organische Welt aufgetreten und auch zukünftig zu erwarten.

12.2 Nacheiszeitliche Klimaentwicklung in Mitteleuropa

Der Höhepunkt der letzten Eiszeit in Norddeutschland, das sog. Brandenburger-Stadium, war etwa 18 000 v. Chr. Danach setzte der endgültige Rückzug des Eises ein; um 17 000 v. Chr. war der Berliner Raum vom Eis frei, um 15 000 v. Chr. ganz Norddeutschland.

Nach dem Eisrückzug setzte, wie Abb. 143 zeigt, zunächst ein langsamer Temperaturanstieg von der älteren Tundrenzeit (ÄT) bis zur Allerödzeit (AL) ein. Nach der jüngeren Tundrenzeit (JT) stieg dann die Temperatur relativ rasch über das Präboreal (PB) und Boreal (B) bis zum Atlantikum (AT) an, wo sie um 4500 v. Chr. den bisher höchsten Wert der Nacheiszeit erreichte. Über das Sub-

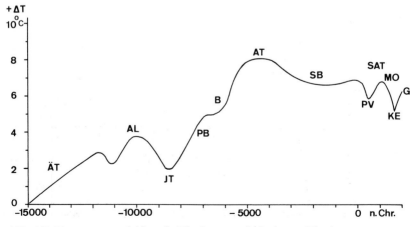

Abb. 143. Temperaturentwicklung in Mitteleuropa seit der letzten Eiszeit

boreal (SB) und das Subatlantikum (SAT) mit einem Kälteeinbruch zur Völkerwanderungszeit (PV) und dem Wärmeoptimum um 1100 n. Chr. (MO) stellten sich über die kleine Eiszeit um 1650 (KE) die Temperaturverhältnisse der Gegenwart (G) ein.

Interessant ist wegen der Vegetationsentwicklung auch die Betrachtung der mittleren Julitemperatur. Sie lag um 15000 v. Chr. bei 7°C, und Mitteleuropa wies ein Tundrenklima mit der entsprechenden Tundrenvegetation auf. Mit der Erwärmung auf eine Julitemperatur von 10°C setzte um 12000 v. Chr. der Baumwuchs in Form lichter Birken- und Kiefernwälder ein; jedoch erfolgte um 11000 v. Chr. ein erster und nach der Allerödzeit um 8500 v. Chr. ein weiterer Rückfall in das Tundrenklima mit Julitemperaturen unter 10°C. Danach stieg der Juliwert auf 13°C um 7500 v. Chr., und es entstanden neue Birken- und Kiefernwälder. Mit dem weiteren Anstieg der Julitemperatur bis auf 19°C um 4500 v. Chr. entstanden zusätzlich Haselnuß-, Eichen- und schließlich Buchenwälder, d. h. entwickelten sich erst die für unser heutiges Klima charakteristischen Baumarten.

12.3 Moderne Klimatologie

Eine neue Epoche der Klimatologie setzte vor 250–300 Jahren mit dem Beginn der instrumentellen Beobachtung ein. Seither sind in allen Regionen der Erde eine große Anzahl von Klimastationen eingerichtet worden, um den Verlauf der Klimaelemente genau verfolgen, um Klimaschwankungen, Trends und Klimaänderungen erkennen zu können.

Als Beispiel für eine der längsten Klimareihen sei die Temperaturbeobachtung von Berlin wiedergegeben, die bis 1730 zurückreicht. Um die Schwankungen von Jahr zu Jahr herauszufiltern, sind in Abb. 144 die 10jährigen Temperaturmittel-

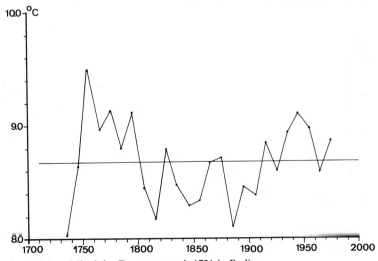

Abb. 144. Gang der 10-Jahres-Mittel der Temperatur seit 1731 in Berlin

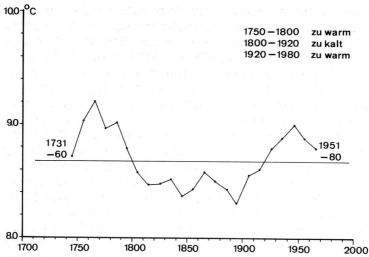

Abb. 145. Temperaturverlauf seit 1731 aufgrund übergreifender Mittelung 30jähriger Perioden in Berlin

werte dargestellt. Dabei beträgt die mittlere Temperaturänderung von Jahrzehnt zu Jahrzehnt 0,35 °C, im Einzelfall wurden mehrfach 0,6 °C überschritten.

Da aber auch die Jahrzehnte noch durch so starke Schwankungen gekennzeichnet sind, daß ein Temperaturtrend vielfach nur schwer zu erkennen ist, hat man in der Klimatologie Methoden entwickelt, z. B. die gleitende Mittelung 30jähriger Perioden, um die Trends deutlicher herauszuarbeiten. Den Verlauf der auf diese Weise bearbeiteten Berliner Reihe zeigt Abb. 145. Bezogen auf die Klimamitteltemperatur der vergangenen 250 Jahre von rund 8,7 °C war danach die Zeit von etwa 1750–1800 überdurchschnittlich warm. Ihr folgte von 1800–1920 eine zu kalte und von 1920–1980 wieder eine zu warme Periode. Dabei ist die Zeit von 1930–1960 als Normalperiode definiert worden, d. h. unsere gegenwärtigen jährlichen Temperaturverhältnisse werden mit der wärmsten Periode unseres Jahrhunderts verglichen. Dieser etwas unglückliche Umstand hat dazu geführt, daß negative Temperaturanomalien Schlagzeilen gemacht haben, obwohl die Temperaturverhältnisse noch über dem mehrhundertjährigen Durchschnitt lagen.

Um klimatologische Schwankungen oder allgemeiner die Güte einer vieljährigen Klimareihe beurteilen zu können, muß jede Beobachtungsreihe auf ihre Homogenität geprüft werden. So können die Errichtung von Gebäuden an der Klimastation, zunehmender Bewuchs oder das Wachstum einer Stadt das Mikroklima am Meßort verändern, können die Verlegung einer Klimastation an einen anderen Standort, der Austausch eines Instruments oder andere Methoden bei der Ablesung Klimaänderungen vortäuschen.

Um derartige Effekte, d. h. derartige Inhomogenitäten zu erkennen, vergleicht man daher die Beobachtungsreihen von verschiedenen Standorten miteinander. Insbesondere die Temperaturreihen von Städten gilt es, bevor man sie zu einer Aussage über klimatische Änderungen benutzen darf, auf Inhomogenitäten

zu prüfen. Dazu benutzt man als Bezug eine möglichst nahe gelegene ortsfest ge-
bliebene Freilandstation, an der sich die äußeren Bedingungen im Laufe der Zeit
kaum verändert haben. Eine solche weitgehend homogene Reihe ist z. B. die 1781
begonnene Temperaturreihe vom Hohenpeißenberg. Mit ihr sind viele der mitteleuropäischen Großstadtreihen homogenisiert worden. Bei der Feststellung der
Inhomogenität einer Temperaturreihe verwendet man in der Regel die Differen-
zenmethode, beim Niederschlag die Quotientenmethode. Die Differenzen bzw.
Quotienten von den Beobachtungswerten an beiden Stationen schwanken nur
wenig, so daß ein Sprung bei diesen Werten die Inhomogenität einer Reihe meist
klar erkennen läßt. Danach wird dann mit der Größe der mittleren Abweichung
die inhomogene Reihe auf ungestörte Verhältnisse reduziert. Für die Berliner
Temperaturreihe (Innenstadt) hat R. Scherhag (1963) je nach Beobachtungspe-
riode Reduktionswerte bis zu $-1,5$ K angegeben, die auf die zunehmende Bebauung der Stadt und Standortverlegungen der Station zurückzuführen sind.

Werden heute Klimastationen verlegt, so werden über mehrere Jahre Parallel-
messungen am alten und neuen Standort vorgenommen. Auf diese Weise lassen
sich über die ermittelten klimatischen Standortunterschiede alte und neue Reihen
ohne weiteres aufeinander beziehen und Fehlinterpretationen bei der Diskussion
von Klimaänderungen vermeiden.

12.4 Ursache von Klimaänderungen

Für die thermischen Verhältnisse an der Erdoberfläche ist die Sonne die primäre
Energiequelle, da im Vergleich zu ihr der aus dem Erdinnern kommende Wärmestrom sehr gering ist. Wie wir gesehen haben, hängt dabei der Strahlungsbetrag,
den ein Ort empfängt, vom Einfallswinkel der Sonnenstrahlung, d. h. von der geographischen Breite ab. Auch ist die Solarstrahlung der Antrieb für die atmosphärische Zirkulation. Diese wiederum wird für jeden Ort zum zweiten klimabestimmenden Faktor, da sie für den Herantransport warmer oder kalter, feuchter
oder trockener Luft sowie für die wolkenbildenden oder wolkenauflösenden Vertikalbewegungen verantwortlich ist.

Es ist daher naheliegend, die Ursache von Klimaänderungen und Klimaschwankungen in Änderungen der Strahlungsverhältnisse auf der Erde zu suchen. So kann sich zum einen die Sonnenausstrahlung, also der emittierte solare
Energiebetrag, ändern. Zum anderen kann es durch verschiedene Effekte zu Ein-
strahlungsänderungen kommen, obwohl die Sonnenausstrahlung gleich geblieben ist. Auch die Kombination beider Vorgänge ist denkbar.

Änderungen der Sonnenausstrahlung

Die Solarkonstante, also die Strahlungsenergie, die am Rande der Atmosphäre
ankommt, beträgt bei senkrechtem Auffall z. Z. 1360 W/m². Eine Änderung
oder periodische Schwankung dieses Werts würde grundsätzlich auf eine Änderung der Sonnenausstrahlung schließen lassen. Es sind daher schon in der Ver-

gangenheit große Anstrengungen unternommen worden, um Änderungen der Solarkonstanten nachzuweisen, z. B. im Zusammenhang mit der regelmäßigen Zu- und Abnahme von dunklen Flecken auf der Sonne, dem 11jährigen Sonnenfleckenzyklus. Bei den Messungen von der Erde, auch wenn sie meist an Bergobservatorien durchgeführt werden, ergibt sich jedoch das Problem, daß die kleinen gemessenen Schwankungen auch dadurch verursacht sein können, daß sich Änderungen in den atmosphärischen Absorptionseigenschaften einstellen können.

Bei den modernen Messungen vom Satelliten aus umgeht man zwar diesen Effekt, doch ergibt sich z. Z. noch die Schwierigkeit, daß die an Bord befindlichen Meßgeräte Strahlungsschwankungen in der Größenordnung von 0,1 % nicht auflösen können. Auch wenn daher der Nachweis kleiner, kurzzeitiger Schwankungen schwerfällt, besteht kein Zweifel, daß langfristige Änderungen der Solarkonstanten im begrenzten Ausmaß aufgetreten sind.

Wetherald und Manabe (1975) haben mit einem vereinfachten Modell der globalen Zirkulation berechnet, daß eine Zunahme der Solarkonstanten von 2 % zu einem mittleren Temperaturanstieg auf der Erde von 3 K führen würde. Eine Abnahme der Solarkonstanten von 2 % würde dagegen einen mittleren Temperaturrückgang von 4,3 K hervorrufen. In beiden Fällen wären wegen des Einflusses der Schneebedeckung (Albedo) die Änderungen im Polargebiet am größten; in den Tropen lägen sie dagegen entsprechend unter den Mittelwerten für die Erde. Beim Niederschlag würde eine Änderung der Solarkonstanten zwischen − 4 % und + 2 % mit einer Änderung der Niederschlagsmenge von 27 % verbunden sein.

Nach unseren heutigen Erkenntnissen haben die Schwankungen der Solarkonstanten in den vergangenen Jahrhunderten unter 1 % gelegen. Damit wären folglich mittlere Schwankungen der Temperatur von 1 − 2 K und des Niederschlags bis zu etwa 5 % zu erklären, wobei regional die Werte teils über, teils unter den Mittelwerten liegen können.

Änderung der einfallenden Solarstrahlung durch Änderung der Erdbahnelemente

Die Stellung der Erde zur Sonne und damit zur einfallenden Sonnenstrahlung ist nicht konstant, sondern ist, wenn auch in großen Zeiträumen, periodischen Schwankungen unterworfen. Dabei sind 3 säkulare, also langfristige Einflüsse zu unterscheiden:

1. die Elliptizität der Erdbahn; die Erde beschreibt bekanntlich bei ihrem Weg um die Sonne eine im Raum liegende Ellipse. Diese Bahn erscheint im Laufe der Zeit teils weniger elliptisch, d. h. nähert sich der Kreisform, teils elliptischer. Auskunft über die jeweilige Ellipsenform gibt die Exzentrizität der Bahn; darunter verstehen wir das Verhältnis des Abstands zwischen Mittel- und Brennpunkt der Ellipse (beim Kreis fallen beide zusammen) und der großen Halbachse. Bei maximaler Elliptizität der Erdbahn beträgt die Jahresschwankung der einfallenden Sonnenstrahlung 30 %, bei minimaler Elliptizität verschwindet diese Jahresschwankung weitgehend. Gegenwärtig beträgt der Abstand Erde-Sonne am 3. Ja-

nuar rund 147 Mio. km und am 3. Juli rund 152 Mio. km, was dazu führt, daß die Erde bei Sonnennähe rund 7% mehr solare Strahlungsenergie empfängt als bei Sonnenferne.

2. Schiefe der Ekliptik; die elliptische Bahnebene, Ekliptik genannt, hat ebenfalls nicht immer dieselbe Raumlage, sondern ist langsam veränderlich. Als Schiefe der Ekliptik bezeichnen wir dabei den Winkel zwischen der Ekliptik einerseits und der Äquatorebene der Erde andererseits. Sie variiert zwischen 22° und 24,5° und weist gegenwärtig eine Neigung von 23,5° auf. Eine Abnahme der Schiefe hat dabei zur Folge, daß sich die Unterschiede in den Jahreszeiten abschwächen.

3. Präzessionsbewegung der Erdachse; die Achse der Erde beschreibt im Laufe der Zeit einen Kegel um die Ekliptikachse mit einem Öffnungswinkel von 23,5°. Sichtbar wird dieser Vorgang an der Verschiebung der Äquinoktialpunkte (Tag- und Nachtgleiche) auf der Ekliptik um 50''/Jahr.

Alle 3 astronomischen Effekte sind periodisch ablaufende Vorgänge. Dabei beträgt die Periode bei der Elliptizität der Erdbahn 92000 Jahre, bei der Schiefe der Ekliptik 40000 Jahre und bei der Präzessionsbewegung der Erdachse 26000 Jahre. Die damit verbundenen Schwankungen der einfallenden Sonnenstrahlung wurden von Milankovitch (1930, 1938) für die letzten 1 Mio. Jahre berechnet, und zwar für die verschiedenen geographischen Breiten.

Wie die Schwankungen für die höheren Breiten der Nordhalbkugel in den letzten 120000 Jahren in Abb. 146 zeigen, erreichte die Einstrahlung zuletzt vor 10000 Jahren ein deutliches Maximum. Es fällt zeitlich mit der raschen Beendigung der letzten Eiszeit zusammen. Außerdem ist den Strahlungskurven ein Rhythmus von rund 40000 Jahren für die höheren Breiten zu entnehmen. Sommerliche und winterliche Fluktuationen heben sich zwar z. T. auf, doch bleibt z. B. in 65°N vor 10000 Jahren ein Jahresstrahlungswert von +1%, vor 25000 Jahren von −2% übrig. Die Strahlung, die aufgrund der Einflüsse der Erdbahnelemente vor 10000 Jahren empfangen wurde, war im Nordsommer um 4% größer, als sie gegenwärtig ist. In 65°N soll dieses mit einem Anstieg der sommerlichen Mitteltemperatur von 4−5 K über den heutigen Wert verbunden gewesen sein. Die Jahresmitteltemperatur zeigte dagegen wegen des Strahlungsdefizits im Winter nur eine Abweichung von 0,7 K. Bedenkt man jedoch, daß die Schnee- und Eisgrenze im wesentlichen von den sommerlichen Strahlungs- und Temperaturverhältnissen bestimmt wird, erscheint eine Änderung in der berechneten Größenordnung durchaus in der Lage zu sein, Vorstöße und Rückzüge von Inlandeismassen einzuleiten.

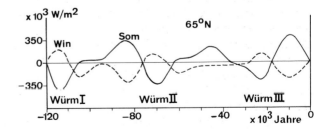

Abb. 146. Schwankungen der Sonnenstrahlung in den letzten 120000 Jahren in 65°N. (Nach Milankovitch, 1930)

Eine Änderung der großräumigen Albedo im Falle ausgedehnter Schnee- und Eismassen würde z. B. zu einem Selbstverstärkungsprozeß bei den Eisvorstößen führen. Budyko (1982) hat die interessante Hypothese aufgestellt, daß eine Ausdehnung der polaren Eismassen bis 50° Breite zu einer Vergletscherung der gesamten Erde führen könnte; infolge des hohen Reflexionsvermögens des Schnees soll unter diesen Umständen selbst die hohe Einstrahlung in niedrigen Breiten nicht mehr ausreichen, um den äquatorwärtigen Eisvorstoß und damit die Klimakatastrophe aufzuhalten.

Kontinentaldrift

Eine weitere Möglichkeit zur Erklärung regionaler Klimaänderungen hat A. Wegener 1915 mit seiner revolutionären „Kontinentalverschiebungshypothese" aufgezeigt. Um sie zu verstehen, müssen wir uns kurz mit dem geologischen Aufbau der Erde beschäftigen.

Der Erdkörper, der einen Halbmesser von 6370 km hat, weist einen schalenförmigen Aufbau auf. An den Erdkern mit einem Radius von rund 1250 km schließt sich eine 2200 km mächtige Übergangsschicht an, der nach außen der 2900 km mächtige Mantel und die maximal nur wenige Zehnerkilometer mächtige Erdkruste folgen. Infolge der mit der Tiefe zunehmenden Druck- und Temperaturverhältnisse befindet sich die Materie des Mantels nicht wie die der Erdkruste im festen, sondern in einem sehr zähflüssigen, einem sog. säkularflüssigen Zustand. Die festen Platten, aus denen tektonisch die Erdkruste besteht, also auch die Kontinente tauchen in diese säkularflüssige Masse ein, d. h. sie „schwimmen" gewissermaßen auf dem Erdmantel.

Aufgrund dieses Sachverhalts wird verständlich, daß sich die einzelnen Kontinente der Erde unabhängig voneinander verschieben können. Dadurch kann es zu Klimaänderungen auf den Kontinenten kommen, obwohl sich die Stellung der Erde als Ganzes im Strahlungsfeld der Sonne nicht verändert hat. Verlagert sich z. B. ein Kontinent parallel zum geographischen Gradnetz, so bleibt für ihn die solare Einstrahlung unverändert. Wandert er aber in meridionaler Richtung, dann ändert sich seine geographische Breite und damit seine Einstrahlung und sein Klima.

Diese Drifthypothese hat etwas Bestechendes; kann sie doch ohne weiteres die erdgeschichtliche Verlagerung von Klimagürteln auf einzelnen Kontinenten erklären. Auch die Kohlevorkommen auf Spitzbergen, deren Bildung ein vegetationsreiches, warmfeuchtes Klima voraussetzt, würden leicht verständlich, ebenso die Vergletscherungsspuren in den Tropen. So bildeten nach der Hypothese einst die heutigen Südkontinente Afrika, Südamerika, Australien, Antarktis sowie Indien und Arabien den Großkontinent Gondwana, der während des Karbons und Perms über den Südpol gewandert und später auseinandergedriftet sein soll.

12.5 Anthropogene Klimabeeinflussung

In zunehmendem Maße beschäftigen sich Wissenschaft und Öffentlichkeit seit den 70er Jahren mit der Frage, in welchem Ausmaß unser Klima durch menschliche Einwirkungen verändert wird. Daß die Abholzung von Wäldern, wie es im Mittelmeergebiet geschehen ist, die Anlage großer Stauseen, die Trockenlegung von Sümpfen, die zunehmende Bebauung zu lokalen und regionalen Klimaänderungen führt, ist seit langem bekannt. Relativ neu ist dagegen die Erkenntnis, daß durch die Aktivitäten des Menschen auch die Gefahr globaler Klimaänderungen besteht. Gemeint ist das Kohlendioxid-, das CO_2-Problem.

Wie wir früher gesehen haben (Kap. 3), besteht eine wichtige Eigenschaft der Atmosphäre darin, wie ein Glashaus (Treibhaus) zu wirken. Während sie wie Glas die kurzwellige und sichtbare Sonnenstrahlung nahezu ungeschwächt durchgehen läßt, absorbiert sie − ebenfalls wie Glas − die von der erwärmten Erdoberfläche ausgehende langwellige Wärmestrahlung und führt diese als Gegenstrahlung der Erdoberfläche zum Teil wieder zu. Die beiden Stoffe, die für diesen „Glashauseffekt" verantwortlich sind und zu einer über 30 K höheren Temperatur auf der Erde führen, als sie sich ohne sie eingestellt hätte, sind der Wasserdampf und das CO_2.

CO_2 kommt in der Natur auf dem Land vor in Form der lebenden Biomasse, z. B. der Wälder, und der toten Biomasse, z. B. im Humus und in Mooren. In den Sedimenten tritt es v. a. als Karbonat von Kalium und Magnesium auf sowie als organischer Kohlenstoff in Kohle, Erdgas und Erdöl. Im Ozean ist v. a. das im Meerwasser gelöste CO_2 wichtig; dazu kommt das der lebenden und abgestorbenen Biomasse. Als letzter, für Klimaänderungen aber wichtigster Punkt ist der CO_2-Gehalt der Atmosphäre zu nennen. Er hat entscheidenden Anteil an den Strahlungsverhältnissen, d. h. am Glashauseffekt der Atmosphäre.

Alle CO_2-Speichersysteme stehen in einer komplexen, teils kurz-, teils langfristigen Wechselwirkung miteinander. Im Sommerhalbjahr nimmt die Vegetation über die Photosynthese viel CO_2 auf und der atmosphärische CO_2-Anteil sinkt etwas; im Winter steigt er wieder an, da dann über die Oxidation der absterbenden Biomasse CO_2 wieder der Atmosphäre zugeführt wird. Diese jahreszeitliche Schwankung ist natürlich nur außerhalb des immergrünen tropischen Regenwaldes ausgeprägt.

Langfristig gebunden wurde CO_2 bei der erdgeschichtlichen Bildung von Kohle, Erdöl und Erdgas. Es ist daher anzunehmen, daß vor dieser Zeit der atmosphärische CO_2-Gehalt der Erde höher und infolgedessen auch der Glashauseffekt stärker ausgeprägt war, was wiederum eine höhere Mitteltemperatur der Erde erklären würde.

Heute sind wir dabei, diesen Prozeß rückgängig zu machen, indem wir über die Verbrennung der fossilen Brennstoffe in der Industrie und in Heizungen der Atmosphäre in zunehmendem Maße CO_2 zuführen. Den Vorgang, für den die Natur Jahrmillionen gebraucht hat, machen wir jedoch in Jahrhunderten rückgängig. Die Änderungen des CO_2-Gehalts nach Messungen an dem 3000 m hoch gelegenen Mauna Loa Observatorium auf Hawaii, fernab von allen unmittelbaren zivilisatorischen Einflüssen zeigt Abb. 147. Von 314 ppm im Jahre 1957 stieg der atmosphärische CO_2-Gehalt auf 330 ppm im Laufe der folgenden 20 Jahre

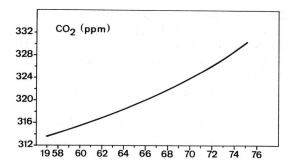

Abb. 147. Änderung des atmosphärischen CO_2-Gehalts von 1957 – 1975. (Nach Keeling)

an. Im vorigen Jahrhundert lag er dagegen wahrscheinlich noch bei 290 ppm, d. h. bei 0,029 Vol%. Nach den Abschätzungen sind durch die Verbrennung fossiler Brennstoffe der Atmosphäre seit 1850 rund $140 \cdot 10^9$ t CO_2-Kohlenstoff zugeführt worden, gegenwärtig sind es rund $5 \cdot 10^9$ t/Jahr. Gemessen daran ist zwar der atmosphärische CO_2-Anstieg relativ gering, da offensichtlich die übrigen CO_2-Speicher den größten Anteil aufnehmen. Die Abholzung riesiger Waldgebiete in den Tropen sowie die Aufgabe landwirtschaftlich intensiv genutzter Flächen schränken jedoch zum einen die Aufnahmekapazität ein und müssen zu einem beschleunigten CO_2-Anstieg in der Atmosphäre führen. Zum anderen kann niemand bisher abschätzen, wann das Aufnahmevermögen der Ozeane erreicht ist. Eine Sättigung dieses wichtigsten CO_2-Speichers bei anhaltender CO_2-Freisetzung müßte eine beschleunigte Zunahme der atmosphärischen CO_2-Konzentration zur Folge haben.

Um eine Vorstellung von möglichen Klimaänderungen zu bekommen, sind umfassende Modelle über die physikalischen und chemischen Vorgänge in der Atmosphäre und deren Wechselwirkung mit Ozeanen, fester Erdoberfläche, Schnee- und Eisverhältnissen, Vegetation erforderlich.

Auch wenn der Forschung noch manche Einblicke fehlen, lassen sich doch mit vereinfachten Klimamodellen mit Hilfe von Großrechnern bereits grundlegende Erkenntnisse gewinnen.

In Bezug auf den Glashauseffekt zeigen die Modellberechnungen, daß eine Verdopplung des CO_2-Gehalts von 300 auf 600 ppm einen Anstieg der Temperatur auf der Erde von durchschnittlich 3 – 5 K hervorrufen würde. Gleichzeitig würde die Feuchte der Luft und die Niederschlagsmenge etwas zunehmen. Während dabei die Klimaänderungen in den niedrigen Breiten am geringsten ausfallen, führt der Einfluß abnehmender Albedo in den höheren Breiten zu den stärksten Temperaturänderungen.

Nach einer aktuellen Untersuchung der US-Umweltschutzbehörde (1983) wird der Treibhauseffekt im Jahre 1990 einsetzen und rascher fortschreiten, als bisher erwartet wurde. Bis zum Jahr 2040 soll sich die Temperatur auf der Erde um durchschnittlich 2 K erhöhen, bis zum Jahr 2100 um 5 K. Da dabei der Temperaturanstieg in den Polargebieten mehr als das 2fache des mittleren Betrags erreichen kann, droht eine Eisabschmelzung großen Ausmaßes, verbunden mit einem Anstieg des Meeresspiegels von mehreren Metern und einer entsprechenden Überflutung vieler Küstenstriche.

Die regional sehr unterschiedlichen Klimaänderungen könnten die gegenwärtige landwirtschaftliche Anbauverteilung völlig durcheinanderbringen. In einer Welt, in der die Lebensräume der Völker festgelegt und großräumige Wanderungsbewegungen wie in der Vergangenheit nicht möglich sind, würden Klimaverschiebungen zu erheblichen Problemen führen, selbst dann, wenn die negativen Entwicklungen in einer Region durch positive in anderen ausgeglichen würden.

Auch wenn die Berechnungen noch nicht in allen Punkten abgesichert sind, wenn z. B. eine mit der Temperaturerhöhung verbundene Bewölkungserhöhung dazu führen kann, daß weniger Einstrahlung die Erde erreicht und ein Teil des Treibhauseffekts wieder kompensiert wird, ändert das nichts an dem folgenschweren CO_2-Problem, vor dem die Menschheit im kommenden Jahrhundert stehen wird.

Begegnen können wir ihm nur durch einen geringeren CO_2-Ausstoß. So ist z. B. denkbar, daß weltweit eine obere Toleranzgrenze des atmosphärischen CO_2-Gehalts von 450 ppm festgelegt wird und entsprechende energiepolitische Maßnahmen ergriffen werden. Dieses würde eine mittlere Temperaturerhöhung auf der Erde von $1 - 1,5$ K verursachen und damit im Rahmen der bisher gemessenen Erwärmungen der letzten Jahrhunderte bleiben. Viel späteren Generationen, wenn die Klimawissenschaft erheblich weiter in ihren Erkenntnissen ist, sollte es vorbehalten sein, zu entscheiden, ob eine gezielte Freisetzung von CO_2 auch eine Möglichkeit ist, einem eiszeitlichen Trend entgegenzuwirken. Gegenwärtig läßt sich die Frage, ob wir einer neuen Eiszeit entgegengehen, nicht durch Beobachtungen beantworten. So läßt z. B. das Verhalten der Gletscher keinen derartigen Schluß zu, denn während einige sich ausdehnen, ziehen sich andere in derselben Region, z. B. den Alpen, zurück.

13 Kleinräumige Windsysteme

In manchen Gebieten der Erde treten bestimmte kleinräumige Winde mit einer solchen Häufigkeit oder Regelmäßigkeit auf, daß sie durch ihre klimatischen Auswirkungen auf die Temperatur, die Feuchte, die Bewölkung einen das groß-räumige, übergeordnete Klima modifizierenden Charakter annehmen. Zum einen spielt dabei die Orographie, d. h. der Einfluß des Reliefs auf die Strahlungs- und die Strömungsverhältnisse die entscheidende Rolle, so daß wir in diesen Fällen von orographischen Winden sprechen. Zu ihnen gehört unter anderem der Hangauf- und Hangabwind, der Berg- und Talwind sowie der Föhn. Ein kanali-sierender Effekt auf die Strömung wird praktisch in allen Tälern sichtbar, beson-dere klimatische Bedeutung kommt dem Mistral des Rhonetals zu. Aber auch der Gegensatz von Land und Meer führt zur Entwicklung eines eigenständigen Wind-systems, der Land- und Seewindzirkulation. Mit ihr wollen wir unsere Betrach-tungen über die lokalen und regionalen Winde beginnen.

13.1 Land- und Seewind

An Tagen mit geringen Druckgegensätzen ist im Sommerhalbjahr an der Küste ein ausgeprägter Windrichtungswechsel zwischen Tag und Nacht zu beobachten. Tagsüber weht der Wind von der See zum Land, und wir sprechen von Seewind, nachts strömt die Luft dagegen als Landwind vom Land zur See.

Fragen wir nach der Ursache dieser Erscheinung, so finden wir sie in den un-terschiedlichen physikalischen Wärmeeigenschaften von Festland und Wasser. Zum einen hat Wasser eine spezifische Wärme $c = 4,2 \cdot 10^3$ J/kg K, während das Festland einen Wert aufweist, der nur etwa halb so groß ist, d. h. bei gleicher Einstrahlung erwärmt sich der Erdboden pro Masseneinheit doppelt so stark wie das Wasser. Noch gravierender für die unterschiedliche Erwärmung von Land und See ist aber die Tatsache, daß die Strahlung im Erdboden nur eine dünne Oberschicht erwärmt, während sie ins Wasser mehrere Dekameter tief eindringt und damit ein erheblich größeres Wasservolumen erwärmt werden muß. Wäh-rend daher die tägliche Amplitude der Lufttemperatur über See, wie die Beob-achtungen der Wetterschiffe an advektionsfreien Tagen zeigen, nur ca. 1 K be-trägt, erreicht sie über Land sommerliche Werte von 15 K, unmittelbar an der Er-doberfläche ist der Unterschied noch größer. Die Folgen dieses Temperaturgefäl-les zwischen Land und See sind für den Tag in Abb. 148 dargestellt.

Da der Land- und Seewind nur bei gradientschwachen Wetterlagen zu beob-achten ist, soll am Morgen über Land wie über See derselbe Bodenluftdruck p_0

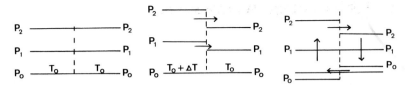

Abb. 148. Schema der Land- und Seewindzirkulation

herrschen, in der Höhe verlaufen die Flächen gleichen Luftdrucks parallel dazu. Infolge der oben geschilderten starken Erwärmung über Land dehnt sich dort die Luftsäule aus, und die Druckflächen p_1 und p_2 werden gegenüber denen über See angehoben. Nach der Ausdehnungsformel $h = h_0 (1 + \alpha \delta T)$ ergibt z. B. eine Änderung der Mitteltemperatur von $\delta T = 5$ K in einer 1000 m hohen Luftsäule eine Höhenänderung ihrer Obergrenze von rund 20 m. Somit entsteht ein Druckgefälle in der Höhe vom Land zur See und damit eine entsprechende Höhenwindkomponente. Durch die in der Höhe abströmende Luft beginnt der Luftdruck am Fuß der Luftsäule über dem Land zu fallen, während der Massenzustrom über der Meeresoberfläche zu einer Druckerhöhung führt. Die Folge ist eine Ausgleichsströmung in Bodennähe von der See zum Land, der Seewind.

Durch ein Aufsteigen der erwärmten Luft über Land und einem Absinken über See entsteht eine geschlossene thermische Zirkulation. Während dabei über Land tagsüber die Wolkenbildung begünstigt wird, zeichnen sich die der Küste vorgelagerten Seegebiete und Inseln infolge der Absinkbewegung durch geringere Bewölkung aus. So erklärt sich z. B. die Tatsache, daß die Insel Sylt sonnenscheinreicher ist als das schleswig-holsteinische Festland aus dem Einfluß der Land-Seewind-Zirkulation.

Nachts kehren sich die thermischen Verhältnisse und damit die Zirkulation um. Jetzt kühlt sich das Festland stärker ab, und die See erscheint wärmer. Folglich strömt nachts die Luft am Boden als Landwind zur See, dort steigt sie auf, strömt in der Höhe zum Land und sinkt ab. Diese Zirkulationsrichtung erklärt die große Häufigkeit von Nachtgewittern über See, trägt doch die aufsteigende Luftbewegung über dem warmen Wasser zum ständigen Feuchtenachschub bei. Über dem Land wird dagegen ganz allgemein die größte Gewitterhäufigkeit in den Nachmittag- oder frühen Abendstunden angetroffen, während Nachtgewitter die Ausnahme bilden.

Der Seewind ist am stärksten im Frühsommer ausgeprägt, wenn der Temperaturgegensatz zwischen Land und See am größten ist. Er kann bei uns Stärke 5, in manchen Gegenden der Erde sogar Stärke 8 erreichen. Weniger kräftig ist der nächtliche Landwind. Beim Einsetzen ist der Seewind meist direkt zum Land gerichtet. Nach einigen Stunden beginnt er unter der Wirkung der Coriolis-Kraft nach rechts zu drehen und weht am Nachmittag schließlich mehr oder weniger parallel zur Küste. Auch über großen Binnenseen, wie z. B. dem Bodensee, ist der Land-Seewind-Effekt, wenn auch in abgeschwächter Form, zu beobachten.

13.2 Berg- und Talwind

In den Gebirgsgegenden ist bei ruhigen Wetterlagen am Tage ein talaufwärts, nachts ein talabwärts wehender Wind zu beobachten. Im 1. Fall sprechen wir vom Talwind, im 2. vom Bergwind, wobei auch dieses Windsystem durch thermische Unterschiede verursacht ist.

Jedem Segelflieger ist die Tatsache bekannt, daß es infolge der Einstrahlung tagsüber an den Berghängen zu einem aufwärts gerichteten Wind, dem Hangaufwind, kommt. Talbewohner wissen hingegen nur zu gut, daß nachts kalte Luft von den Hängen ins Tal fließt und dort zur Bildung eines Kaltluftsees führt, der bis in den Frühsommer eine erhöhte Frostgefahr für die junge Vegetation mit sich bringt.

Die Ursache des Hangauf- und Hangabwinds ist die Tatsache, daß die Erwärmung und Abkühlung der Luft von der Erdoberfläche ausgeht. Am Tage erwärmt sich folglich die den Berghängen aufliegende Luft stark, während die in gleicher Höhe über dem Talboden befindliche Luft kühler ist, da sie sich nur langsam und weniger erwärmt. Wärmere Luft besitzt aber eine geringere Dichte als kühlere, d. h. erfährt einen Auftrieb und steigt auf. Nachts wird dagegen die dem Hang aufliegende Luft stark abgekühlt, während die in gleicher Höhe über dem Talboden befindliche relativ warm bleibt. Infolge ihrer größeren Dichte fließt die Kaltluft unter dem Einfluß der Schwerkraft als Hangabwind ins Tal.

Dieses für einzelne Berge geltende physikalische Grundprinzip liegt auch den langgestreckten Tälern, d. h. dem Berg- und Talwind zugrunde. Die Täler steigen bekanntlich vom Rand zum Inneren des Gebirges an, so daß wir es nicht nur mit den geneigten Hangflächen an den Seiten zu tun haben, sondern auch mit einer Neigungsfläche in Talrichtung. Auch in dieser Richtung gilt somit, daß die talaufwärts dem Erdboden aufliegende Luft tagsüber stärker erwärmt, nachts stärker abgekühlt wird als die höhengleiche Luftschicht weiter talabwärts, denn diese befindet sich im Abstand h über dem Talboden und macht daher die Temperaturänderungsprozesse nur verzögert und im geringeren Ausmaß mit als die dem Erdboden aufliegende Luft.

Folglich müssen in Tälern Tag und Nacht jeweils 2 Kräfte auftreten, wovon die eine in Hangrichtung und die andere in Talrichtung wirkt (Abb. 149). Beide überlagern sich. Dadurch entsteht tagsüber eine Zirkulation mit Talwind am Bo-

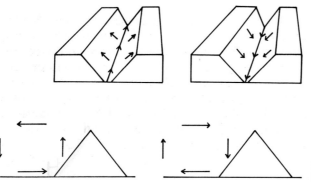

Abb. 149. Schema der Gebirgszirkulation

den, aufsteigender Luft über dem Gebirge, Abströmen in der Höhe und Absinken über dem Vorland. Das Aufsteigen wird häufig daran sichtbar, daß die Quellwolkenbildung nach einem wolkenlosen Morgen zuerst über dem Gebirge, z. T. sogar deutlich über den einzelnen Gipfeln einsetzt. In der Nacht kehrt sich die gesamte Zirkulation um. Dann finden wir am Talboden den Bergwind, über dem Vorland Aufsteigen, in der Höhe eine Strömungskomponente zum Gebirge und Absinken über dem Gebirge. Dem nächtlichen Bergwind kommt in den Tälern eine ausgesprochen hygienische Funktion zu, ersetzt er doch die vorhandene Luft durch saubere, staubarme Gebirgsluft.

13.3 Föhn

Der Föhn ist ein warmer und trockener Fallwind, der vom Gebirge her in die Täler und ins Gebirgsvorland weht. Er hat seinen Namen aus dem Alpengebiet, doch kommt er auch am skandinavischen Bergland, an den Rocky Mountains und vielen anderen Gebirgen der Erde vor. Seine Entstehung ist mit den thermodynamischen Zustandsänderungen verknüpft, die die Luft erfährt, wenn sie ein Gebirge überströmt. Wir wollen uns dieses thermodynamische Föhnprinzip am Beispiel der Alpen verdeutlichen.

Föhnprinzip

Zwischen einem Hoch über Südosteuropa und einem westeuropäischen Tief wird feuchte Luft von Süden gegen die Alpen geführt. Beim Aufsteigen auf der Alpensüdseite kühlt sie sich zunächst trockenadiabatisch um 1 K/100 m ab. Setzt nun die Wolkenbildung ein, so wird durch die Kondensation latente Wärme frei und die weiter aufsteigende, kondensierende Luft kühlt sich nur noch feuchtadiabatisch, also zwischen 0,4 und 0,8 K/100 m ab, wobei durch Ausregnen der Feuchtegehalt der Luft sinkt. Nach dem Überströmen des Gebirgskamms steigt jetzt die z. T. ausgeregnete, feuchteärmere Luft ab und erwärmt sich. Dabei löst sich die überhängende Wolke, die dem Gipfel aufliegende sog. Föhnmauer, schon nach wenigen hundert Metern auf, und der weitere Abstieg der Luft erfolgt trockenadiabatisch.

Aus der Tatsache, daß sich die Luft beim Aufsteigen überwiegend feuchtadiabatisch abkühlt, beim Absteigen aber überwiegend trockenadiabatisch erwärmt, erklärt sich, weshalb sie auf der Leeseite des Gebirges eine höhere Temperatur aufweist als in gleicher Höhe auf der Luvseite. Während ferner durch den Gesamtvorgang das Wetter auf der Luvseite des Gebirges stark bewölkt und regnerisch ist, wir sprechen von Stauniederschlag, ist der auf der Leeseite auftretende Föhne trotz Luftdruckfalls mit freundlichem, wolkenarmem Wetter verbunden.

In Abb. 150 sind die Verhältnisse schematisch dargestellt. Außerdem sind an einem Beispiel die Änderungen der Temperatur, der spezifischen und der relativen Feuchte angegeben, die die Luft beim Überströmen eines 3000 m hohen Gebirges erfährt, wobei das Kondensationsniveau im Luv in 400 m Höhe liegt, im

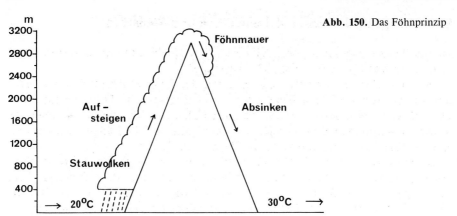

Abb. 150. Das Föhnprinzip

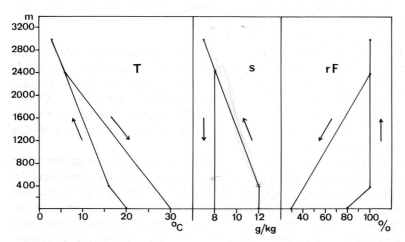

Abb. 151. Änderungen der Temperatur (*T*), der spezifischen Feuchte (*s*) und der relativen Feuchte (*rF*) beim Föhnprozeß

Lee die Föhnmauer eine Mächtigkeit von 600 m aufweist und die feuchtadiabatische Temperaturänderung 0,5 K/100 m beträgt. Die Luft, die mit einer Temperatur von 20 °C auf der Luvseite gestartet ist, kommt mit einem 10 K höheren Wert im leeseitigen Tal an. Gleichzeitig sind spezifische und relative Feuchte auf 8 g/kg bzw. rund 30% zurückgegangen (Abb. 151).

Wenn der Föhn beginnt, liegt im Tal zunächst noch feuchtkalte Luft. Erst wenn diese abgeflossen ist, kann sich der trockenwarme Föhnwind bis zum Erdboden durchsetzen. Vielfach können sich in Nebentälern noch Kaltluftseen eine Zeitlang halten; fließen sie ins Haupttal, wird der Föhn plötzlich vom Erdboden wieder abgehoben und setzt sich erst nach Durchzug des Kaltluftkörpers wieder durch. Dadurch kann der Föhn u. U. recht böig sein und gelegentlich sogar Sturmstärke erreichen. So wird aus Innsbruck ein Fall gemeldet, wo der Föhn sogar eine Straßenbahn umgestürzt hat.

Auswirkungen des Föhns auf Lokalklima und Menschen

Auf die Frage, wie häufig im nördlichen Alpengebiet mit dem Auftreten von Föhn zu rechnen ist, gibt Tabelle 21 Aufschluß.

Wie wir sehen, treten zwischen den einzelnen Jahreszeiten sowie verschiedenen Orten deutliche Unterschiede in der Föhnhäufigkeit auf. Dabei ist das Frühjahr die Jahreszeit mit der größten Zahl der Föhntage, während im Sommer das Föhnminimum angetroffen wird. Die Gesamtzahl der Föhntage ist im föhnreichen Altdorf doppelt so hoch wie im föhnarmen Glarus.

Dort, wo die Föhnhäufigkeit groß ist, hat er Auswirkungen auf die Mitteltemperatur, so daß Föhnorte klimatisch begünstigt erscheinen. In Tabelle 22 sind die Temperaturwerte für den föhnreichen Ort Altorf mit dem föhnarmen Ort Luzern verglichen. Beide Orte haben mit rund 450 m das gleiche Höhenniveau.

Während im Sommer beide Orte nahezu die gleiche Mitteltemperatur aufweisen, liegt in Altdorf in den föhnreichen Jahreszeiten die Mitteltemperatur deutlich über der im föhnarmen Luzern. Im Jahresmittel ergibt sich so eine Temperaturdifferenz von 0,7 K zwischen beiden Orten.

Eine weitere Auswirkung des Föhns sind die sog. „Föhnbeschwerden". Darunter fallen eine Reihe von Erscheinungen, die von Kopfschmerzen, über Übelkeit, Kreislaufbeschwerden, Augenflimmern, vermindertem Leistungsvermögen, Unkonzentriertheit bis zu schweren Depressionen reichen. Auch Tiere sollen an Föhntagen nervös und aggressiv reagieren. Die Föhnbeschwerden sind am schwersten unmittelbar vor Beginn des Föhns. Mit seinem Einsetzen am Boden klingen sie in der Regel rasch ab.

Die Erklärungsversuche der Föhnbeschwerden reichen von Fremdgasen in der Atmosphäre bis zu Änderungen des luftelektrischen Felds durch ungewöhnliche Ionenkonzentrationen. Heute neigt man wieder einer älteren Theorie zu, wonach die Anordnung warmer Föhnluft in der Höhe über bodennaher kalter Luft die primäre Ursache für die Föhnbeschwerden ist. So treten im Grenzbereich zwischen den verschieden temperierten Luftschichten stärkere vertikale Änderungen des Winds hinsichtlich seiner Richtung und Geschwindigkeit auf. Dadurch wer-

Tabelle 21. Mittlere Föhnhäufigkeit in den Alpen. (Nach Schmitt 1930)

	Frühjahr	Sommer	Herbst	Winter	Jahr
Altdorf	17,3	7,9	11,8	11,0	48,0
Innsbruck	17,0	5,1	11,0	9,5	42,6
Glarus	9,4	3,5	5,5	5,4	23,8

Tabelle 22. Föhnauswirkungen auf das Lokalklima anhand der Mitteltemperatur (°C)

	Frühjahr	Sommer	Herbst	Winter	Jahr
Altdorf	9,0	17,2	9,7	1,0	9,2
Luzern	8,3	17,3	8,7	− 0,1	8,5

den dort kurzperiodische Druckschwankungen erzeugt, die sich nach unten fort-
setzen und auf die unser Nervensystem sehr empfindlich reagiert. Damit wird
auch verständlich, warum die Beschwerden nachlassen, wenn sich der Föhn bis
zum Boden durchgesetzt hat, d. h. wenn an einem Ort die Kaltluft abgeflossen ist
und nur noch die trockenwarme Luft vorhanden ist.

Solche Situationen, d. h. Warmluft über bodennaher Kaltluft, treten auch im
Flachland auf, nämlich bei Inversionswetterlagen. Es ist daher keine Einbildung,
wenn Wetterfühlige auch fernab vom Gebirge unter Föhnbeschwerden leiden,
wobei dieser Effekt v. a. in der kälteren Jahreszeit vor stärkeren Warmluftein-
brüchen auftritt.

Das Ende des Föhns ist gekommen, wenn die Kaltfront des westeuropäischen
Tiefs das Alpengebiet von Westen erreicht und die trockenwarme Föhnluft durch
Kaltluft aus West bis Nordwest ersetzt wird.

13.4 Kanalisierte Winde

Der bekannteste Wind, der durch eine orographische Kanalisierung der Strömung hervorgerufen wird, ist der Mistral in Südfrankreich. Er entsteht, wenn
Tiefs vom Atlantik nach Nordeuropa ziehen und auf ihrer Rückseite in breitem
Strom Kaltluft von Nordwesten nach Mittel- und Westeuropa führen. Dabei ver-
sperren ihr über dem östlichen Frankreich einerseits die Alpen und andererseits
das Zentralmassiv den Weg nach Süden; der einzige freie Durchgang ist das Rhonetal. Dabei kommt es zu einer Kanalisierung, zu einem Düseneffekt der Strömung. So führt nach den Gesetzen der Physik bei einer kontinuierlichen Strömung ein eingeengter Strömungsquerschnitt zu einer entsprechend erhöhten
Strömungsgeschwindigkeit. Die Folge ist im Rhonetal ein heftiger nördlicher
Wind, der Mistral.

Wegen der Häufigkeit der ihn erzeugenden Wettersituationen wird der Mistral zum klimabestimmenden Faktor, wobei das Klima in seinem Einflußbereich

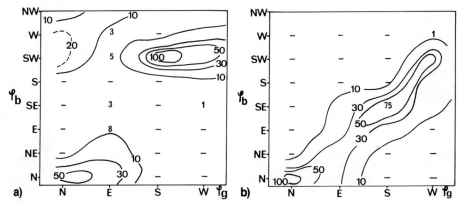

Abb. 152a, b. a Kanalisierung der Strömung im Oberrheingraben am Tag; **b** Kanalisierung und Ge-
birgswinde im Oberrheingraben bei Nacht

außerordentlich rauh ist. Seine Stärke führt dazu, daß die Bäume in Windrichtung, d. h. nach Süden geneigt sind.

In weniger dramatischer Weise wirken fast alle Flußtäler kanalisierend auf die Strömung, wie die Windrichtungsverteilungen zeigen. Als Beispiel seien die Verhältnisse im südlichen Oberrheingraben angeführt. In Abb. 152 ist für Freiburg der Zusammenhang von geostrophischer und beobachteter Windrichtung wiedergegeben. Wie wir früher gesehen haben, weicht der beobachtete Wind im Mittel etwa um 25 – 30° von der Isobarenrichtung ab, wobei die Ablenkungswinkel in Gebirgsregionen bis 45° betragen, d. h. i. allg. gehört zu jeder geostrophischen Windrichtung eine entsprechend versetzte beobachtete Windrichtung.

Was aber zeigt Abb. 152a für die Verhältnisse tagsüber im südlichen Oberrheingraben? Gleichgültig ob der geostrophische Wind, also der Isobarenverlauf aus West, Süd, Ost oder Nord kommt, beobachtet werden nur südwestliche und nördliche Winde, also Winde in Talrichtung. Das bedeutet, daß auch die Winde quer zum Rheintal am Boden in Talrichtung kanalisiert werden.

Nach Abb. 152b fehlt dagegen nachts die Polarisierung der Strömung; neben den Windrichtungen um Nord und Südwest treten im Gegensatz zum Tag auch Südost- und Ostwinde auf, also Winde von den Schwarzwaldhängen und aus den Schwarzwaldtälern in das Rheintal. Was hier in der Darstellung sichtbar wird, sind die geschilderten, thermisch verursachten Hangab- und Bergwinde während der Nacht, die so häufig auftreten, daß sie zu einer klimatologischen Eigenart dieser Region werden.

13.5 Bora, Schirokko, Chamsin

Bora, Schirokko und Chamsin sind 3 lokale Winde im Mittelmeerraum. Die Bora tritt an der jugoslawischen Adriaküste als kalter Fallwind vom Dinarischen Gebirge her auf. Sie entsteht, wenn aus einem Hoch über Osteuropa kalte Festlandsluft ausströmt und sich über der warmen Adria eine flache Tiefdruckrinne befindet. Die Kaltluft stürzt dann vom Hochland in das relativ warme dalmatinische Küstengebiet und führt trotz adiabatischer Erwärmung beim Absinken dort zu einem starken Temperatursturz, wobei die Windgeschwindigkeit Sturmstärke erreichen kann.

Der Schirokko ist ein schwülheißer Wind aus Süd bis Südost im Mittelmeerraum. Auf ihrem Weg von der afrikanischen Küste kann sich die sehr warme Luft stark mit Feuchtigkeit anreichern. Wo sie von einem Gebirge zum Aufsteigen gezwungen wird, treten gewaltige Regenfälle auf. Davon sind besonders die dalmatinischen Küstengebirge betroffen, so daß dort im Einflußbereich des Schirokkos in der Bucht von Kotor mit 4600 mm/Jahr das niederschlagsreichste Gebiet Europas angetroffen wird.

Der Chamsin ist ein trockenheißer Wüstenwind in Ägypten, bei dem die Temperaturen über 40 °C liegen. Dieser Glutwind entsteht im Zusammenhang mit Tiefdruckgebieten über dem östlichen Mittelmeerraum und tritt v. a. in den Monaten April   Juni auf. Er wirbelt gewaltige Mengen Wüstenstaub und Sand auf und ist daher von den Bewohnern als Sandsturm gefürchtet. In Libyen wird der entsprechende Wind Gibli genannt.

14 Stadtklima

Jede Stadt stellt im klimatologischen Sinn eine Art künstliche, vom Menschen geschaffene Orographie dar. Durch ihre Anhäufung von Beton, Asphalt und Stein unterscheiden sich ihre physikalischen Eigenschaften in mannigfacher Weise vom freien Umland, unterscheidet sich die dichtbebaute Innenstadt von den nur locker bebauten Außenbezirken.

Wie Tabelle 23 veranschaulicht, ist die Stadt zum einen ein Gebiet erhöhter Bodenrauhigkeit. Ihre z_0-Werte sind ein Vielfaches größer als die des Umlands, das nur bei hohen Wäldern mit $z_0 = 3$ m einen vergleichbaren Betrag aufweist, während über Wiesen z. B. $z_0 = 0,02$ m beträgt (vgl. Kap. 4). Zum anderen sind, wie die spezifische Wärme c veranschaulicht, die thermischen Eigenschaften von Stadt und Land sehr verschieden. Schließlich, und das wird am Pflanzenbedeckungsgrad deutlich, sind auch signifikante Unterschiede hinsichtlich der Feuchteeigenschaften festzustellen.

Anhand von Untersuchungen in Berlin (W), das ein Areal von 480 km² aufweist und wo neben der dichtbebauten Innenstadt locker bebaute Außenbezirke mit größeren Wasser- und Waldflächen angetroffen werden, sollen die Grundzüge lokalklimatischer Stadteffekte veranschaulicht werden. Dabei eignet sich die Stadt v. a. wegen des Fehlens stärkerer natürlicher Orographieeinflüsse gut zu stadtklimatologischen Aussagen über das Temperatur-, Feuchte-, Wind- und Niederschlagsfeld von Großstädten im mitteleuropäischen Klimabereich.

14.1 Wärmeinsel

Schon Hann (1885) und Kratzer (1936), der Begründer der Stadtmeteorologie, stellten fest, daß die mittlere Temperatur der Stadt höher ist als die des umgebenden freien Lands. Zwar erscheint uns die Übertemperatur von $0,5 - 1,5$ K nicht sonderlich hoch, da sie im Rahmen der normalen Jahresschwankungen liegt, be-

Tabelle 23. Physikalische Eigenschaften von Stadt und Umland

	Stadt	Umland
Rauhigkeitsparameter z_0	$2 - 10$	$0,02 - 3,0$ m
Spezifische Wärme c	$0,9 \times 10^3$	$1,8 \times 10^3$ J/kg K
Pflanzenbedeckung	$10 - 50$	$90 - 100\%$

denken wir jedoch, daß die Temperaturen in Mitteleuropa in der „kleinen Eis-zeit" in dieser Größenordnung unter den heutigen Werten lagen, erscheinen die biologischen und ökologischen Konsequenzen einer solchen kontinuierlichen Temperaturdifferenz in einem anderen Licht.

Die räumlichen Temperaturunterschiede innerhalb einer Stadt sind im Einzel-fall recht komplex und hängen stark von der jeweiligen Wetterlage ab. Allgemein läßt sich sagen, daß sie um so ausgeprägter sind, je wolkenärmer und schwach-windiger es ist, und um so stabiler die bodennahe atmosphärische Schichtung ist. Die grundlegenden lokalklimatischen Unterschiede zwischen Stadt und Umland bzw. Innenstadt und Außenbezirken werden dann deutlich, wenn wir die Stadt-einflüsse über alle Wetterlagen, also die mittleren jährlichen oder jahreszeitlichen Verhältnisse betrachten.

Wie in Abb. 153 zu erkennen ist, liegt im Jahresmittel die Klimamitteltempe-ratur in der Innenstadt bis zu 1,5 K über den Werten der Außenbezirke. Wäh-rend jedoch die mittlere tägliche Höchsttemperatur nur eine Differenz von maxi-

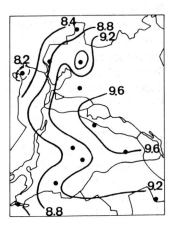

Abb. 153. Mittlere jährliche Temperaturverteilung im Stadtgebiet von Berlin (W)

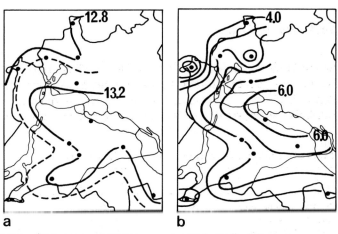

Abb. 154a, b. Mittlere tägliche Höchst- **(a)** und Tiefsttemperatur **(b)** in Berlin (W)

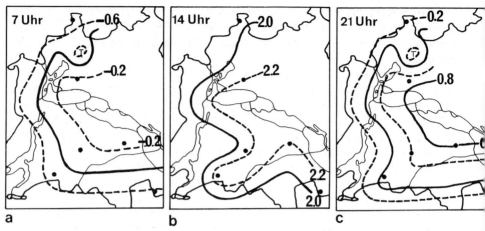

Abb. 155a – c. Mittlere Temperaturverteilung um **a** 7 h; **b** 14 h; **c** 21 h im Winter

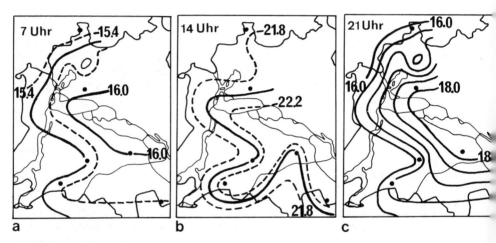

Abb. 156a – c. Mittlere Temperaturverteilung um **a** 7 h; **b** 14 h; **c** 21 h im Sommer

mal 0,5 K aufweist (Abb. 154a), zeigt die Tiefsttemperatur, daß die Außenbezirke durchschnittlich um 2 – 3 K (Abb. 154b) kälter sind als das zentrale Stadtgebiet. Auch die mittlere tägliche Temperaturamplitude weist deutliche örtliche Unterschiede auf. Wie der Vergleich der Abb. 154a und 154b zeigt, weist die Innenstadt mit Tagesschwankungen von rund 7 K im Gegensatz zu 9 – 10 K im Jahresmittel in den Außenbezirken eine signifikant gedämpfte Temperaturamplitude auf.

Hinsichtlich der zeitlichen Struktur, d. h. der Temperaturunterschiede im Tagesverlauf zwischen Innenstadt und Außenbezirken sind im Winter (Abb. 155 a – c) wie im Sommer (Abb. 156 a – c) um 7 Uhr und um 14 Uhr im Mittel nur geringe Gegensätze festzustellen. Ganz anders liegen die Verhältnisse um 21 Uhr, wenn in der kalten, besonders aber in der warmen Jahreszeit eine signifikante Übertemperatur der Innenstadt zu beobachten ist.

An heiteren Tagen erreicht die abendliche Übertemperatur ihre größten Werte. Im Einzelfall kann die Innenstadt dabei im Sommer wie im Winter in wolkenarmen, windschwachen Nächten zeitweise 5 – 10 K wärmer sein als die freie Umgebung.

Betrachten wir in den Darstellungen die mittlere Erwärmung zwischen 7 Uhr und 14 Uhr, so vollzieht sie sich in Innen- und Außenbezirken gleichmäßig. Anders verhält sich dagegen die Abkühlung. In der 1. Phase zwischen 14 Uhr und 21 Uhr sinkt die Temperatur in den äußeren Bezirken rasch, im Stadtinnern jedoch nur langsam. Zwischen 21 Uhr und 7 Uhr des Folgetags kühlt sich die Innenstadt rasch, das freie Umland dagegen nur noch langsam ab.

Anhand dieses verschiedenartigen Abkühlungsverhaltens wird die physikalische Ursache für die abendliche Übertemperatur der Innenstadt deutlich. Es ist die Wärmekapazität $W = m \cdot c$ (m = Masse, c = spezifische Wärme), d. h. die Eigenschaft der Beton- und Steinmassen, Wärme länger zu speichern als das freie Land, die den Wärmeinseleffekt der Stadt hervorruft. Dabei ist es im Sommer im wesentlichen die Einstrahlungsenergie, im Winter die anthropogen erzeugte Wärme, die gespeichert wird.

Wie die Untersuchungen z. B. in St. Louis gezeigt haben, setzten sich die thermischen Effekte auch nach oben durch. So erscheinen tiefe Inversionen über dem Stadtzentrum angehoben, während ihre Untergrenze über dem Umland niedriger liegt. Außerdem konnte u. a. durch Messungen in Wien festgestellt werden, daß sich oberhalb einiger Dekameter über der Wärmeinsel ein Kompensationseffekt einstellt, so daß dort die Luft kälter ist als in gleicher Höhe über dem angrenzenden Umland.

14.2 Feuchteverteilung

Im Kerngebiet der Städte sind in der Regel 70 – 90% der vorhandenen Fläche bebaut, asphaltiert oder anderweitig verfestigt. Nur der übrige Anteil von 10 – 30% sind Freiflächen, die am Versickerungsprozeß beteiligt sind und den Grundwasserspiegel regulieren. Von den versiegelten Flächen gelangt das Wasser dagegen direkt in die Kanalisation und verläßt durch die Einleitung in Flüsse rasch das Gebiet. Während auf diese Weise bei den versiegelten Arealen die Verdunstung auf die Zeit unmittelbar nach den Niederschlägen beschränkt ist, tritt in den Freiflächen eine kontinuierliche Verdunstung auf.

Die physikalischen Prozesse müssen sich in der mittleren Luftfeuchte einer Stadt im Vergleich zum Umland bzw., wie im Beispiel Berlin (W), in Unterschieden zwischen der Innen- und Außenstadt widerspiegeln. Infolge ihrer Abhängigkeit von den Einstrahlungsverhältnissen werden sie im Winter verschwinden und im Sommer am ausgeprägtesten sein. In Abb. 157a, b ist dieser Tatbestand anschaulich wiedergegeben. Während im Winter die Dampfdruckverteilung sehr einheitlich im Stadtgebiet ist und keine systematischen Unterschiede festzustellen sind, erscheint im Sommer die Innenstadt mit 13,5 hPa als relatives Trockengebiet, während in den Außenbezirken durchschnittliche Dampfdruckwerte von 13,9 – 14,4 hPa beobachtet werden.

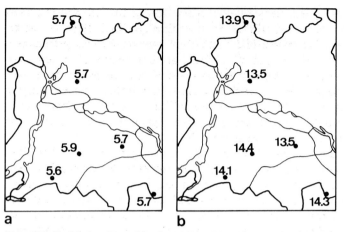

Abb. 157a, b. Mittlere Dampfdruckverteilung im Winter (a) und Sommer (b) in Berlin (W)

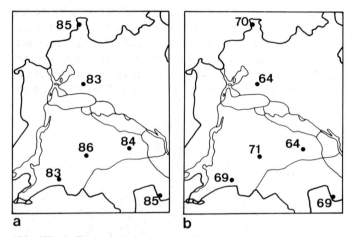

Abb. 158a, b. Tagesmittel der relativen Feuchte im Winter (a) und Sommer (b) in Berlin (W)

Als Folge der thermischen Unterschiede sowie des unterschiedlichen Feuchtegehalts der Luft müssen sich innerhalb einer Stadt auch Unterschiede in der relativen Feuchte, also im Sättigungsgrad der Luft, einstellen. Wie Abb. 158a, b zeigt, sind diese aus den bereits geschilderten Gründen im Winter gering. Im Sommer hingegen liegt die relative Feuchte in der Innenstadt um durchschnittlich 5 – 7% unter den Werten, die in den Außenbezirken gemessen werden.

14.3 Windverhältnisse

Die erheblich größere Bodenrauhigkeit einer Stadt im Vergleich zum Umland hat auch stärkere Auswirkungen auf das Windfeld. Grundsätzlich läßt sich sagen,

daß die erhöhte Reibung einerseits zu einer Abbremsung der Strömung und damit zu geringeren Windgeschwindigkeiten innerhalb der Stadt führt. Andererseits wird die Luft beim Überströmen der Baukörper zum Aufsteigen gezwungen,
d. h. übt die Stadt einen Effekt auf die Vertikalkomponente der Strömung aus.
Außerdem führen die vielfältigen Strömungshindernisse auch zu einer erhöhten
Turbulenz im Stadtgebiet. Unterschiedliche Bebauungshöhen, die Anordnung
von Straßenzügen, die Größe und Verteilung von Freiflächen lassen jedoch auch
innerhalb der Stadt wiederum ein komplexes Wirkungsgefüge und entsprechende
Unterschiede in den Windverhältnissen entstehen.

Ausgewertet wurden in Berlin (W) die Windmessungen des Deutschen Wet-
terdiensts in Tegel und Tempelhof sowie die des Instituts für Meteorologie der
Freien Universität in Dahlem. Die 3 Stationen spannen ein Dreieck mit einer
Kantenlänge von 8 – 13 km auf. Bildet man aus allen 3 Meßpunkten ein „Berlin-
Mittel“, so entspricht dieses weitgehend den in Abb. 159 wiedergegebenen mittleren jährlichen Windverhältnissen von Tegel. Wir erkennen die für die Stadt typische größte Häufigkeit westsüdwestlicher Winde der Stärke 3 und ein weiteres,
etwas schwächeres Maximum bei östlichen Winden der Stärke 2 – 3.

Auch wenn die Windverhältnisse an den beiden anderen Stationen die gleiche
Grundstruktur aufweisen, treten doch, wie Abb. 160a, b veranschaulicht, deutlich lokale Unterschiede auf. So zeigt sich in Dahlem v. a. eine überdurchschnittliche Häufigkeit schwacher Westwinde und ein entsprechendes Defizit bei den
starken Westwinden. In Tempelhof fällt besonders der überdurchschnittlich hohe Anteil starker Nordwestwinde im Vergleich zum „Berlin-Mittel“ auf. Hin-

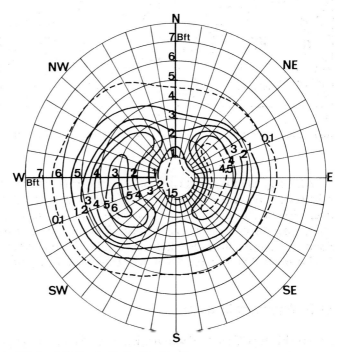

Abb. 159. Mittlere jährliche Windverhältnisse in Berlin-Tegel in %

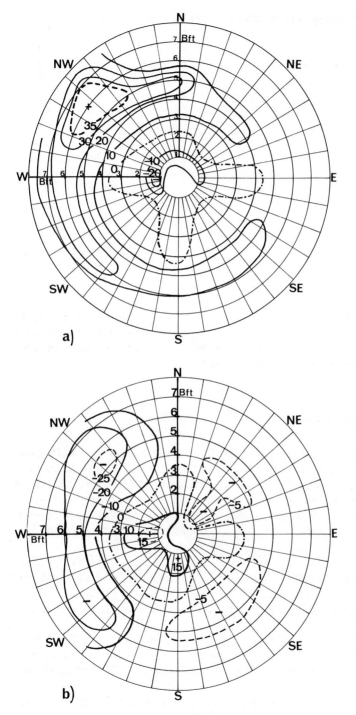

Abb. 160a, b. Mittlere Abweichung der Windverhältnisse in Berlin-Tempelhof (**a**) und Berlin-Dahlem (**b**) von Berlin-Tegel

Abb. 161. Vertikale Windzunahme über der Stadt und dem Umland (schematisch)

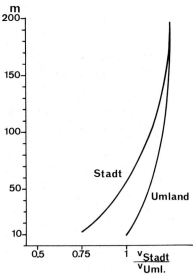

sichtlich der vertikalen Windverhältnisse zeigen die Messungen, wie z. B. in Hamburg, daß der unten abgebremste Stadtwind erst in einer Höhe von mehr als 100 – 200 m die gleiche Geschwindigkeit wie der Freilandwind erreicht. In Abb. 161 sind die Verhältnisse schematisch dargestellt.

14.4 Niederschlagseinfluß

Was den Stadteinfluß auf die Niederschlagsbildung betrifft, so ist der Nachweis recht problematisch. Zwar wird durch die Stadt eine zusätzliche Vertikalkomponente der Strömung erzeugt, begünstigt die hohe Zahl von Luftverunreinigungen die Tropfenbildung, führt ihre Übertemperatur zu verstärkter Konvektion, die z. B. von Segelfliegern besonders in den Abendstunden gerne ausgenutzt wird, doch ist der Niederschlag das klimatologisch am stärksten schwankende Element.

Selbst 30jährige Mittelwerte weisen noch Schwankungen bis zu 5% auf. Außerdem wird der Stadteinfluß häufig noch durch topographische Einflüsse, wie z. B. durch ein Ansteigen des Geländes oder eine Tallage überlagert, so daß das Ergebnis besonders bei der Niederschlagsverteilung ein recht komplexes Bild ergibt.

Das bisher intensivste stadtmeteorologische Meßexperiment „METROMEX" hat von 1971 – 1976 in St. Louis/USA stattgefunden. Dabei konnte man in Hauptwindrichtung im Lee der Stadt eine Erhöhung der Niederschlagsmenge nachweisen.

Ähnliche Untersuchungen wurden auch für Berlin (W) durchgeführt. Bei den meist konvektiven Regenfällen von April bis Oktober mit einer Niederschlagsmenge von 5 mm oder mehr folgte an allen 13 Untersuchungsstationen eine mitt-

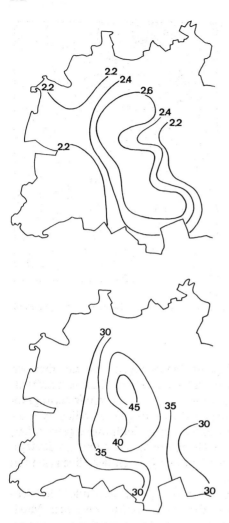

Abb. 162. Mittlere Intensität starker Regenschauer in mm/h im Stadtgebiet von Berlin (W)

Abb. 163. Häufigkeit starker Regenschauer in
den Abendstunden in den Berliner Innen- und
Außenbezirken in %

lere Regenspende/Starkregen von rund 11 mm. Da jedoch die mittlere Regendau-
er unterschiedlich war, ergab sich die in Abb. 162 dargestellte Verteilung der
mittleren Niederschlagsintensitäten über das Stadtgebiet, d. h. im Stadtinneren
treten etwas heftigere, dafür aber kürzere Starkregenfälle auf, in den Außenbezirken dagegen etwas weniger intensive, dafür aber etwas länger anhaltende.

In welcher Weise die Wärmeinsel Stadt den Tagesgang von Konvektivregen
mit mindestens 4,8 mm in 10 min beeinflußt, wird in Abb. 163 deutlich. Während
in der Innenstadt 40−45% dieser Regenfälle in den Abendstunden (18−24 Uhr
MEZ) auftreten, sind es in den Außenbezirken weniger als 30%.

Ein recht komplexer Rauhigkeitseinfluß auf die Niederschlagsverteilung in einem Stadtgebiet kommt in Abb. 164a, b zum Ausdruck. So nimmt die Niederschlagsmenge bei Nordwind vom nördlichen Stadtrand bis zu einem Maximum
über der Innenstadt zu und danach wieder ab. Bei den im Mittel erheblich feuch-

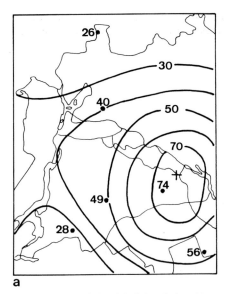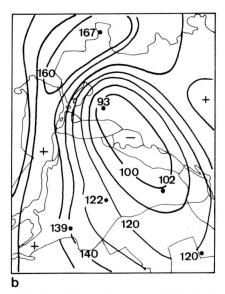

a   b

Abb. 164a, b. Mittlere jährliche Niederschlagsmenge bei Nordwind (a) und Südwestwind (b) im Berliner Stadtgebiet in mm

teren Südwestwinden liegt das Niederschlagsmaximum dagegen bereits über den westlichen Stadtteilen, während in der Innenstadt ein relatives Minimum auftritt. Nach Osten schließt sich ein weiteres Maximum an. Derartige windrichtungsabhängige Strukturen zeigen, daß die Rauhigkeit der Stadt grundsätzlich zu einer Konvergenz im Windfeld, zu einer reibungsbedingten Stadtkonvergenz führt, daß aber ihre Auswirkung auf die räumliche Niederschlagsverteilung im Stadtgebiet, d. h. auf die Lage der Maxima und der Minima je nach den Eigenschaften der anströmenden Luft unterschiedlich ist.

Auf diese Weise ergibt sich in Berlin eine integrale, d. h. über alle Windrichtungen betrachtete Niederschlagsverteilung, deren Grundzüge mit einem Maximum am westlichen Stadtrand, einem Minimum über dem Stadtinnern und einem zweiten Maximum über den östlichen Teilen der Stadt den Verhältnissen der Hauptwindrichtungen West und Südwest (Abb. 164b) entspricht. Hinsichtlich der mittleren jährlichen Niederschlagsmenge treten dabei im Stadtgebiet Werte zwischen 530 und 630 mm auf, d. h. ergeben sich Unterschiede bis zu $100 \, \text{l/m}^2$ auf nur wenige Kilometer Entfernung!

14.5 Klimatologische Stadtplanung

Fassen wir den Stadteinfluß auf die lokalen Klimaverhältnisse zusammen, so lassen sich zahlreiche Effekte angeben. Das Kerngebiet einer Stadt erscheint wärmer als die nur wenig bebauten Außenbezirke oder das freie Umland, wobei die Übertemperatur am ausgeprägtesten in den sommerlichen Abend- und frühen Nachtstunden ist. Ferner wirkt die Ansammlung von Beton und Stein dämpfend auf die tägliche Temperaturamplitude. Die Luftfeuchte ist, absolut wie relativ, im Sommerhalbjahr in der Stadt geringer als außerhalb, während in der kalten Jahreszeit die Unterschiede weitgehend verschwinden.

Temperatur- und Feuchteeffekt führen dazu, daß die sommerlich konvektiven Starkregen in der (Innen-)Stadt in ihrer Intensität etwas erhöht sind, allerdings auf Kosten der Dauer, und daß diese Intensivregen über dem Stadtzentrum häufiger in den Abendstunden auftreten als in der Umgebung. Auch die erhöhte Rauhigkeit beeinflußt die Niederschlagsverhältnisse nachhaltig.

Was die Größe des Stadteinflusses auf die Klimaelemente betrifft, hängt sie von den baulichen Eigenarten der Stadt und vom übergeordneten Klima ab. So konnte z. B. von Oke und Hannell (1970) gezeigt werden, daß die Übertemperatur der Stadt mit zunehmender Einwohnerzahl, also mit einer Zunahme des dichtbebauten Areals anwächst. Aus dieser Tatsache folgt, daß für jede Stadt die lokalklimatischen Verhältnisse gesondert festgestellt und bei Stadtplanungsvorhaben, wie der Anlage von Siedlungen, Fabriken, Freiflächen, berücksichtigt werden müssen. So läßt sich mit Hilfe der Stadtklimatologie städtebaulichen Fehlplanungen begegnen, läßt sich verhindern, daß z. B. die für das Wohlbefinden der Einwohner so wichtigen Frischluftschneisen zugebaut werden, daß Kraftwerke, Industrieanlagen, Flughäfen usw. an der meteorologisch falschen Stelle errichtet werden.

15 Anthropogene Luftverunreinigung

Auf natürlichem Wege gelangen Schwefeldämpfe aus Erdspalten, Feinstäube durch Vulkanausbrüche und Sandstürme sowie Salze aus den Ozeanen in die Atmosphäre, wo sie von der Luftströmung erfaßt und teilweise über weite Strecken verfrachtet werden. Feinstaubablagerungen aus der Sahara führen nicht selten zu einer rötlichen Färbung des Schnees in den Alpen, faszinierende farbige Dämmerungserscheinungen treten auch im Abstand von Tausenden von Kilometern nach einem Vulkanausbruch auf, bei dem gewaltige Staubmassen bis in die Stratosphäre geschleudert und dort um den Erdball transportiert werden.

Aber auch durch die Aktivitäten des Menschen werden die verschiedenartigsten Luftbeimengungen erzeugt. Je mehr Menschen beisammen leben und je mehr Produktionsanlagen vorhanden sind, um so größer ist die Emission, d. h. die Abgabe chemischer Dämpfe und Gase sowie von festen und flüssigen Partikeln an die bodennahen Luftschichten. Großstädte und industrielle Ballungsgebiete sind somit die Schwerpunkte anthropogener Luftverunreinigung.

Durch die Verbrennung fossiler Brennstoffe, also von Kohle, Öl und Erdgas zu Heizzwecken und zur Energiegewinnung werden allein in Europa Millionen Tonnen von Schwefeldioxid (SO_2), Kohlenmonoxid (CO), Kohlendioxid (CO_2) usw. durch die Schornsteine in die Atmosphäre gebracht, durch den Verkehr gelangen ständig Stickoxide (NO_x) u. a. m. in die Luft, mit der industriellen Produktion ist die Freisetzung von Kohlenwasserstoffen und Schwermetallen wie Kadmium, Blei, Chrom usw. verbunden, durch Wiederaufbereitungsanlagen von Kernbrennstoffen für Kernkraftwerke werden fortlaufend radioaktive Stoffe freigesetzt. Auf diese Weise greift der Mensch in massiver Weise in seinen unmittelbaren Lebensraum ein, verändert er die Qualität seiner Atemluft.

Welche dramatische Entwicklung diese Eingriffe in den Naturhaushalt nehmen können, zeigt das Waldsterben. Auch wenn seine Ursache noch nicht geklärt und wahrscheinlich auf das komplexe Zusammenwirken mehrerer Komponenten zurückzuführen ist, so ist mit hoher Wahrscheinlichkeit anzunehmen, daß SO_2 wie NO_x an der Vernichtung der Bäume beteiligt sind. Trifft in der Luft SO_2 mit Wassertröpfchen zusammen, so entsteht Schwefelsäure (H_2SO_4), d. h. es bilden sich schwefelsaure Wolken-, Nebel- und Regentropfen. Diese setzen sich zum einen auf Nadeln und Blätter. Zum anderen wird der in den Erdboden eindringende saure Regen von den Bäumen über die Wurzeln aufgenommen. Analoges gilt für den sauren Schnee, der sich auf die Nadeln setzt und aufgetaut in den Erdboden eindringt.

Ein weiteres aktuelles Problem ist die Versauerung der Seen durch den sauren Regen. Untersuchungen an den westschwedischen Seen haben gezeigt, daß der

Säuregehalt des Wassers so angestiegen ist, daß ihre Pflanzen- und Tierwelt bedroht oder z. T. schon vernichtet ist. Die Ursache dafür stellt der Ferntransport von SO_2 aus Mittel- und Westeuropa mit der vorherrschenden südwestlichen Luftströmung dar. Zwar wird dabei auch den Seen Nord- und Nordostdeutschlands schwefeliger Regen zugeführt, doch sind diese infolge ihres andersartigen geologischen Untergrunds im Gegensatz zu den schwedischen Seen in der Lage, die zugeführte Säure zu neutralisieren.

15.1 Wetterlage und Luftbelastung

Der Grad der Luftverunreinigung in den Städten und Industriegebieten hängt von 2 Grundfaktoren ab, und zwar einerseits von der Emission, d. h. von der Menge der in die Luft gebrachten Substanzen, und andererseits von der jeweiligen Wetterlage. So kann bei gleichgroßem Ausstoß von Luftbeimengungen die Luftbelastung am Boden je nach Wetterbedingungen sehr unterschiedlich sein. Der Grund dafür liegt im Verhalten der Gase oder Partikel, sobald sie aus den Hausschornsteinen oder Industriekaminen in die Luft gelangen. Ähnlich wie sich z. B. ein Tropfen Tinte in ruhendem bzw. fließendem Wasser ausbreitet, breiten sich die Luftbeimengungen, ob gasförmige, flüssige oder feste, in der Atmosphäre aus.

Der physikalische Vorgang der molekularen und v. a. der turbulenten Diffusion ist es, der dafür sorgt, daß zwischen Gebieten mit unterschiedlich hohen Konzentrationen über die Durchmischung eine Konzentrationsangleichung herbeigeführt wird, d. h. daß es zu einer kontinuierlichen Verteilung der emittierten Luftbeimengungen auf ein größeres Luftvolumen und damit zu einer Konzentrationsverringerung kommt. So weisen die emittierten Stoffe, z. B. der SO_2-Gehalt, an der Emissionsquelle, also bei Austritt aus dem Schornstein ihre höchsten Konzentrationswerte auf.

Dieser Diffusionsprozeß ist von Wetterlage zu Wetterlage unterschiedlich ausgeprägt und hängt von den Turbulenzeigenschaften der jeweiligen Strömung und der Stabilität der Luftmasse ab, also von ihrer Fähigkeit zur Luftwirbelbildung. Anhand der SO_2-Verhältnisse in Berlin (W) soll der grundsätzliche Einfluß der Wettersituation auf den Grad der Luftverunreinigung aufgezeigt werden.

Das *Berliner Luftgüte-Meß*netz (BLUME) des Senats von Berlin besteht aus 31 SO_2-Meßstationen, die in einem Abstand von jeweils 4 km rasterartig über die Stadt verteilt sind. Gemessen werden von ihnen die Konzentrationswerte, wie sie sich unter dem Einfluß der Diffusion außerhalb der Quellen in der Luft einstellen; diese auf Menschen, Tiere und Pflanzen wirkenden Konzentrationsverhältnisse bezeichnet man als Immission.

In Abb. 165a, b sind die mittleren SO_2-Konzentrationen im Winter für Wetterlagen ohne und mit bodennahen Inversionen einander gegenübergestellt. In beiden Fällen wird deutlich, daß die Konzentrationswerte von der Innenstadt, wo die Einwohnerdichte etwa 10 000 Menschen/km^2 beträgt, zu den Außenbezirken, deren Wohndichte z. T. nur bei 1000 Einwohnern/km^2 liegt, erheblich abnimmt. Den Einfluß der Stabilität der bodennahen Luftschichten auf den Grad der Luft-

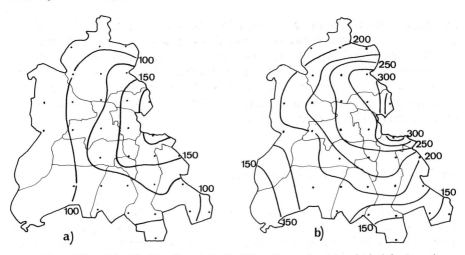

Abb. 165a, b. Winterliche SO_2-Verteilung in Berlin (W) an Tagen ohne (**a**) und mit tiefen Inversionen (**b**) in $\mu g/m^3$

verunreinigung erkennen wir daran, daß bei Inversionswetterlagen in allen Stadtteilen ein SO_2-Gehalt angetroffen wird, der durchschnittlich etwa doppelt so hoch ist wie an Tagen ohne tiefe Inversionen.

Die Windrichtung ist ein Indikator, in dem einerseits die Lage eines Areals relativ zu den Emittenten der Luftbeimengungen zum Ausdruck kommt und andererseits die meteorologischen Eigenschaften der verschiedenen Luftmassen. So weist eine maritime westliche Luftmasse andere Eigenschaften auf als eine kontinentale aus Osten, eine polare nördliche andere als eine subtropische südliche. In Abb. 166a, b sind die mittleren jährlichen SO_2-Verteilungen bei Westwind und Südostwind einander gegenübergestellt. Während bei westlichem Wind die Luftbelastung relativ gering ist, steigt sie bei Südostwind in allen Stadtteilen auf mehr als doppelt so hohe Werte an.

In Abb. 167a, b wird der Einfluß der Windgeschwindigkeit auf den Grad der Luftbelastung sichtbar. Wiedergegeben ist dort der mittlere Unterschied im SO_2-Gehalt zwischen schwach- und starkwindigen Tagen. Aus der Betrachtung aller Tage, also über alle Windrichtungen (a) folgt, daß auffrischender Wind infolge erhöhter Transport- und Diffusionsbedingungen grundsätzlich zu einer Abnahme der Konzentrationen führt. In Gebieten oder zu Jahreszeiten, wo ein Großteil der Emissionen durch den Hausbrand verursacht ist und aus niedrigen Schornsteinen in die Luft gelangt, kann jedoch ein stärkerer Wind gebietsweise auch zu Konzentrationserhöhungen führen, wie dieses in der Abbildung für Ostwindwetterlagen deutlich wird. Einerseits führt nämlich der Einfluß der Gebäude gerade bei niedrigen Emittenten dazu, daß bei stärkerem Wind Turbulenzwirbel entstehen, die die Rauchfahnen nach unten drücken, so daß dort die Konzentration steigt. Andererseits wird bei auffrischendem Wind die „Rauchgaswolke" von ihrem Entstehungsgebiet verstärkt in Windrichtung verlagert und führt dann in an sich weniger belasteten Gebieten zu einem Konzentrationsanstieg. Dieser Effekt wird in dem westlichen Maximum sichtbar, während es in den übrigen Gebieten je

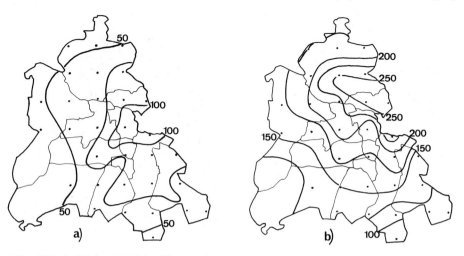

Abb. 166a, b. Mittlere jährliche SO_2-Verteilung in Berlin (W) bei Westwind (**a**) und Südostwind (**b**) in $\mu g/m^3$

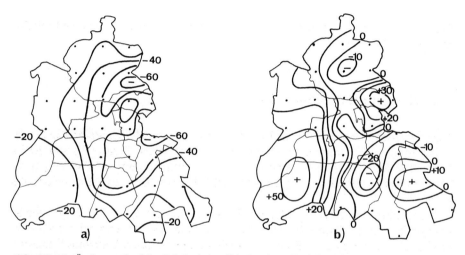

Abb. 167a, b. Änderung des SO_2-Gehalts bei auffrischendem Wind über alle Windrichtungen gemittelt (**a**) und bei Ostwind (**b**) im Berliner Stadtgebiet in $\mu g/m^3$

nach Turbulenzbedingungen teils zu einer Abnahme, teils zu einer Zunahme von SO_2 kommt.

Daß die Wetterlage nicht nur die Immissionen, sondern auch die Emission selber beeinflussen kann, folgt aus Abb. 168a, b. Dort ist die mittlere SO_2-Verteilung für milde und kalte Wintertage wiedergegeben. Liegen die Tagesmitteltemperaturen zwischen − 5 und − 10 °C, so treten erheblich höhere SO_2-Konzentrationen auf als an milden Wintertagen mit Temperaturen zwischen + 5 und + 10 °C. Neben der völlig andersartigen Wetterlage bei den gegenübergestellten Situationen muß an den kalten Wintertagen erheblich stärker geheizt werden, so

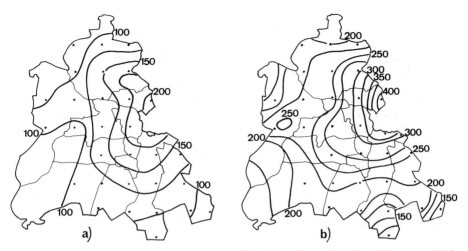

Abb. 168a, b. SO$_2$-Verteilung in Berlin (W) an milden (**a**) und an sehr kalten Wintertagen (**b**) in µg/m^3

daß durch den erhöhten Verbrauch von Kohle, Öl und Erdgas auch die Emission entsprechend ansteigt.

15.2 Emission und Immission

Welchen Beitrag Industrie, Hausbrand und Verkehr bei der Emission wie bei der Immission von SO$_2$ leisten, sei am Beispiel der Großstadt Berlin (W) und des industriellen Ballungsraums Ruhrgebiet-West veranschaulicht. Dabei zeigen die Werte in Tabelle 24 deutlich die strukturellen Unterschiede zwischen beiden Regionen.

Der größte prozentuale Anteil der SO$_2$-Emission erfolgt in Berlin (W) wie im Ruhrgebiet von der Industrie, während der Beitrag des Verkehrs bei der SO$_2$-Abgabe an die Luft gering ist. Eine mittlere Stellung nimmt der Hausbrand ein, dessen Anteil jedoch in Berlin (W) mit seiner großen Wohndichte wesentlich höher ist als im Ruhrgebiet.

Tabelle 24. Beiträge zur Emission und Immission von SO$_2$ in Berlin (W) und im Ruhrgebiet in (%)

	Berlin (W)		Ruhrgebiet	
	Emission	Immission	Emission	Immission
Industrie	74	15	92	48
Hausbrand	24	45	7	22
Verkehr	2	5	1	2
Transport	–	35	–	28

Hinsichtlich der Immission ergibt sich dagegen ein anderes Bild. So liefert der Hausbrand in Berlin (W) zur bodennahen SO_2-Konzentration einen 3mal so großen Anteil wie Industrie und Kraftwerke. Die Ursache für den auch im Ruhrgebiet im Vergleich zur Emission recht hohen Immissionswert ist in den niedrigen Schornsteinhöhen der Gebäudeheizungen zu suchen, wodurch die Rauchgasabgabe nur wenige Meter bis Dekameter über dem Erdboden erfolgt. Dagegen zeigt sich, daß die Industrieemissionen aus den Hochkaminen in Standortnähe um die Emittenten nur einen vergleichsweise geringen Beitrag liefern. Jedoch hat die „Philosophie der hohen Kamine" auch ihren Nachteil. Sie sind es nämlich, die v. a. zum Ferntransport der Luftbeimengungen beitragen, so daß es, wie wir gesehen haben, durch den SO_2-Ausstoß Mittel- und Westeuropas in Schweden zu einer Versauerung der Seen kommt. Damit wird auch verständlich, wieso im Ruhrgebiet und auch in Berlin (W) etwa 1/3 der Immission auf SO_2-Transporte von Quellen in anderen Gebieten zurückgeht.

Zusammenfassend läßt sich daher feststellen, daß es sich bei der Luftverunreinigung um ein vielschichtiges „grenzüberschreitendes" Problem handelt und daß alle Staaten zu gemeinsamen Anstrengungen und Maßnahmen gegen die Luftverschmutzung aufgerufen sind. Auch wenn der Mensch sich als sehr anpassungsfähig in bezug auf die Umweltbedingungen erweist, sind zweifellos Grenzen gesetzt, von denen an verschmutzte Luft ihn krank macht. Dabei wird es zuerst die weniger Widerstandsfähigen, die Kranken, Kinder und die älteren Menschen treffen.

Daß auch die Vegetation und Tierwelt von einer wissenschaftlich noch weitgehend unbekannten Schwellen- und Dauerbelastung an äußerst sensibel reagieren, zeigen Waldsterben und saure Seen. Die Natur ist, wie sich nun auch den Zweckoptimisten deutlich gezeigt hat, keineswegs beliebig belastbar.

15.3 Smog

Unter Smog verstehen wir eine Situation, bei der die Luftverunreinigung extrem hohe Werte erreicht. Der Begriff selber ist ein angelsächsisches Kunstwort und setzt sich aus den Wörtern „smoke" = Rauch und „fog" = Nebel zusammen. Mit dieser Wortkombination wird verdeutlicht, daß Smog durch das Zusammentreffen von sehr hoher Emission und einer ungünstigen Wetterlage entsteht.

Wie wir gesehen haben, sind es windschwache und sehr stabile, durch Inversionen gekennzeichnete Wetterlagen, die zu hohen Konzentrationswerten führen. Infolge des schwachen Winds werden die in die Luft abgegebenen Gase oder Partikel nicht horizontal forttransportiert, infolge der Inversion können sie nicht in höhere Luftschichten gelangen, d. h. bei diesen austauscharmen Wetterlagen akkumulieren die Luftbeimengungen um die Emittenten und treiben dort den Verunreinigungsgrad der Luft in die Höhe.

Wir haben 2 Arten von Smog zu unterscheiden, den schwefeligen und den photochemischen Smog.

Der schwefelige Smog entsteht durch die Freisetzung von SO_2 infolge Verbrennung von Kohle, Öl und Erdgas. Er tritt bei uns v. a. in der kalten Jahreszeit

Abb. 169. Jahresgang des SO$_2$-
Gehalts

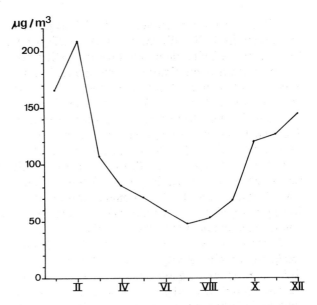

auf, wenn zu den Emissionen von Industrieanlagen und Kraftwerken eine große Heizungsemission kommt. Der mittlere Jahresgang in Abb. 169 bringt am Beispiel Berlin deutlich die hohen winterlichen SO$_2$-Werte zum Ausdruck.

Die starke Akkumulation von Luftbeimengungen und die in der kalten Jahreszeit für Schwachwindwetterlagen typische hohe Luftfeuchte führen dazu, daß das Wetter bei Smogsituationen trübe und neblig ist. Die Reizung der Augen sowie der Atemwege bis zu Erstickungsanfällen sind die Folge der hohen Schadstoffkonzentrationen. Welche dramatische Form der Smog bzw. seine Auswirkungen erreichen kann, wurde im Dezember 1952 deutlich, als es in London zu einer Luftverschmutzungskatastrophe gekommen ist. Während etwas mehr als 1 Woche starben rund 4000 Menschen mehr als durchschnittlich um diese Jahreszeit. Ungefähr 1/2 Mio. t SO$_2$ befand sich zu dieser Zeit infolge hoher Emission und ungünstiger Wetterlage in der Londoner Luft. Dabei waren die Hauptluftverschmutzer die vielen Wohnhäuser mit ihren Kohleheizungen. Seit der Umstellung auf Fernheizung hat sich dieser Vorgang nicht mehr wiederholt, ist die überdurchschnittliche Häufigkeit des Londoner Nebels verschwunden.

Bei der Frage, ob eine Smogsituation vorliegt oder nicht wird in den Großstädten neben dem SO$_2$ auch die Konzentration von Kohlenmonoxid (CO) berücksichtigt. CO ist das Produkt unvollständiger Verbrennungsprozesse und gelangt außer durch die Schornsteine auch durch den Verkehr in die Luft. In den Smogverordnungen wird z. B. vielfach ein Index der Form: S = (SO$_2$/0,4) + (CO/15) gebildet, wobei der SO$_2$- und CO-Gehalt in mg/m^3 eingehen. Überschreitet der Index den Wert 2, so wird Smogalarm ausgelöst. Je nach Überschreitungsbetrag, d. h. Smogalarmstufe, werden Maßnahmen zur Begrenzung der Emissionen angeregt bzw. vorgeschrieben. Diese reichen von der Aufforderung, das Auto stehenzulassen und die Wohnraumheizungen kleiner zu stellen über die Verwendung schwefelarmen Heizöls in den Industriebetrieben bis zur Abschaltung von Industrieanlagen und zum totalen Kraftfahrzeugverbot.

Die andere Smogart kommt durch eine photochemische Reaktion, d. h. durch eine chemische Reaktion unter der Einwirkung von intensiver Sonnenstrahlung zustande. Seine chemischen Hauptbestandteile sind Kohlenwasserstoffe, z. B. Methan, sowie Stickstoff-Sauerstoff-Verbindungen von Industrieabgasen und Verkehr, wobei die Stickoxide zu fast 50% durch die Autoabgase in die Luft gelangen.

Trifft die energiereiche UV-Strahlung auf Stickstoffdioxid (NO_2), so entsteht durch die Abspaltung eines Sauerstoffatoms (O) und dessen Anlagerung an den Luftsauerstoff (O_2) zusätzlich die 3atomige Sauerstoffverbindung Ozon (O_3). Wie die Stickoxide und die Kohlenwasserstoffe hat auch Ozon bei höheren Konzentrationen schädliche Auswirkungen auf Menschen, Tiere und Pflanzen.

Bei austauscharmen Wetterlagen sammeln sich die photochemischen Luftbeimengungen in hohen Konzentrationen unterhalb von Inversionen an. Vor allem vom Flugzeug aus ist der tiefer liegende Smogbereich an seiner gelblich-bräunlichen Färbung deutlich zu erkennen. Negative Schlagzeilen hat dieser photochemische Smogtyp u. a. in Los Angeles gemacht. Auch bei den sommerlichen Smogsituationen von Athen spielen photochemische Prozesse eine große Rolle.

15.4 Ausbreitungsrechnung

Grundsätzliches

Eine Grundforderung an die Meteorologie ist es, das physikalische Verhalten der Luftbeimengungen auf ihrem Weg von der Emission zur Immission zu beschreiben. Das Ziel ist es, bei bekannter Emissionsmenge Aussagen darüber zu machen, wie hoch die durch den betrachteten Emittenten verursachte Belastung ist oder die Zusatzbelastung sein wird, wenn ein entsprechender Emittent, z. B. ein Kraftwerk, gebaut wird. Zu diesem Zweck wurden mathematisch-physikalische Diffusionsmodelle entwickelt, die eine Abschätzung der Konzentrationsverteilung um den Standort des Emittenten in Abhängigkeit von der jeweiligen Wetterlage erlauben.

Bei den Diffusionsmodellen geht man davon aus, daß es sich um ein chemisch stabiles Gas handelt, es also auf seinem Transportweg nicht umgewandelt wird. Für die Ausbreitung wird angenommen, daß vom Emittenten ein konstanter Massenstrom Q (kg/s) freigesetzt wird, der von Querschnittsflächen der Luft aufgenommen wird, die senkrecht zur Windrichtung angeordnet sind und in Windrichtung den Emittenten passieren. Die Schadstoffmenge verbleibt in der driftenden Querschnittsfläche und breitet sich dort seitlich und vertikal nach den Gesetzen der turbulenten Diffusion aus (Abb. 170).

Hinsichtlich der Wetterverhältnisse müssen quasistationäre Zustände herrschen, um einheitliche Turbulenzbedingungen ansetzen zu können. Dieses wird erreicht, indem die zeitlichen meteorologischen Veränderungen in eine Folge in sich quasistationärer Zustände mit einem geeigneten Zeitintervall zerlegt werden. Zu jedem stationären Zustand ist für das Untersuchungsgebiet die mittlere horizontale Windrichtung zu bestimmen, wobei man die x-Achse des Koordinatensystems so orientiert, daß sie in Windrichtung liegt. Die an einer Stelle mit den

Abb. 170. Schematische Darstellung zur
Ausbreitungsrechnung

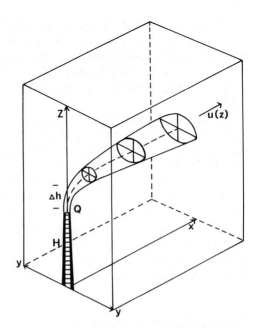

Koordinaten (x, y, z) auftretende Konzentration S (x, y, z), die von einer Punkt-
quelle im Zentrum des Koordinatensystems (O, O, h_0) erzeugt wird, läßt sich
dann bestimmen als

$$S (x, y, z) = Q R (x, y, z, h) ,$$

wobei Q die konstante Quellstärke und R (x, y, z, h) eine Funktion ist, welche die
Form der Rauchgasfahne beschreibt. Dabei werden in R die Ausbreitungsbedingungen je nach Wetterlage erfaßt. Bei den sog. Gauss-Modellen geht die zusätzliche Annahme ein, daß die Konzentrationsverteilungen senkrecht zur x-Achse, also in y- und in z-Richtung einer Gauss-Normalverteilung folgen, d. h. die Abnahme der Konzentrationswerte seitlich und vertikal zu der in Windrichtung liegen-
den Rauchfahnenachse durch die Streuungen σ_y und σ_z einer Normalverteilung
beschrieben werden können.

Für kleinere, horizontal verteilte Emittenten, wie sie z. B. die vielen Haus-
schornsteine darstellen, setzt man die Quellstärke Q als Funktion des Flächenele-
ments dx_0, dy_0 an. Die Gesamtemission ist in diesen Fällen durch Integration der
einzelnen Emissionsbeiträge zu bestimmen.

Anwendung

Für Ausbreitungsrechnungen sind eine Reihe verschiedener Diffusionsmodelle
mit teils unterschiedlichen physikalischen Schwerpunkten, teils unterschiedlichen
empirischen Konstanten in den Gleichungen entwickelt worden. Dieses hat verschiedene Gründe, so soll für die Wissenschaft ein Modell möglichst alle physikalischen Vorgänge enthalten, wobei Datenbeschaffung und Rechenaufwand von

untergeordneter Bedeutung sind. Hingegen sollen Modelle für die Praxis sowohl hinreichend genau als auch zugleich zeitökonomisch sein, d. h. einerseits müssen die Eingangsdaten ohne speziellen Meßaufwand verfügbar sein und andererseits muß die Rechenzeit sich in realistischen Grenzen halten.

In der „Technischen Anleitung zur Reinhaltung der Luft", der sog. „TA-Luft", hat der Gesetzgeber aufgrund von Expertenbefragungen ein Verfahren in Form einer allgemeinen Verwaltungsvorschrift festgelegt. Die Grundzüge dieser Ausbreitungsrechnung, bei der es sich um ein Gauss-Modell handelt, seien kurz vorgestellt.

Die Grundlage der Berechnungen ist die Ausbreitungsformel

$$S(x, y, z) = \frac{44,21\, Q}{u_h \sigma_y \sigma_z} \exp\left[\frac{-y^2}{2\sigma_y^2}\right] \left(\exp\left[\frac{-(z-h)^2}{2\sigma_z^2}\right] + \exp\left[\frac{-(z+h)^2}{2\sigma_z^2}\right]\right).$$

Dabei is $S(x, y, z)$ die Konzentration der Luftbeimengung in mg/m^3 im Punkt $P(x, y, z)$, Q der emittierte Massenstrom in kg/h, h die sog. effektive Quellhöhe in m, u_h die mittlere Windgeschwindigkeit in m/s in der Höhe h, σ_y, σ_z Streuparameter, die die seitlichen bzw. vertikalen Ausbreitungsbedingungen beschreiben.

Die Einführung der „effektiven Quellhöhe" ist deswegen erforderlich, weil die Rauchgase ja nicht in Kaminhöhe transportiert werden, sondern infolge ihres wärmebedingten Auftriebs in einer Höhe Δh über dem Kamin. Berechnet wird sie mit einer sog. Überhöhungsformel der Form

$$h = H + \frac{a\, M^b}{u_H},$$

wobei H die Kaminhöhe, M der emittierte Wärmestrom, u_H die Windgeschwindigkeit in Kaminhöhe und a bzw. b 2 Konstanten sind.

Wie bereits mehrfach erwähnt, ist für die Ausbreitung der Luftbeimengungen die jeweilige Wetterlage bedeutsam. Anhand der beobachteten Wind- und Bewölkungsverhältnisse werden 6 Ausbreitungsklassen unterschieden. Sie entsprechen den atmosphärischen Stabilitätsbedingungen: sehr labil, labil, neutral mit Tendenz labil, neutral mit Tendenz stabil, stabil und sehr stabil. Dabei läßt sich grundsätzlich sagen: Je geringer die Windgeschwindigkeit und je geringer der Bedeckungsgrad ist, um so stabiler ist die atmosphärische Schichtung während der Nachtstunden, um so labiler ist sie dagegen während der Tagesstunden.

Sind die Ausbreitungsklassen bestimmt, müssen die beiden Ausbreitungsparameter σ_y und σ_z berechnet werden. Dieses geschieht mit den Formeln

$$\sigma_y = F\, x^f \quad \text{und} \quad \sigma_z = G\, x^g,$$

wobei x die Entfernung des betrachteten Punkts vom Emittenten und F, f bzw. G, g für jede Ausbreitungsklasse festgelegte empirische Koeffizienten sind.

Als letzte Größe fehlt uns noch zur Anwendung der Ausbreitungsformel die Windgeschwindigkeit u_h in Ausbreitungshöhe h. Sie wird aus den Bodenwindbeobachtungen u_A nach einer Potenzfunktion

$$u_h = u_A \left(\frac{h}{z_A}\right)^m$$

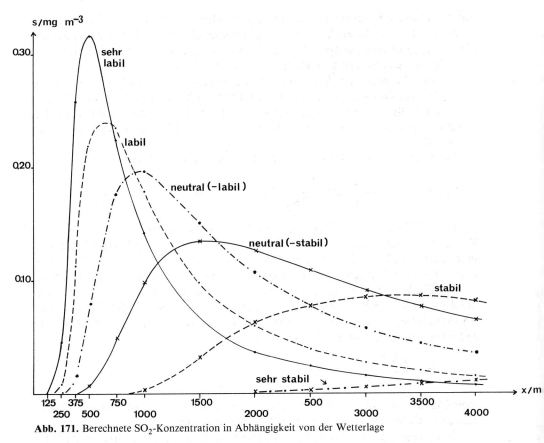

Abb. 171. Berechnete SO_2-Konzentration in Abhängigkeit von der Wetterlage

berechnet, wobei z_A die Höhe des Windanemometers über Grund ist und m ein Exponent, dessen Betrag je nach Ausbreitungsklasse zwischen 0,09 (sehr labil) und 0,42 (sehr stabil) liegt.

Wie sehen nun Ergebnisse der Ausbreitungsrechnung im einzelnen aus? In Abb. 171 ist für einen 125 m hohen Kamin und eine Bodenwindgeschwindigkeit $u_A = 10$ m/s gezeigt, in welchem Maße sich bei konstanter Emission Q die Wetterlage, d. h. die Ausbreitungsverhältnisse auf die SO_2-Konzentration in Emittennähe auswirkt. Bei sehr labiler bzw. labiler Schichtung führt die große Turbulenz dazu, daß das Konzentrationsmaximum groß und sehr scharf ausgeprägt ist und bereits in einem Abstand unter 1 km auftritt. Je stabiler die Schichtung wird, um so geringer wird nach den Ausbreitungsrechnungen die maximale Konzentration und um so weiter liegt das sich verbreitende Maximum von der Rauchgasquelle entfernt. Auf Inversionswetterlagen bezogen heißt das somit, daß die Inversionen mit ihrer Sperrschichteigenschaft dafür sorgen, daß die Immissionen auch in größerer Entfernung vom Emittenten noch hoch sind.

Sind an einem Ort durch die Klimatologie die Art, Dauer und Häufigkeit der auftretenden Wetterlagen bekannt, so läßt sich aus der Summe der Einzelrechnungen die mittlere jährliche (Zusatz-)Belastung durch bestimmte Emittenten

oder Emittentengruppen berechnen, läßt sich eine kausale Luftbelastungsklima-
tologie erstellen, wie es z. B. Fortak (1971) für die Stadt Bremen („Bremer Modell") aufgezeigt hat.

Abschließend sei noch etwas zu den Grenzen der Ausbreitungsrechnung gesagt. Eine Grenze wird deutlich, wenn wir bedenken, daß die Windgeschwindigkeit im Nenner der Ausbreitungsformel steht, d. h. diese für Windstille ($u_h = 0$)
nicht definiert ist. Grundsätzlich ist festzuhalten, daß die Ausbreitungsgleichung
aus physikalischen Gründen (Vernachlässigung von Wechselwirkungsprozessen
zwischen den wandernden Querschnittsflächen) für Windgeschwindigkeiten unter 1 m/s keine zuverlässigen Ergebnisse liefert. Auch der Einfluß von Höheninversionen wird nicht erfaßt.

Außerdem gilt die Ausbreitungsgleichung nur für eine ebene Erdoberfläche.
Topographische Einflüsse sind ebensowenig mit ihr zu erfassen wie der Einfluß
hoher Gebäude in Emittentennähe, die bei hohen Windgeschwindigkeiten durch
die an ihnen entstehenden turbulenten Nachlaufwirbel die Rauchgasfahne bis
zum Erdboden herunterziehen können. Topographie- und Gebäudeeinflüsse lassen sich nur durch Experimente im Wind- oder Wasserkanal hinreichend genau
abschätzen. Dazu baut man das Gelände bzw. die Gebäudeanordnungen im Strö-
mungskanal maßstabsgetreu nach und vermißt ihre Auswirkungen auf die simu-
lierte Rauchgasfahne. Klimatologische Berechnungen über die langfristige Zusatzbelastung durch einen geplanten Emittenten sollten daher stets durch Strö-
mungskanaluntersuchungen ergänzt werden, wenn topographische oder Gebäu-
deeffekte eine Rolle spielen können.

16 Wetterbeeinflussung

Der Wunsch, das Wetter beeinflussen zu können, dürfte so alt wie die Menschheit sein. Vor allem der Mensch früherer Zeiten war den Unbilden des Wetters hilflos ausgeliefert. Dürren oder Wolkenbrüche zur Wachstumszeit hatten zwangsläufig Hungerkatastrophen zur Folge, führten zu einer Existenzbedrohung der Betroffenen. Es ist daher nicht verwunderlich, wenn die Naturvölker in ihrer Hilflosigkeit das Wirken erzürnter Götter hinter Hagelschlag, Wolkenbrüchen, Orkanen und Dürren sahen und sich bemühten, die Wettergötter gnädig zu stimmen. Trotz eines funktionierenden Agrarwelthandels zeigen die Dürre in der Sahelzone Afrikas, wo seit 1968 rund 50% der jährlichen Niederschlagsmenge fehlt, Überschwemmungen in Brasilien oder das Ausbleiben des Monsuns in Indien wie gravierend, ja existenzbedrohend auch heute noch die Folgen sind, die von den Anomalien des Wetters hervorgerufen werden. Welche Möglichkeiten hat die moderne Wissenschaft, um steuernd oder korrigierend in das Wettergeschen einzugreifen?

16.1 Nebelauflösung

Wie wir in Kap. 2 gesehen haben, ist die Luft mit Wasserdampf gesättigt, wenn die vorhandene Wasserdampfmenge gleich dem bei der herrschenden Temperatur maximal möglichen Wasserdampfgehalt ist. Dann beträgt die relative Feuchte 100%, und es entsteht infolge Kondensation Nebel.

Erhöht man die Temperatur der Luft, so vergrößert sich das Aufnahmevermögen für Wasserdampf, d. h. der Sättigungsdampfdruck E. Anhand der Formel für die relative Feuchte $rF = (e/E) \cdot 100$ erkennen wir, daß ein größerer Wert von E bei unverändertem, beobachteten Wasserdampfgehalt e zu einem Rückgang der relativen Feuchte führt, d. h. aus gesättigter Nebelluft wird ungesättigte Luft, wenn man die Temperatur erhöht, und die Sicht bessert sich.

Eine einfache und umweltfreundliche Möglichkeit, die Lufttemperatur zu erhöhen, sind Infrarotlampen, also Wärmestrahler. Sie werden auf Flughäfen längs der Start- und Landebahnen installiert oder auf den Straßen an stark nebelgefährdeten Stellen angebracht. Wird eine kritische Sichtweite unterschritten, so schalten sie sich automatisch ein.

Auf Temperatur- und Feuchteunterschiede ist die häufig zu beobachtende Situation zurückzuführen, daß bei Nebelwetterlagen die Sicht in der Innenstadt besser ist als in den Außenbezirken bzw. im freien Umland, denn wie wir gesehen haben, ist die dichtbebaute Innenstadt wärmer und etwas trockener als die Umgebung, wobei sich beide Effekte addieren und schon geringe Differenzen große Auswirkungen haben.

16.2 Hagelbekämpfung

Hagelschlag ist eine von der Landwirtschaft besonders gefürchtete Wettererscheinung, da die herabprasselnden kirsch- bis taubeneigroßen Hagelkörner das Getreide niederschlagen und dadurch ganze Getreideareale vernichten können. Will man versuchen, etwas gegen dieses Naturereignis zu unternehmen, muß man in die wolkenphysikalischen Prozesse bei der Hagelbildung steuernd eingreifen.

Hagelkörner entstehen in Kumulonimbuswolken, wenn infolge der starken Vertikalbewegungen die Eiskörner in der Wolke mehrfach auf- und abwärts gerissen werden und dabei mit unterkühlten Wassertropfen zusammenstoßen. Die Tropfen erstarren, d. h. gefrieren beim Zusammenstoß an den Eiskörnern und führen auf diese Weise zu deren fortlaufender Vergrößerung. Dieses wiederholte Anfrieren in unterschiedlichen Höhen- und damit Temperaturbereichen in der Wolke wird dadurch sichtbar, daß die Hagelkörner um ihren Eiskern einen schalenförmigen Aufbau aufweisen.

Um daher die Bildung von größeren Eiskörnern zu verhindern, muß man bereits im Frühstadium in eine Kumulonimbuswolke eingreifen. Dieses geschieht, indem man sehr viele kleine Eiskerne in die Wolke hineinbringt, so daß das in der Wolke vorhandene unterkühlte Wasser sich an viele Eiskerne anlagern kann und statt wenigeren, aber großen, viele kleine Eiskörner entstehen. Bei diesen ist die Wahrscheinlichkeit, daß sie beim Ausfallen schmelzen, recht groß, so daß der Niederschlag statt als Hagel als Regen auftritt. Als künstliche Eiskerne werden in der Regel Silberjodidkristalle verwendet, da ihre Struktur denen der hexagonalen Eiskristalle sehr ähnlich ist. Dieses Verfahren wird im Alpengebiet und in der Sowjetunion zur Hagelbekämpfung eingesetzt und ist unter dem Begriff „Böllerschießen" bekannt. Praktisch geht das so vor sich, daß mit Silberjodid gefüllte Granaten durch Flakgeschütze in die Wolken geschossen und dort zur Explosion gebracht werden. Neuerdings laufen auch Versuche, mit Hilfe von Ultraschallwellen der Hagelbildung entgegenzuwirken. So wären z. B. Stoßwellen im Ultraschallbereich durchaus in der Lage, auch große Hagelkörner wieder zu zertrümmern.

16.3 Regenerzeugung

Auf der gleichen wolkenphysikalischen Überlegung wie die Hagelbekämpfung basiert die künstliche Erzeugung von Regen. In den ausgedehnten Halbtrockengebieten der Erde, z. B. im Mittelwesten der USA oder der Pampa Argentiniens, führt die sommerliche Einstrahlung zwar zur Bildung von Konvektionswolken, doch regnet es aus ihnen nicht. Die Ursache dafür ist, daß in den Schönwetterkumuli die Wolkentröpfchen so klein bleiben, daß sie vom Aufwind in der Schwebe gehalten werden, oder beim Ausfallen in der ungesättigten Luft unter der Wolke restlos verdunsten.

Es gilt daher, günstigere Bedingungen für den Wachstumsprozeß der Wolkenelemente zu schaffen. Dieses geschieht, indem man die Wolken mit Eiskernen „impft". In der Praxis sieht das so aus, daß vom Flugzeug aus Silberjodidkristalle oder Kohlensäureschneekristalle in die Wolken gestreut werden. An ihnen können die Wassertröpfchen der Wolke anfrieren, so daß auf diese Weise größere Wolkenelemente entstehen, die beim Ausfallen eine Chance haben, als Regen den Erdboden zu erreichen. Wichtig ist in diesem Falle, daß nicht zuviele künstliche Eiskerne in die Wolke gebracht werden, denn im Gegensatz zur Hagelbekämpfung lautet hier das Prinzip, eine begrenzte Anzahl größerer Wolkenelemente statt einer Vielzahl von kleineren zu erzeugen.

Aus allem wird deutlich, daß die Niederschlagserzeugung ein recht diffiziles Problem ist. So ist es nicht verwunderlich, daß die wissenschaftlichen Versuche bisher nur in einem Teil der Fälle, und zwar nur zu etwa 50%, zum Erfolg geführt haben. Nichtsdestotrotz gibt es in den USA Firmen, die als „Regenmacher" ein Geschäft mit dem Wetter betreiben.

Eine für die künstliche Regenerzeugung wichtige Voraussetzung ist, daß bereits Wolken vorhanden sind. Theoretische Betrachtungen zeigen, daß unwirtschaftlich große Mengen an Wärmeenergie aufgebracht werden müßten, um so viel Luft zu erwärmen und zum Aufsteigen zu bringen, daß größere Wolkenkomplexe entstehen. Daß es dennoch möglich ist, künstlich Wolken zu erzeugen, zeigen zum einen die durch den Betrieb von Kühltürmen erzeugten Wolken. Zum anderen wird von brennenden Städten aus dem Krieg, z. B. von Frankfurt/Main, berichtet, daß sich in wolkenloser Umgebung über der brennenden Stadt plötzlich eine hochreichende Konvektionswolke entwickelte, aus der zeitweise etwas Niederschlag fiel.

16.4 Wirbelsturmbeeinflussung

Tropische Wirbelstürme sind Wettersysteme, die mit ungeheuren Verwüstungen verbunden sind. Winde mit Orkanstärke, unvorstellbare Wolkenbrüche und meterhohe Flutwellen sind ihre Attribute. Es wäre ein Segen für die von ihnen heimgesuchten Landstriche, ließen sich die Hurrikane und Taifune beeinflussen, in ihrer zerstörenden Wirkung abschwächen.

In wissenschaftlichen Großprojekten hat man in den USA versucht, das Verhalten der tropischen Wirbelstürme zu erkunden und als Folge der gewonnenen Ergebnisse, in ihren Mechanismus einzugreifen. So sind zum einen Versuche gemacht worden, Wirbelstürme mit Silberjodidkristallen zu impfen, um sie primär vor dem Erreichen bewohnter Landstriche, d. h. noch über dem Meer zum Abregnen zu bringen. Aufgrund der Erkenntnis, daß die tropischen Wirbelstürme ihre ungeheuren Energien aus dem Verdunstungsprozeß der Ozeane beziehen, hat man zum anderen versucht, die Wasseroberfläche gewissermaßen zu „versiegeln". Dazu wurde ein dünner Ölfilm auf das Wasser aufgebracht, um auf diese

Weise die Verdunstung und damit den Energienachschub zu bremsen. Es ist jedoch zweifelhaft, ob die Orkane auf diesem Weg wesentlich beeinflußt werden können, da der Ölfilm in der tobenden See kaum längere Zeit Bestand haben kann. Der wissenschaftlichen Zukunft bleibt es daher vorbehalten, erfolgversprechendere Methoden gegen diese Naturgewalt zu entwickeln.

Literatur

Bergeron T (1928) Über die dreidimensional verknüpfte Wetteranalyse. Geofys Publ *5*/6
Bergeron T (1936) Physik der troposphärischen Fronten und ihrer Störungen. Wetter *53*
Bjerknes J (1919) On the structure of moving cyclones. Geofys Publ *1*/2
Bjerknes J und H Solberg (1922) Life cycle of cyclones and polar front theory of atmospheric circulation. Geofys Publ *3*/1
Bjerknes V (1912) Dynamische Meteorologie und Hydrographie, Braunschweig
Bjerknes V (1921) On the dynamics of the circular vortex with applications to the atmosphere and atmospheric vortex and wave motions. Geofys Publ *2*/4
Blüthgen J (1966) Allgemeine Klimageographie. De Gruyter, Berlin
Boer W (1964) Technische Meteorologie. Teubner, Leipzig
Bodin S und H Malberg (1978) Das Wetter und wir. Universitas, Berlin
Budyko MJ (1982) The Earth's climate: past and future. Academic Press, New York
Charney JG, R Fjortoft and J v Neumann (1950) Numerical integration of the barotropic vorticity equation. Tellus 2/4
Fitzroy R (1863) Weather Book. London
Fortak H (1971) Meteorologie. Habel, Berlin
Geb M (1971) Neue Aspekte und Interpretationen zum Luftmassen- und Frontenkonzept. Abh Inst f Met d Freien Univ Berlin, *109*/2
Geiger R (1961) Das Klima der bodennahen Luftschichten. Vieweg, Braunschweig
Haltiner GJ und FL Martin (1957) Dynamical and physical meteorology. McGraw-Hill, New York
Hann J (1885) Über den Temperaturverlauf zwischen Stadt und Land. Meteor Z
Helmholtz H (1868) Über diskontinuierliche Flüssigkeitsbewegungen. Berl Monatsber, April
Hoffmann G (1959) Die mittleren jährlichen und absoluten Extremtemperaturen der Erde. Abh Inst f Met d Freien Univ Berlin, *8*/3 und *8*/4
Holton JR (1973) An introduction to dynamic meteorology. Academic Press, New York
Knittel J (1976) Ein Beitrag zur Klimatologie der Stratosphäre der Südhalbkugel. Abh Inst f Met d Freien Univ Berlin (NF) *2*/1
Kondrat'yev KY (1965) Radiation heat exchange in the atmosphere. Pergamon Press, Oxford
Kratzer A (1936) Das Stadtklima. Vieweg, Braunschweig
Köppen W (1918) Klassifikation der Klimate nach Temperatur, Niederschlag und Jahreslauf. Peterm geogr Mitt 64
Köppen W und R Geiger (1928) Klimakarte der Erde
Labitzke K und Mitarbeiter (1972) Climatology of the stratosphere in the northern hemisphere. Abh Inst f Met d Freien Univ Berlin *100*/4
Labitzke K (1981) Stratospheric-mesospheric midwinter disturbances: a summary of observed characteristics. J Geophys Res *86*/C10
Labitzke K (1982) On the interannual variability of the middle stratosphere during the northern winters. J Meteor Soc Japan *60*/1
Lang R (1915) Versuch einer exakten Klassifikation der Böden in klimatischer und geologischer Hinsicht. Intern Mitt f Bodenkunde 5
Lindenbein B und H Malberg (1973) Die Verteilung lokaler Regenfälle im Westberliner Stadtgebiet. Abh Inst f Met d Freien Univ Berlin 140/2
Malberg H (1969) Untersuchungen über die Auswertung von Satellitenaufnahmen, insbesondere über die Abschätzung der troposphärischen Temperatur-, Druck- und Feuchteverhältnisse. Abh Inst f Met d Freien Univ Berlin 110/2

Malberg H (1973) Comparison of mean cloud cover obtained by satellite photographs and ground-based observations over Europe and the Atlantic. Mon Wea Rev *101*/12

Malberg H (1974) Probleme und Methoden der lokalen Wettervorhersage. Ann Meteor (NF) Nr 9

Malberg H und M Wagner (1976) Fallstudie eines Kaltlufttropfens. Beil Berl Wetterkarte d Inst f Meteor d Freien Univ Berlin SO 11/76

Malberg H (1979) Die lokalen Wind- und Inversionsverhältnisse von Berlin. Ann Meteor (NF) Nr 12

Malberg H (1979) SO$_2$-Konzentrationen in Berlin (W) in Abhängigkeit von Wetterkriterien. Kraftwerk und Umwelt 1979

Malberg H und W Röder (1980) Über den Zusammenhang zwischen Bodenwind und geostrophischem Wind sowie die empirische Bestimmung des Reibungskoeffizienten. Meteor Rdsch *33*/2

Malberg H (1983) Ansätze zur lokalen Wettervorhersage auf physikalisch-statistischer Basis. Ann Meteor (NF) Nr 20

Malberg H (1984) Orographische Einflüsse auf die Strömungsverhältnisse im südlichen Oberrheingraben. Meteor Rdsch *37*/1

Margules M (1906) Über Temperaturschichtung in stationär bewegter und ruhender Luft. Met Z, Hann-Bd.

Martonne de E (1926) Aréisme et indice d'aridite. CR Acad Sci 182

Martonne de E (1926) Une nouvelle fonction climatologique: L'indice d'aridite. Météor 2

Mason BJ (1971) The physics of clouds. Clarendon Press, Oxford

Milankovitch M (1930) In: Handbuch der Klimatologie I, Teil A, Berlin

Milankovitch M (1938) Handbuch der Geophysik, Berlin

Oke TR and FG Hannel (1970) The form of the urban heat island in Hamilton, Canada. WMO-Nr 254

Palmen E and CW Newton (1969) Atmospheric circulations systems. Academic Press, New York

Penck A (1910) Versuch einer Klimaklassifikation auf physiographischer Grundlage. In: Sitz-Ber d Preuß Akad d Wiss, Phys-Math Kl 12

Petterssen S (1956) Weather analysis and forecasting I, II. McGraw-Hill, New York

Plate E (1982) Engineering meteorology. Elsevier Scientific Publishing Company, Amsterdam

Pichler H (1984) Dynamik der Atmosphäre. Bibl Inst, Mannheim

Raschke E und TH von der Haar (1972) Strahlungsbilanz des Systems Erde–Atmosphäre. In: PROMET Satellitenmeteorologie

Reuter H (1982) Die Wettervorhersage. Springer, Wien

Rex D (1950) Blocking action in the middle troposphere and its effect upon regional climate. Tellus *2*/3

Riehl H (1954) Tropical meteorology. McGraw-Hill, New York

Rossby CG (1948) On the displacement and intensity chances of atmospheric vortices. J Marine Res 7

Sarnthein M und H Erlenkeuser, R v Grafenstein und C Schröder (1984) Stable-isotope stratigraphy for the last 750000 years: "Meteor" core 13519 from the eastern equatorial atlantic – Meteor-Forsch.-Erg. C/38

Scherhag R (1948) Wetteranalyse und Wetterprognose. Springer, Berlin

Scherhag R (1952) Die explosionsartige Stratosphärenerwärmung des Spätwinters 1952. Ber Dt Wetterdienst (US-Zone) *38*

Scherhag R (1963) Die größte Kälteperiode seit 223 Jahren. Naturwiss Rdsch *16*/5

Scherhag R und Mitarbeiter (1969) Klimatologische Karten der Nordhemisphäre. Abh Inst f Met u Geophys d Freien Univ Berlin *100*/1

Schmitt W (1930) Föhnerscheinungen und Föhngebiete. Wiss Veröff dt u österr Alpenvereins, Innsbruck

Schönwiese CD (1979) Klimaschwankungen. Springer, Heidelberg

Schwarzbach M (1974) Das Klima der Vorzeit. Enke, Stuttgart

Seeliger W (1937) Höhenwind und Gradientwind. Beitr Phys d Atm *24*

Sellers WD (1965) Physical climatology. Univ of Chicago Press

Shaw Sir N (1928–1932) Manual of Meteorology

Stüve G (1927) Potentielle und pseudopotentielle Temperatur. Beitr Phys fr Atm *13*

Thornthwaite CW (1931) The climate of North America according to a new classification. Geogr Rev *21*

Thornthwaite CW (1933) The climate of the Earth. Geogr Rev *23*

Walther H und H Lieth (1960–1967) Klimadiagramm Weltatlas. VEB Fischer, Jena

Walther H, E Harnickel und D Mueller-Dombois (1975) Klimadiagramm-Karten der einzelnen Konti-
nente und die ökologische Klimagliederung der Erde. Fischer, Stuttgart
Wegener A (1915) Die Entstehung der Kontinente und Ozeane. Vieweg, Braunschweig
Wetherald RT und S Manabe (1975) The effects of changing the solar constant on the climate of a ge-
neral circulation model. J Atm Sci 32
Wippermann F (1973) The planetary boundary layer of the atmosphere. Dt Wetterdienst, Offenbach
WMO (1956) International cloud atlas, abridged atlas. World Meteorological Organization, Genf

Sachverzeichnis